电网系统与供电

张　明　沈明辉　著

东南大学出版社
SOUTHEAST UNIVERSITY PRESS
·南京·

内 容 摘 要

安全供电是发展经济、保障人民生活质量的重要基础。目前，我国发电量和电力设备的使用量位居世界第一。在我国研究电力传输和供电设备具有重要意义。本书主要内容有高效环保发电、节能电力传输、提高电能利用效率，具体包括发电系统、电力传输线路、供电系统与电力负荷、供电系统的设备选择原则和方法、短路分析及电流计算、功率因数补偿技术、供电系统的信息化、供电系统的保护等内容。

图书在版编目(CIP)数据

电网系统与供电/张明，沈明辉著. —南京：东南大学出版社，2014. 11

ISBN 978-7-5641-5200-0

Ⅰ. ①电… Ⅱ. ①张…②沈… Ⅲ. ①供电网 Ⅳ. ①TM727

中国版本图书馆 CIP 数据核字(2014)第 214965 号

电网系统与供电

出版发行 东南大学出版社
出 版 人 江建中
社　　址 南京市四牌楼 2 号
邮　　编 210096

经　　销 全国各地新华书店
印　　刷 南京工大印务有限公司
开　　本 787 mm×1092 mm 1/16
印　　张 11. 25
字　　数 285 千字
版　　次 2014 年 11 月第 1 版
印　　次 2014 年 11 月第 1 次印刷
书　　号 ISBN 978-7-5641-5200-0
印　　数 1—2500 册
定　　价 30. 00 元

(本社图书若有印装质量问题，请直接与营销部联系。电话：025-83791830)

前　言

安全供电是发展国民经济，保障人民生活的重要物质基础。2012年，我国电力发电量已经超过美国，高居世界第一，但GDP远低于美国。这说明我国电力使用效率低。同时由于我国主要依靠燃煤发电，对空气环境产生了严重影响，导致大气污染严重超标，使得我国的天空近几年天朦朦、雾霾霾，远处不见山，近处不见楼。改进电力传输，提高电力传输效率，减少电能在传输过程中的损耗，具有战略意义。

本书的主要内容有发电系统简介、电力传输线路、供电系统与电力负荷、供电系统的设备选择原则和方法、短路分析及电流计算、功率因数补偿技术、供电系统的信息化、供电系统的保护等。

本书具有以下特点：

(1) 特色鲜明，实用性强。主要章节中安排有通俗易懂的阅读材料，方便工程技术人员自学；将重点内容、关键技术与相关学科前沿研究成果紧密结合，可用于不同基础的相关工程技术人员解决实际工程问题和科研参考。

(2) 重点突出，简明清晰，结论表述准确。对一般内容的公式不求严格的证明过程，但对其原理表述清晰，结论准确，对重点内容的公式证明言简意赅，突出应用性。不但有利于帮助相关研究人员建立供电系统的数理模型，还有利于专业技术人员进行理论分析和科研参考。

(3) 难易适中，适用面广，符合因材施教。可用于普通高校教学，尤其适用于卓越工程师及创新型人才的培养。

(4) 系统性强，强化应用，注重动手能力的培养。在确保知识系统性的基础上，参考了相关行业专家的意见，注重关键技术动手能力的培养，有利于培养应用型人才。

本书是由国网河南省电力公司新乡供电公司总经理、教授级高工张明和工程师沈明辉等在长期从事供电系统方面的研究、实践的基础上著写而成。

书中难免存在错误，欢迎各位同仁多提宝贵意见。

张　明　沈明辉

于国网河南省电力公司新乡供电公司

2014年7月

目　录

1 电网供电与传输线路

1.1 电网系统与架空电力传输线路

1.1.1 电网系统

近代一切大规模工农生产、交通运输和人民生活都需要大量的电能。电能是由发电厂生产的，而发电多建立在一次能源所在地，距离城市和工业企业可能很远，这就需要将电能输送到城市或工业企业，之后再分配到用户或生产车间的各个用电设备。为了保证电能的经济输送和合理分配，满足各电能用户安全生产的不同要求，需要变换电能的电压。下面简要介绍一下电能的生产、变压、输配和使用几个环节的基本概念。

发电厂，又称发电站，是生产电能的工厂。它把其他形式的一次能源，如煤炭、石油、天然气、水能、原子核能、风能、太阳能、地热、潮汐能等等，通过发电设备转换为电能。由于所利用一次能源的形式不同，发电厂可分为火力发电厂、水力发电厂、原子能发电厂、潮汐发电厂、风力发电厂和太阳能发电厂等等。我国内能的获得当前主要是火电，其次是水电和原子能发电，至于其他形式的发电，所占比例都较小。

变电站又称变电所，是变换电能电压和接收电能与分配电能的场所，是联系发电厂和用户的中间枢纽。它主要由电力变压器、母线和开关控制设备等组成。

变电站有升压和降压之分。升压变电站多建立在发电厂内，把电能电压升高后，再进行长距离输送。降压变电站多设在用电区域，将高压电能适当降低电压后，对某地区或用户供电。降压变电站就其所处的地位和作用又可分为以下三类。

地区降压变电站：地区降压变电站也称为一次变电站，位于一个大用电区或一个大城市附近，从 220～500 kV 的超高压输电网或发电厂直接受电，通过变压器把电压降为 35～110 kV，供给该区域的用户或大型工业企业用电。其供电范围较大，若全地区降压变电站停电，将使该地区中断供电。

终端变电站：终端变电站也称为二次变电站，多位于用电的负荷中心，高压侧从地区降压变电站受电，经变压器电压降到 6～20 kV，对某个市区或农村城镇用户供电。其供电范围较小，若全终端变电站停电，只是该部分用户中断供电。

企业降压变电站及车间变电站：企业降压变电站又称企业总降压变电站，与终端变电站相似，它是对企业内部输送电能的中心枢纽。而车间变电站是接受企业降压变电站所提供的电能，电压降为 220/380 V，对车间各用电设备直接进行供电。

电力网是输电线路和配电线路的统称，是输送电能和分配电能的通道。电力网是把发电厂、变电站和电能用户联系起来的纽带。它由各种不同电压等级和不同结构类型的线路组成，从电压的高低可将电力网分为低压网、中压网、高压网和超高压网等。电压在 1 kV 以下的称低压网；31 kV～10 kV 的称中压网；高于 10 kV 低于 330 kV 的称高压网；330 kV 及以上的称超高压网。

所有的用电单位均称为电能用户，其中主要是工业企业。据 2013 年的资料统计，我国工业企业用电占全年总发电量的 67.9%，是最大的电能用户。因此，研究和掌握工业企业供电方面的知识和理论，对提高工业企业供电的可靠性，改善电能品质，做好企业的计划用电、节约用电和安全用电是极其重要的。

为了提高供电的可靠性和经济性，现今广泛地将各发电厂通过电力网连接起来，并联运行，组成庞大的联合动力系统。其中发电机、变电站、电力网和电能用户组成的系统称为电力系统，如图 1.1 所示。发电机生产的电能，受发电机制造电压的限制，不能远距离输送。

发电机的电压一般多为 6.3 kV、10.5 kV、13.8 kV、15.75 kV，少数大容量的发电机也有采用 18 kV 或 20 kV 的。这样低的电压等级的电能只能满足自用电和附近的电能用户直接供电。要想长距离输送大容量的电能，就必须把电能电压升高，因为输送一定的容量，输电电压越高，电流越小，线路的电压损失和功率损失也都越小。因此，通常使发电机的电压经过升压达 330～500 kV，再通过超高压远距离输电网送往远离发电厂的城市或工业集中地区，再通过那里的地区降压变电站将电压降到 35～110 kV，然后再用 35～110 kV 的高压输电线路将电能送至终端变电站或企业降压变电站。

1.1.2　工业企业供电

工业企业供电系统由企业降压变电站、高压配电线路、车间变电站、低压配电线路及用电设备组成。工业企业供电系统一般都是电力系统的一部分，其电源绝大多数是由国家电网供电的，但在下述情况时，也可以建立工业企业自用发电厂。

(1) 距离国家电力系统太远；

(2) 本企业生产及生活需要大量热能；

(3) 本企业有大量重要负荷，需要独立的备用电源；

(4) 本企业或所在地区有可供利用的能源。

对于重要负荷不多的工业企业，作为解决第二能源的措施，发电机的原动机可利用柴油机或其他小型动力机械。大型企业，若符合上述条件时，一般建设热、电共用的热电厂，机组台数不超过两台，容量一般不超过 25 000 kW/台。

一般来说，大型工业企业均设立企业降压变电站，把 35～110 kV 电压降为 6～10 kV 电压向车间变电站供电。为了保证供电的可靠性，企业降压变电站多设置两台变压器，由一条、两条或多条进线供电，每台变压器的容量可从几十到几万千伏·安。其供电范围由供电容量决定，一般在几千米以内。

在一个生产厂房或车间内，根据生产规模、用电设备的布局及用量大小等情况，可设一个或几个车间变电站：几个相邻且用电量都不大的车间，可以共同设立一个车间变电站，变电站的位置可以选择在这几个车间的负荷中心附近，也可以选择在其中用电量最大的车间内。车间变电站一般设置 1～2 台变压器，特殊情况最多不能超过 3 台。

单台变压器容量通常均为 1 000 kV·A 及以下，而且多台宜采取分列运行，这是从限制短路电流出发而采取的相应措施。不过，近年来由于新型开关设备切断能力的提高，车间变电站变压器的容量也可以相应地提高，但最大不宜超过 2 000 kV·A。车间变电站将 6～10 kV 的高压配电电压降为 220/380 V，对低压用电设备供电。这样的低电压，供电范围一般只在 500 m 以内。对车间的高压用电设备，则直接通过车间变电站的 6～10 kV 母线供电。

工业企业的高压配电线路主要作为工业企业内输送、分配电能之用，通过它把电能送到各个生产厂房和车间。高压配电线路目前多采用架空线路，因为架空线路建设投资量少，便于维护与检修。但在某些企业的厂区内，由于厂房和其他构筑物较密集，架空敷设的各种管道在有些地方纵横交错，或者由于厂区的个别地区扩散于空间的腐蚀性气体较严重等因素的限制，在厂区内的部分地段确实不宜于敷设架空线路。此时可考虑在这些地段敷设地下电缆线路。最近几年来由于电缆制造技术的迅速发展，电缆质量不断提高且成本下降，同时为了美化厂区环境以利文明生产，现代化企业的厂区高压配电线路已逐渐向电缆化方向发展。

工业企业低压配电线路主要用于向低压用电设备供电。在户外敷设的低压配电线路目前多采用架空线路，且尽可能与高压线路同一电杆架设以节省建设费用。在厂房或车间内部则应根据具体情况确定，或采用明线配电线路，或采用电缆配电线路。在厂房或车间内，由动力配电箱到电动机的配电线路一律采用绝缘导线穿管敷设或采用电缆线路。

对矿山的高低压配电线路均应采用电缆线路，沿井壁或沿巷壁敷设，每隔 2～4 m 用固定卡加以固定。在露天采矿场内多采用移动式架空线路，但对高低压移动式用电设备，如电铲、钻机等应采用橡套电缆进行供电。

车间内电气照明线路和动力线路通常是分开的，一般多由一台配电用变压器分别供电，如采用 220/380 V 三相四线制线路供电，动力设备由 380 V 三相线供电，而照明负荷则由 220V 相线和零线供电，但各相所供应的照明负荷应尽量平衡。如果动力设备冲击负荷使电压被动较大时，则应使照明负荷内单独的变压器供电。事故照明必须采用可靠的独立电源供电。

1.1.3 架空线路结构

如图 1.1 所示，架空线路主要由导线 1、杆塔 2、横担 3、绝缘子 4 和金具 5(包括避雷线 6)等组成。

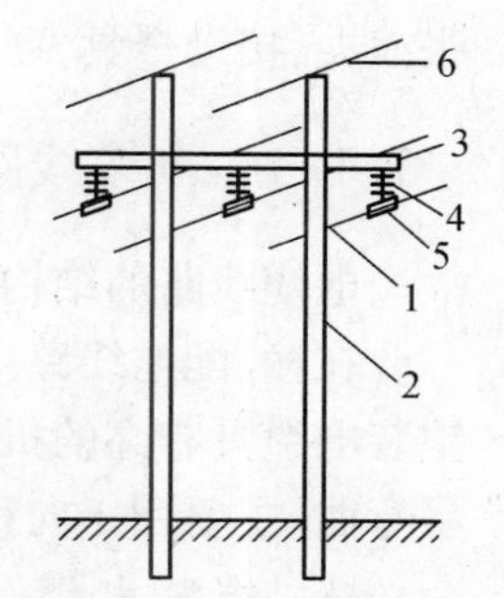

图 1.1 架空线路结构

1) 导线

架空导线架设在空中，要承受自重、风压、冰雪荷载等机械力的作用和空气中有害气体的侵蚀，同时还受温度变化的影响，运行条件相当恶劣。因此，它们的材料应有相当高的机械强度和抗腐蚀能力，而且导线要有良好的导电性能。导线按结构分为单股线与多股绞线；按材质分为铝(L)、钢(G)、铜(T)、铝合金(HL)等类型。由于多股绞线优于单股线，故架空导线多采用多股绞线。

铝绞线(LJ)导电率高、质轻价廉，但机械强度较小、耐腐蚀性差，故多用于挡距不大的 10 kV 以下的架空线路。

钢芯铝绞线(LGJ)是将多股铝线绕在钢芯外层，铝导线起载流作用，机械载荷由钢芯和铝线共同承担，使导线的机械强度大大提高。钢芯铝绞线在架空线路中已广泛应用。

铝合金绞线(LHJ)机械强度大、防腐蚀性好，导电性亦好，可用于一般输配电线路。

铜绞线(TJ)导电率高、机械强度大、耐腐蚀性能好，是理想的导电材料。但为了节约用铜，目前只限于有严重腐蚀的地区使用。

钢绞线(GJ)机械强度高，但导电率低、易生锈、集肤效应严重，故只适用于电流较小，年利用小时低的线路及避雷线。

2）杆塔

杆塔主要用来支持绝缘子和导线，使导线相互之间、导线对杆塔和大地之间保持一定的安全距离。为了防止断杆，要求杆塔有足够的机械强度。

杆塔按所用的材料不同，一般分为木杆、钢筋混凝土杆和铁杆三种。

杆塔按用途不同，可分为：直线杆、耐张杆、转角杆、终端杆、特种杆(如分支杆、跨越杆、换位杆等)。

3）横担

横担的主要作用是固定绝缘子，并使各导线相互之间保持一定的距离，防止风吹或其他作用力产生摆动而造成相间短路。目前使用的主要是铁横担、木横担、瓷担等。

横担的长度取决于线路电压的高低、挡距的大小、安装方式和使用地点。主要是保证在最困难条件下(如最大弧垂时受风吹动)导线之间的绝缘要求。33 kV 以下电力线路的线间最小距离见有关设计手册。

4）绝缘子

绝缘子的作用是使导线之间、导线与大地之间彼此绝缘，故绝缘子应具有良好的绝缘性能和机械强度，并能承受各种气象条件的变化而不破裂，线路绝缘子主要有针式绝缘子、悬式绝缘子。

5）金具

金具是用于连接或固定绝缘子、横担等的金属部件。常用的金属部件有：悬垂线夹、耐张线夹、接续金具、联结金具、保护金具等。

1.1.4 电缆线路的结构

电缆线路的结构主要由电缆、电缆接头与封端头、电缆支架与电缆夹等组成。

在输、配电线路中，目前常用的 1～35 kV 电力电缆，主要有铠装电缆与软电缆两大类。铠装电缆具有高的机械强度，但不易弯曲，主要用于向固定及半固定设备供电；软电缆轻便易弯曲，主要用于向移动设备供电。

1）铠装电缆

目前使用的铠装电缆有油浸纸绝缘铅(铝)包电力电缆与全塑铠装电力电缆两种。

油浸纸绝缘铅(铝)包电力电缆是目前应用最广的一种电缆，其主芯线有铜、铝之分，内护层有铅包与铝包之分，铠装又分为钢带与钢丝(有粗钢丝与细钢丝)铠装两种；有的还有黄麻外护层，用来保护铠装免遭腐蚀。为了应用在高差较大的地方，这种电缆还有干绝缘与不滴流等派生型号。油浸纸绝缘铅(铝)包钢带铠装电缆的结构如图 1.2 所示。它有三条作为导电用的钢(铝)主芯线 1。当截面在 25 mm^2 及以上时，为了增加电缆柔度，减小电缆外径，主芯线采用多股绞线拧成扇形截面。各芯线的分相绝缘采用松香和矿物浸渍过的纸带2缠绕，三相之间的空隙衬以充填物2使其成为圆形，再用浸渍过油的纸带缠绕成统包绝缘4。统包层外面为密封用的铅(铝)包内护层5，以防止浸渍油的流失和潮气等的侵入。为使铅(铝)护层免遭腐蚀，避免受到外层铠装的损伤，在铅(铝)护层与铠装之间衬以沥青纸6与黄麻层7，8作为叠绕的钢带铠装层。为了防止其腐蚀，再用浸有沥青的黄麻护层加以保护。

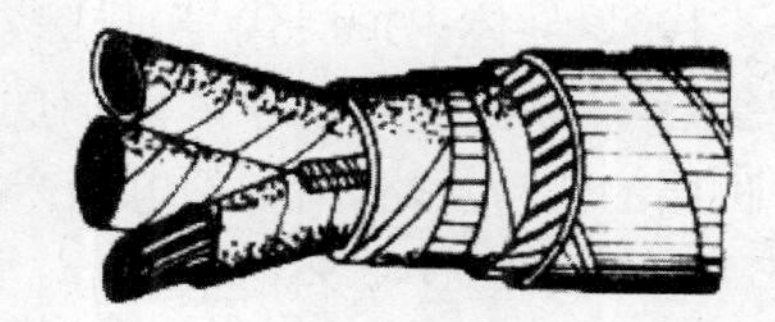
图1.2　油浸纸绝缘钢带铠装电缆结构

塑料铠装电力电缆有聚氯乙烯绝缘聚氯乙烯护套和交联聚乙烯绝缘聚乙烯护套两种。塑料电缆的绝缘电阻、介质损耗角等电气性能较好，并有耐水、抗腐、不延燃、制造工艺简单、重量轻、运输方便、敷设高差不受限制等优点，具有广泛的发展前景。聚氯乙烯电缆目前已生产至6 kV电压等级。交联聚乙烯是利用化学或物理方法，使聚乙烯分子由原来直接链状结构变为三度空间网状结构。因此交联聚乙烯除保持了聚乙烯的优良性能外，还克服了聚乙烯耐热性差、热变形大、耐药物腐蚀性差、内应力开裂等方面的缺陷。交联聚乙烯电缆结构见图1.3。图中，1为导电芯线；2为半导体层；3为交联聚乙烯绝缘；4为半导体层；5为钢带；6为标志带；7、9为塑料带；8为纤维充填材料；10为钢带铠装；11为聚氯乙烯外护套。这种电缆目前已生产至10 kV及35 kV级。

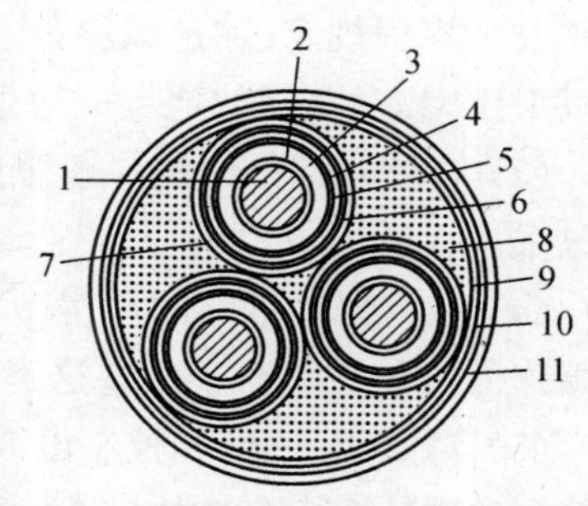

图1.3　交联聚乙烯绝缘电缆结构图

2）软电缆

软电缆分为橡胶电缆与塑料电缆两种。

橡胶电缆根据外护套材料不同，有普通型、非延燃型与加强型三种。普通型外护套为天然橡胶，容易燃烧，不宜用于有爆炸危险的场合。非延燃型的外护套采用氯丁橡胶制成，电缆着火后，分解出氯化氢气体使火焰与空气隔绝，达到不延燃的目的。加强型护套中夹有加强层(如帆布、纤维绳或多根镀锌软钢丝等)可提高其机械强度，主要用于易受机械损伤的场合。

橡胶电缆的结构如图1.4所示。为了得到足够的柔度，软电缆的芯线采用多股细铜丝绞成。矿用电缆除三相主芯线1外，还有一根接地芯线5，每个芯线包以分相绝缘2，分相绝缘做成各种颜色或其他标志，以便于识别。为了保持芯线形状和防止芯线损伤，在芯线之间的空隙处填充防震芯子3，以增加电缆的机械强度和绝缘性能。其外层是橡胶护套4。

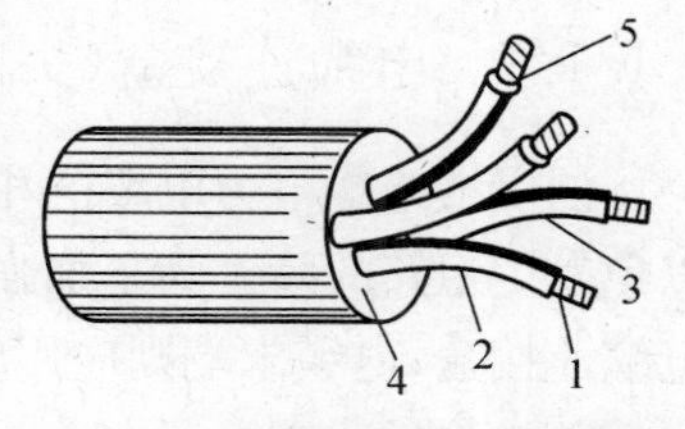

图1.4　橡胶电缆的一般结构

1.1.5　电缆型号的选择

1）电力电缆的型号

电力电缆分一般电力电缆及专用电力电缆两种。专用电力电缆有：耐油电缆、仪表用多芯电缆、绝缘耐寒电缆、绝缘防水电缆、电焊机用电缆、控制电缆等；一般电力电缆的型号由分类代号、导体内护层代号、排除及外护层代号等组成。分类代号为：Z—纸绝缘；X—橡胶绝缘；V—塑料绝缘。导体内护层代号为：T—铜（省略）；L—铝；Q—铅包；H—普通橡套。外护层的代号从略，请查阅电缆产品目录。

2）电缆型号的选择

各种型号电缆的使用环境和敷设方式都有一定的要求。使用时应根据不同的环境特征选择，考虑原则主要是安全、经济和施工方便，选择电缆时应注意下列各点：

(1) 为了防水，室内用电缆均无黄麻保护层；

(2) 地面用电力电缆一般应选用铝芯电缆（有剧烈振动的场所除外）。在煤矿井下，按煤矿安全规程规定，除进风斜井、井底车场及其附近、中央变电所至采区变电所之间的电缆可以采用铝芯外，其他地点一律采用铜芯。

(3) 直埋敷设的电缆一般采用有外护层的铠装电缆。在不会引起机械损伤的场所，也可以采用无铠的电力电缆。

(4) 在有爆炸危险的厂房中，应采用裸钢带铠装电缆，因为增加了一层铠装，可减小引起爆炸的可能性。对于某些这类厂房，电缆的负荷量还需适当降低。

(5) 对照明、通信和控制电缆，应选用橡胶或塑料绝缘的专用电缆。

(6) 油浸纸绝缘电力电缆只允许用于高差在 15 m（6 kV～10 kV 高压电缆）～25 m（1 kV～3 kV 电缆）以下的范围内。超过时应选用干绝缘、不滴流、聚氯乙烯绝缘的电力电缆。

(7) 煤矿井下使用的电缆型号应根据《煤矿安全规程》选择。

1.1.6　电缆的支架与缆夹

电缆支架用于支持电缆，使其相互之间保持一定的距离，便于散热、修理及维护；在短路时，避免波及邻近电缆。

在地面，电缆支架多用型钢制作，将电缆排放在支架上，并加以固定。由于矿井电缆线路经常变动，因此在永久性巷道，采用电缆钩悬挂电缆；在非永久性巷道，采用木契或帆布袋吊挂，在电缆承受意外重力时，吊挂物首先损坏，电缆自由坠落免遭破坏。

在需要对电缆进行固定或承担自重的地方（如立井井筒中或大于 30°的巷道内）敷设电缆时，应采用电缆夹（卡）固定，但应防止电缆被夹伤。

1.1.7　电缆连接盒（头）与终端盒（头）

油浸纸绝缘电力电缆的相互连接处与电缆终端是电缆最薄弱的环节，应给予特别注意，以免发生短路故障。为了加强绝缘，防止绝缘油的流失及潮气侵入，两段电缆连接处应采用电缆连接盒；电缆末端则应用电缆终端盒与电气设备连接。

1.2　架空电网传输导线的选择

导线截面的选择对电网的技术、经济性能影响大，在选择导线截面时，既要保证工矿企业供电的安全与可靠，又要充分利用导线的复合能力。因此，只有综合考虑技术因素和经济效益，才能选出合适的导线截面。

1.2.1 导线截面的选择原则

1）按经济电流密度选择

输电线路和高压配电线路由于传输距离远、容量大、运行时间长、年运行费用高，导线截面一般按经济电流密度选择，以保证年运行费用最低。

2）按长时允许电流选择

为了导线在最大允许负荷电流下长时间工作不致过热。

3）按允许电压损失选择

线路电压损失低于允许值，以保证供电质量。

1.2.2 导线截面的选择方法

按机械强度条件选择，架空导线的最小允许截面一般采用查表，如表 1.1 所示，此规定是为了防止架空导线受自然条件影响而发生断线。

表 1.1 架空线路按机械强度要求的最小允许截面 （mm²）

导线材料种类	6～35 kV 架空线路		1 kV 以下线路
	居民区	非居民区	
铝及铝合金绞线	35	25	16
钢芯铝绞线	25	16	16
铜线	16	16	φ3.2mm

高压架空线路导线截面的选择，首先按经济电流密度初选，然后按其他条件进行校验，最后按各种条件中最大者选择。低压架空线路往往电流较大，宜按电压损失条件或按长时间允许电流条件选择导线截面，按其他条件仅进行校验，但不能按经济密度选择。

对于 110 kV 以上的高压输电线路还应考虑由电晕现象决定的最小允许截面，对此问题本书不予讨论。

1.3 架空电网传输导线截面的计算

1.3.1 按经济电流密度选择导线截面

导线截面积对电网的运行费用有很大影响。导线截面大时线路损耗小，但金属使用量与初期投资均增加。反之，减小导线的截面，其结果与此相反。因此，总可以找到一个最理想的截面大小，使年运行费用最低。为了供电的经济性，导线截面应按经济电流密度选择。经济电流密度是指年运行费用最低时，导线单位面积上通过电流的大小。

年运行费用主要由年电耗费、年折旧费、年大修费、年小修费和维护费等部分组成。

年电耗费是指电网全年损耗电能的价值。导线截面越大，电能损耗越小，费用越低。

年折旧费是指每年提取的初期投资费用的百分数，导线截面越大，初期投资越大，年折旧费越高。

导线的维修费与导线截面无关。故可变费用与导线截面的关系曲线如图 1.5 所示。图中曲线 1 为电能损耗费,曲线 2 为折旧修理费,曲线 3 为年运行费。年运行费用最小的导线截面 S_{ec} 称为经济截面,该截面所通过的线路负荷电流密度叫经济电流密度。我国现行的经济电流密度如表 1.2 所示。

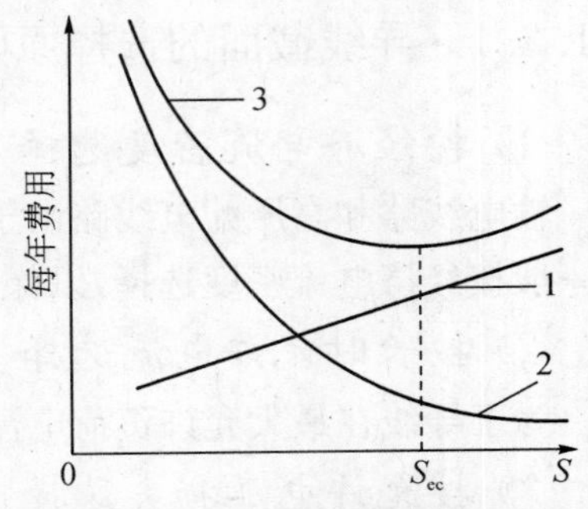

图 1.5　可变费用与导线截面的关系曲线

在表 1.2 中,经济电流密度 J_{ec} 与年最大负荷利用小时数有关,年最大负荷利用小时数越大,负荷越平稳,损耗越大,经济截面因而也就越大,经济电流密度就会变小。

按经济电流密度选择导线截面,应先确定 T_{max},然后根据导线材料查出经济电流密度 J_{ec};再确定线路正常运行时,通过电缆的长时最大工作电流 I_{ca},则由下式可求出经济截面:

$$S_{ec}=\frac{I_{ca}}{J_{ec}}(\mathrm{mm}^2) \tag{1.1}$$

选取等于或稍小于 S_{ec} 的标准截面 S,即

$$S\leqslant S_{ec} \tag{1.2}$$

表 1.2　经济电流密度 J_{ec} 的值　　**(A/mm²)**

导体材料		年最大负荷利用小时数 J_{max}(h)		
		1 000～3 000	3 000～5 000	5 000 以上
裸导体	铜	3	2.25	1.75
	铝(钢芯铝线)	1.65	1.15	0.9
	钢	0.45	0.4	0.35
铜芯纸绝缘、橡胶绝缘电缆		2.5	2.25	2
铝芯电缆		1.92	1.73	1.54

1.3.2　按长时允许电流选择导线截面

电流通过导线将使导线发热,从而使其温度升高。当通过导线的电流超过其允许电流时,将使导线过热,严重时将烧毁导线,或引起火灾和其他事故。为了保证架空线路安全、可靠地运行,导线温度应限制在一定的允许范围内。因此,通过导线的电流必须受到限制,保证导线的温度不超出允许范围,裸导体的长时允许电流如表 1.3 所示。所选导线的截面应使线路的长时最大工作电流 I_{ca}(包括故障情况)不大于导线的长时允许电流 I_{ac},即

$$I_{ac}\geqslant I_{ca} \tag{1.3}$$

一般决定导线允许载流量时,周围环境温度均取 +25 ℃作为标准,当周围空气温度不是 +25 ℃,而是 θ_0' 时,导线的长时允许电流应按下式进行修正:

$$I_{a1}=I_{ac}\sqrt{\frac{\theta_m-\theta_0'}{\theta_m-\theta_0}}=I_{ac}K \tag{1.4}$$

式中：I_{a1}——环境温度为 θ_0' 时的长时允许电流(A)；

I_{ac}——环境温度为 θ_0 时的长时允许电流(A)；

θ_0'——实际环境温度(℃)；

θ_0——标准环境温度，一般为 25℃；

θ_m——导线最高允许温度(℃)；

K——电流修正系数，如表 1.4 所示。

表 1.3　裸导体的长时允许电流(环境温度为 25 ℃，导线最高允许温度为 70 ℃)

铜线			铝线			铜芯铝线	
导线型号	长时允许电流(A)		线型号	长时允许电流(A)		线型号	室外长时允许电流(A)
	室内	室外		室内	室外		
TJ-4	50	25	LJ-16	105	80	LGJ-16	105
TJ-6	70	35	LJ-25	135	110	LGJ-25	135
TJ-10	95	60	LJ-35	170	135	LGJ-35	170
TJ-16	130	100	LJ-50	215	170	LGJ-50	220
TJ-25	180	140	LJ-70	265	215	LGJ-70	275
TJ-35	220	175	LJ-95	325	260	LGJ-95	335
TJ-50	270	220	LJ-120	375	310	LGJ-120	380
TJ-70	340	280	LJ-150	440	370	LGJ-150	445
TJ-95	415	340	LJ-185	500	425	LGJ-185	515
TJ-120	485	405	LJ-240	610	—	LGJ-240	610
TJ-150	570	480	—	—	—	LGJ-300	700
TJ-185	645	550	—	—	—	LGJ-400	800
TJ-240	770	650	—	—	—	—	—

表 1.4　导体长时允许电流温度修正系数 *K*

导线最高允许温度 Q_m(℃)	环境温度 Q_0(℃)											
	−5	0	+5	+10	+15	+20	+25	+30	+35	+40	+45	+50
+90	—	—	1.14	1.11	1.07	1.04	1.00	0.96	0.92	0.88	0.83	0.79
+80	1.24	1.20	1.17	1.13	1.09	1.04	1.00	0.95	0.90	0.85	0.80	0.74
+70	1.29	1.24	1.20	1.15	1.11	1.05	1.00	0.94	0.88	0.81	0.74	0.67
+65	1.32	1.27	1.22	1.17	1.12	1.06	1.00	0.94	0.87	0.79	0.71	0.61
+60	1.36	1.31	1.25	1,20	1.13	1.07	1.00	0.93	0.85	0.76	0.66	0.54
+55	1.41	1.35	1.29	1.23	1.15	1.08	1.00	0.91	0.82	0.71	0.58	0.41
+50	1.48	1.41	1.34	1.26	1.18	1.09	1.00	0.89	0.78	0.63	0.45	0

1.3.3　按允许电压损失选择导线截面

电流通过导线时，除产生电能消耗外，由于线路上有电阻和电抗，还产生电压损失等，影响电压质量。当电压损失超过一定的范围后，会使得用电设备端子上的电压过低，严重影响用电设备的正常运行。所以，要保证设备的正常运行，必须根据线路的允许电压损失来选择导线截面。

设导线的电阻为 R,电抗为 X,当电流通过导线时,使电路两端的电压不等。线路始端电压为 U_1,末端电压为 U_2,线路的电压损失是指线路始、末两端的电压的有效值之差,以 ΔU 表示,则

$$\Delta U = U_1 - U_2 \tag{1.5}$$

如以百分数表示,则

$$\Delta U\% = \frac{U_1 - U_2}{U_N} \times 100\% \tag{1.6}$$

式中:U_N——额定电压(V)。

为了保证供电质量,对各类电网规定了最大允许电压损失,见表 1.5.

在选择导线截面时,要求实际电压损失 $\Delta U\%$ 不超过允许电压损失 $\Delta U_{ac}\%$,即

$$\Delta U\% \leqslant \Delta U_{ac}\% \tag{1.7}$$

1.3.4　封闭电网的计算

闭式电网最简单的形式是环形电网及两端供电电网,如图 1.6 所示。闭式电网中每个用户都能从两个以上的输电线路获得电源。

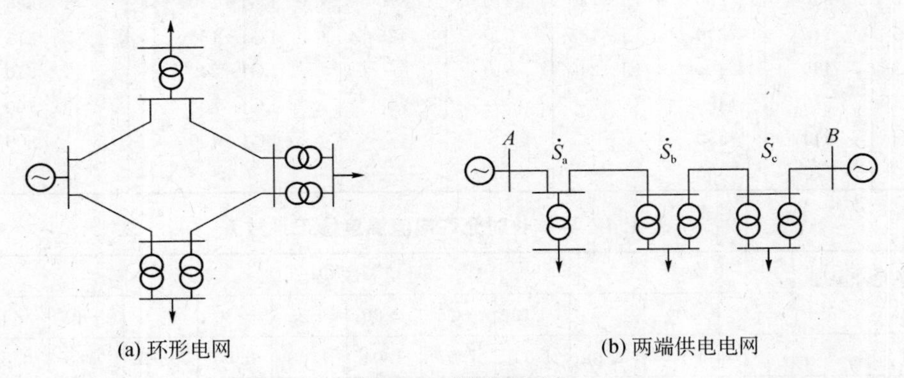

图 1.6　闭式电网

闭式电网的电压损失计算,首先根据负荷分布计算出电网的功率分布,找功率分点。把封闭式电网从功率分点分开,然后用开式电网计算电压损失的方法求出电网始、末端的电压。

所谓功率分点就是该点负荷系同时由两侧电源供电的点,通常在电路图中用符号"▼"表示。如果有功功率分点与无功功率分点不重合,则用"▼"代表有功功率分点,用"▽"代表无功功率分点。

闭式电网的功率分布与电路参数、负荷分布、电源电压等有关。

1) 闭式电网中功率分布的计算

采用近似法计算闭式电网中的功率分布时,首先略去各线段中的功率损耗对功率分布的影响,求出近似的功率分布;然后根据这一功率分布,求出各线段的功率损耗,再与各点的功率相加,即得线路的功率分布。

2）闭式电网中的电压损失计算及导线截面的选择

闭式电网中的功率分布与网路参数有关，当导线截面尚未选定时，要确定电网的功率分布可采用以下办法：

一种是当导线截面相等，网路参数只与线路长度有关，可根据各段线路长度求得电网的功率分布。它适用于负荷点较密，线段较短的网路，也适用于大的区域电网。因为区域电网导线截面大，线路参数主要决定于网路电抗，因此功率分布主要由线路长度决定，与导线截面积关系不大。

另一种办法是按供电距离最小的原则，人为地将电网从中间分开，从而确定其功率分布。

当电网的功率分布确定之后，将电网从功率分点分开，按开式电网来计算电压损失，选择导线截面。

在截面选出后，须将电网重新联接，求出电网的实际功率分布（因计算截面不一定等于标准截面之故），再验算功率分点的电压损失。

所选截面必须满足在任一电源故障情况下，可校验长时允许电流及电压损失。

1.3.5 低压线路导线截面选择

对于 1 kV 以下的低压线路，与高压架空线相比，线路比较短，但负荷电流较大，所以一般不按经济电流密度选择。低压动力线按长时允许电流初选，再按允许电压损失及机械强度校验；低压照明线因其对电压水平要求较高，所以一般先按允许电压损失条件初选截面，然后按长时允许电流和机械强度校验。

1）按长时允许电流选择导线截面

要求导线的长时允许电流不小于线路的负荷计算电流，即

$$I_{al} \geqslant I_{ca} \tag{1.8}$$

长时允许电流的确定与用电设备工作制有如下关系：

（1）长期工作制的用电设备，其导线的截面按用电设备的额定电流选择。

（2）反复短时工作制的用电设备（即一个周期的总时间不超过 10 min，工作时间不超过 4 min），其导线的允许电流按下列情况确定：

① 截面小于或等于 6 mm² 的铜线以及截面小于或等于 10 mm² 的铝线，其允许电流按长期工作制的允许电流确定。

② 截面大于 6 mm² 的铜线以及截面大于 10 mm² 的铝线，其允许电流为长期工作制的允许电流乘以反复短时工作制的校正系数，其校正系数应根据导线发热时间常数 τ、负荷持续率 ε 和全周期时间 T 选用。

③ 短时工作制的用电设备（即其工作时间不超过 4 min，停歇时间内导线能冷却到周围环境温度时），其允许电流按短时工作制的规定计算，即长期工作制的允许电流乘以短时工作制的校正系数。校正系数应根据导线发热时间常数 τ 和工作时间 t 选用。

以上校正系数均可从相关设计手册查得。

④ 按②与③校正后，导线允许载流量不应小于用电设备在额定负载持续率下的额定电

流或短时工作电流。

导线的长时允许电流还应根据敷设处的环境温度进行修正，修正计算公式见式(1.4)。

2）按允许电压损失选择导线截面

因低压线路负荷电流大，故电压损失也大。必须按允许电压损失选择导线截面。根据《配电线路设计规定》相关规定："低压配电线路，自配电变压器二次侧出口至线路末端(不包括接户线)的允许电压降为额定低压配电电压(220 V、380 V)的4%"。

对视觉要求较高的照明线路，一般要求电压损失为2%～3%。如线路的电压损失值超过了允许值，则应适当加大导线的截面，使之满足允许的电压损失要求。

电压损失的计算公式与高压线路相同。

3）按机械强度选择导线截面

为保证低压架空线路的安全运行，可按机械强度选择导线截面，查表1.1可得到相应数据。

1.4 电网电缆芯线截面的选择

1.4.1 高压电缆截面的选择计算

电缆与架空线相比，散热条件差，故还应考虑在短路条件下的热稳定问题。因此高压电缆截面除按经济电流密度、允许电压损失、长时允许电流选择外，还应按短路的热稳定条件进行校验。

1）按经济电流密度选择电缆截面

根据高压电缆线路所带负荷的最大负荷年利用小时，及电缆芯线材质，查出经济电流密度 J_{ec}，然后计算正常运行时间的长时最大负荷电流 I_{ca}(如为双回路并联运行的线路，不考虑一条线路故障时的最大负荷电流)，电缆的经济截面 S_{ec} 为：

$$S_{ec}=\frac{I_{ca}}{J_{ec}}(\mathrm{mm}^2) \tag{1.9}$$

2）按长时允许电流检验所选电缆截面

根据按经济电流密度选择的标准截面，查出其长时允许电流 I_p，其值应不小于长时负荷电流(此时应按故障情况考虑)，即

$$KI_{ac}\geqslant I_{ca} \tag{1.10}$$

$$K=K_1K_2K_3 \tag{1.11}$$

式中：I_{ac}——环境温度为25°时，电缆的长时允许电流(A)；可查表1.5及表1.6得；

K——环境温度不同时允许电流的修正系数；

K_1——电缆的温度修正系数；

K_2——直埋时的土壤热阻率修正系数，数值见表1.7；

K_3——空气中多根电缆并列敷设时，载流量的修正系数，数值见表1.8；

I_{ca}——通过电缆的最大持续负荷电流(A)。

3)按电压损失校验电缆截面

高压系统中的电压损失按《全国供用电规则》的规定,在正常情况下不得超过7%,故障状态下不得超过10%。对煤矿来讲电压损失应从地面变电所算起至采区变电所母线止。

表1.5 油浸纸绝缘铅(铝)包铠装电力电缆的长时允许电流

(环境温度为25℃) (A)

芯线截面	6 kV,最高允许工作温度65℃		10 kV,最高允许工作温度60℃	
	铜芯	铝芯	铜芯	铝芯
3×10	60	48	—	—
3×16	80	60	75	60
3×25	110	85	100	80
3×35	135	100	125	95
3×50	165	125	155	120
3×70	200	155	190	145
3×95	245	190	230	180
3×120	285	220	265	205
3×150	330	255	305	235
3×185	380	295	355	270
3×240	450	345	420	320

表1.6 矿用软电缆的长时允许电流 (A)

电缆型号	电缆芯线截面(mm^2)							
	4	6	10	16	25	35	50	70
1 KU,UZ,U,UP,UC,UCP型	36	46	64	85	113	138	173	215
6 kV,橡套软电缆	—	53	72	94	121	148	—	—

表1.7 土壤热阻率的修正系数

导线截面(mm^2)	土壤热阻率((℃·cm)/W)				
	60	80	120	160	200
	载流量修正系数				
2.5~16	1.06	1.0	0.9	0.83	0.77
25~95	1.08	1.0	0.88	0.80	0.73
120~240	1.09	1.0	0.86	0.78	0.71

表1.8 空气中多根电缆并列敷设时载流量的修正系数

电缆之间的距离(以电缆外径 d 为衡量单位)	并列电缆的数目(根)				
	1	2	3	4	6
d	1.0	0.9	0.85	0.82	0.80
$2d$	1.0	1.0	0.98	0.95	0.90
$3d$	1.0	1.0	1.0	0.98	0.96

由于电缆的电抗值较小,一般约为0.08 Ω/km,故计算电压损失时,只考虑导线电阻的影响,电抗值常忽略不计。

终端负荷电压损失为:

$$\Delta U=\frac{PL}{SU_{\mathrm{N}}D}(\mathrm{V}) \tag{1.12}$$

均一导线分布负荷电压损失为：

$$\Delta U=\frac{\sum_{1}^{n}P_nL_n}{SU_{\mathrm{N}}\gamma}(\mathrm{V}) \tag{1.13}$$

4）按短路电流校验电缆的热稳定性

$$S_{\min}=I_{\infty}\frac{\sqrt{t_1}}{C}(\mathrm{mm}^2) \tag{1.14}$$

式中：I_{∞}——三相最大稳态短路电流(A)；

t_1——短路电流作用的假想时间(s)；

C——热稳定系数，见表 1.9。

10 kV 及以下电压的油浸纸绝缘电缆短时最高允许温度，铜芯为 250 ℃，铝芯为 200 ℃。10 kV 及以下橡胶绝缘电缆(铜芯)短时最高允许温度为 200 ℃，如有压接头为 150 ℃，锡焊接头为 120 ℃。

表 1.9　各种电缆的热稳定系数 C 值

芯线材料	铅				铜					
芯线绝缘材料	短时最高允许温度(℃)									
	120	150	175	200	120	150	175	200	230	250
油浸纸	75	87	93	95	120	120	130	—	—	165
聚氯乙烯	63	—	—	—	95	—	—	—	—	—
橡胶	75	87	—	188	100	120	—	145	—	—
交联聚乙烯	53	70	—	87	80	100	—	—	141	—

1.4.2　低压电缆截面选择

低压电缆截面选择与高压电缆选择原则不同之处是其不按经济电流密度选择，主要考虑电缆的发热及电压损失等。保证所选电缆既满足使用要求，又能使电缆本身正常工作。在确定低压电缆截面时，应按下列原则进行选择。

1）正常运行时

电缆芯线的实际温升不超过绝缘所允许的最高温升。为了满足这一要求，流过芯线的实际最大长时工作电流必须小于或等于它所允许的负荷电流，即

$$KI_{\mathrm{ac}}\geqslant I_{\mathrm{ca}} \tag{1.15}$$

式中：I_{ac}——空气温度为 25 ℃时，电缆允许的载流量(A)；

K——环境温度修正系数；

I_{ca}——用电设备持续工作电流(A)。

用电设备持续工作电流根据设备数量、工作制不同，分别按有关规定计算。

2）非正常运行时

电缆网路实际电压损失不超过网路所允许的电压损失。

为保证用电设备的正常运行，其端电压不得低于额定电压的95%，否则电动机、电缆网路等电气设备将因电压过低而过载，甚至过热而烧毁。为此应选足够大的电缆截面，以使电压损失不超过允许值。

计算电压损失时，应从变压器二次侧出口至用电设备端头，其总和不能超过允许值。

3）发生短路时

电缆截面应满足热稳定的要求。

按短路条件校验电缆的最小热稳定截面。当短路保护采用熔断器时，电缆热稳定最小截面应与熔体额定电流相配合。

1.5　电网电缆芯线截面计算

【例】 某煤矿井下总计算负荷为3 014 kV·A，电压为6 kV，功率因数 $\cos\varphi=0.7$。下井电缆长700 m，敷设于进风斜井中，地面变电所母线最大短路容量为96.7 MV·A，向井下配出线的继电保护动作时间为0.5 s。试选择下井电缆。

解： ① 确定电缆型号

因电缆敷设于进风斜井，根据《煤矿安全规程》可选铝芯纸绝缘铅包钢丝铠装电缆。

② 按经济电流密度选择电缆截面

$$I_{ca}=\frac{S}{\sqrt{3}U_N}=\frac{3\,014}{\sqrt{3}\times 6}\approx 290(\mathrm{A})$$

一般矿井 $T_{max}=3\,000\sim5\,000$ h，则 $J_{ec}=1.73$，故电缆的经济截面为：

$$S_{ec}=\frac{I_{ca}}{J_{ec}}=\frac{290}{1.73}\approx 167.63(\mathrm{mm}^2)$$

选ZLQD5型3×150铝芯片绝缘不滴流铅包粗钢丝铠装电力电缆。

③ 按长时允许电流校验所选截面

由表1.5查得6 kV铝芯3×150电缆在空气中敷设时，$I_{ac}=135$ A(小于290 A)，故改选芯线截面为3×185的电缆的 $I_{sc}=295$ A(大于290 A)。

④ 按电压损失校验

取高压配电线路允许电压损失为5%，得：

$$\Delta U_{ac}=6\,000\times0.05=300(\mathrm{V})$$

线路的实际电压损失为：

$$\Delta U=\sqrt{3}\,I(R\cos\varphi+X\sin\varphi)$$
$$=\frac{\sqrt{3}\,IL\cos\varphi}{\gamma S}\approx 46.2(\mathrm{V})$$

$\Delta U < \Delta U_{ac}$（=300 V），电压损失满足要求。

⑤ 按短路热稳定条件校验

三相最大稳态短路电流为：

$$I_{\infty}=\frac{S_{d}}{\sqrt{3}U_{av}}=\frac{96.7}{\sqrt{3}\times 6.3}\approx 8.86(\text{kA})$$

短路电流作用的假想时间 $t_i = t_{ip} + t_{ic}$

取断路器动作时间为 0.2 s。

对于无限大系统

$$t_{ip}=t_{sc}+t_{bc}=0.5+0.2=0.7(\text{s})$$

$$t_{i}=0.7+0.05=0.75(\text{s})$$

电缆最小热稳定截面为：

$$S_{min}=I_{\infty}\frac{\sqrt{t_1}}{C}=\frac{8\,860\sqrt{0.75}}{95}\approx 80.77(\text{mm}^2)$$

$S_{min} < 185\ \text{mm}^2$，故选用 ZLQD5－3×185 电缆满足要求。

1.6　电网电缆安装运行与维护

1.6.1　建立各项电缆的运行维护制度

1）定期预防性试验制度

对运行中的高压电缆进行定期试验，是发现电缆缺陷的重要手段。对不合格者应及时更换或处理。低压橡套电缆必须进行绝缘电阻测定，下井使用的橡套电缆，都必须经过水浸耐压试验合格。

2）巷道整修时的电缆防护制度

井下巷道在整修、粉刷和冲洗作业时，一定要将电缆线路保护好。应将电缆从电缆钩上落下，并平整地放在底板一角，用专用木槽或铁槽保护，以防电缆损坏。当巷道整修完毕，应由专人及时将电缆悬挂复位。

3）裸铠装电缆的定期防腐制度

井下敷设的裸铠装电缆应定期进行涂漆防腐。其周期应根据敷设线路地区的具体情况而定。一般在井筒内的电缆以 2～3 年涂一次漆为宜；主要运输大巷的电缆 2 年涂一次；主要采区巷道敷设的电缆涂漆间隔时间不能超过 2 年。

4）井下供电审批制度

井下低压供电、网络负荷的增减，必须设置专职人员（如电气技术人员或电气安全小组人员）管理；每一用电负荷都必须提出申请，经专职管理人员设计出合理的供电方式后，方可接电运行，以保证井下供电方式的合理性和保护装置的可靠性。

5）定期巡视检查制度

定期检查高压电缆线路的负荷和运行状态及电缆悬挂情况；电缆悬挂应符合技术标准；日常维护应有专人负责。对线路状态、接线盒、辅助接地极、线路温度等，每周应有1～2次的巡视检查，并作好记录。

1.6.2　电缆的日常维护

（1）流动设备的电缆管理和维护应专责到人，并应每班检查维护，在井下工作面或掘进头附近，电缆余下部分应呈S形挂好，不准在带电情况下呈O形盘放，严防挤压或受外力拉坏等。

（2）低压网络中的防爆接线箱（如三通、四通、插销等）应由专人每月进行一次清理检查。特别是接线端子的连接情况，注意有无松动现象，防止过热烧毁。

（3）每一工矿的低压供电专职人员（电气安全小组）应经常与生产单位的维修人员有计划地对电缆的负荷情况进行检查。当新采区投产时，应跟班进行全面负荷测定、检查，以保证电缆的安全运行。

（4）电缆的悬挂情况应由专责人员每月巡回检查一次，对有顶板冒落危险或巷道侧压力过大的地区，专责维修人员应及时将电缆放落到底板并妥善覆盖，防止电缆受损。

（5）高压铠装电缆的外皮铠装（钢带、钢丝）如有断裂应及时绑扎。高压电缆在巷道中跨越电机车架线时，该电缆的跨越部分应加胶皮被覆，防止架线火花灼伤电缆麻皮和铠装。电缆线路穿过淋水区时，不应设有接线盒；如有接线盒，应严密遮盖，并由专责人员每日检查一次。

（6）立井井筒电缆（包括信号电源）的日常检查和维护工作，至少应有两人进行，每月至少检查一次，固定电缆的卡子松动或损坏应及时处理或更换。

2 供电系统与电力负荷

在电能应用的初期，由小容量发电机单独向灯塔、轮船、车间等的照明供电系统，可看作是简单的住户式供电系统。白炽灯被发明后，出现了中心电站式供电系统，如1882年T.A.托马斯·阿尔瓦·爱迪生在纽约主持建造的珍珠街电站。它装有6台直流发电机（总容量约670 kW），用110 V电压供1 300盏电灯照明。19世纪90年代，三相交流输电系统研制成功，并很快取代了直流输电，成为电力系统大发展的里程碑。

20世纪以后，人们普遍认识到扩大电力系统的规模可以在能源开发、工业布局、负荷调整、系统安全与经济运行等方面获得显著的经济效益。于是，电力系统的规模迅速增大。世界上覆盖面积最大的电力系统是苏联的统一电力系统。它东西横越7 000 km，南北纵贯3 000 km，覆盖了约1 000万km^2的土地。

中国东西相差3个时差，大电网可以错开用电锋值，提高供电效率。

我国的电力系统从50年代开始迅速发展。截至2012年底，全国发电装机容量达到114 491万kW，同比增长7.8%；其中，水电24 890万kW（含抽水蓄能2 031万kW），占全部装机容量的21.7%；火电81 917万kW（含煤电75 811万kW、气电3 827万kW），占全部装机容量的71.5%；核电1 257万kW，并网风电6 083万kW，并网太阳能发电328万kW。

预计2020年后，风能、太阳能等非水资源在发电领域将快速发展。

我国风电建设重点在“三北”（西北、华北北部和东北）地区规划和建设大型和特大型风电场。按照规划，2015年和2020年风电规划容量分别为1亿kW和1.8亿kW。

太阳能集中在甘肃、青海、新疆等地。“十二五”期间，国家将在甘肃敦煌、青海柴达木盆地和西藏拉萨建设大型并网型太阳能光伏电站示范项目，在内蒙古、甘肃、青海、新疆等地选择荒漠、戈壁、荒滩等空闲土地，建设太阳能热发电示范项目。

预计到2015年太阳能发电规划容量达200万kW左右，到2020年太阳能发电规划容量将跃升至2 000万kW左右。

此外，颇有争议的特高压电网，在“十二五”期间将得以快速建设。按照电力“十二五”规划，2015年，华北、华东、华中特高压交流电网将形成“三纵三横”网架结构，建成绵屏-江苏、溪洛渡-浙江、哈密-河南、宁东-浙江等交直流输电工程，将西部、北部大型能源基地的电力送至华北、华东、华中负荷中心；还将建成青藏直流联网工程，实现西藏电网与西北电网联网，满足西藏的供电要求。

近代一切大规模工农业生产、交通运输和人民生活都需要大量的电能。电能是由发电厂生产的，而发电厂多建立在一次能源所在地，距离城市和工业企业可能很远，这就需要将电能输送到城市或工业企业，之后再分配给用户或生产车间的各个用电设备。为了保证电能的经济输送、合理分配，满足各电能用户安全生产的不同要求，需要变换电能的电压。目前，也有很多发电厂建设在可再生环保型资源丰富的地区。

提高电力系统的效率，减少电能在传输过程中的损失，可以充分有效的节约资源，减少

PM2.5 的排放,有利于人民健康。

下面简要介绍一下在电能的生产、变压、输配和使用几个环节中的基本概念。

2.1 电力系统与供电

2.1.1 发电厂

发电厂是生产电能的工厂,又称发电站。它是把其他形式的一次能源,如煤炭、石油、天然气、水能、原子核能、风能、太阳能、地热、潮汐能等,通过发电设备转换为电能。由于所利用的一次能源的形式不同,发电厂可分为火力发电厂、水力发电厂、原子能发电厂、潮汐发电厂、地热发电厂、风力发电厂和太阳能发电厂等。当前我国电能的获得主要是火力发电,其次是水电和原子能发电,至于其他形式的发电,所占比例都较小。

火力发电:是指以煤、石油、天然气等为燃料的发电厂。其中的原动机多为汽轮机,个别的也有用柴油机和燃气轮机的。火力发电厂又可分为凝汽式火电厂和热电厂。

水力发电:是把水的位能和动能转变成电能的发电厂。主要可分为堤坝式和引水式水力发电厂,如正在建设中的三峡水电站即为堤坝式水力发电厂,建成后坝高 185 m,水位 175 m,总装机容量为 1 768 万 kW,年发电量可达 840 亿 kW · h,居世界首位。

原子能发电:原子能发电厂又称核电站,如我国秦山、大亚湾核电站,是利用核裂变将原子能转化为热能,再按火力发电厂方式发电的,只是它的“锅炉”为原子核反应堆。

风力发电:把风能转变为电能是风能利用中最基本的一种方式。风力发电机一般由风轮、发电机(包括装置)、调向器(尾翼)、塔架、限速安全机构和储能装置等构件组成。风力发电机的工作原理比较简单,风轮在风力的作用下旋转,它把风的动能转变为风轮轴的机械能,发电机在风轮轴的带动下旋转发电。

太阳能发电:

(1) 光生伏特效应:假设光线照射在太阳能电池上并且光在界面层被接纳,具有足够能量的光子可以在 P 型硅和 N 型硅中将电子从共价键中激起,致使发射电子-空穴对。临近界面层的电子和空穴在复合之前,将经由空间电荷的电场,结果被相互分离。电子向带正电的 N 区运动,空穴向带负电的 P 区运动。经由界面层的电荷分离,将在 P 区和 N 区之间发射一个向外的可测试的电压。此时可在硅片的两边加上电极并接入电压表。对晶体硅太阳能电池来说,开路电压的典型数值为 0.5~0.6 V。经由光照在界面层发射的电子一空穴对越多,电流越大。界面层接纳的光能越多,即电池面积越大,在太阳能电池中组成的电流也越大。

太阳光照在半导体 P—N 结上,形成新的电子一空穴对,在 P—N 结电场的作用下,空穴由 N 区流向 P 区,电子由 P 区流向 N 区,接通电路后就形成电流。这就是光电效应太阳能电池的工作原理。

(2) 太阳能发电方式:太阳能发电有两种方式,一种是光-热-电转换方式,另一种是光-电直接转换方式。光-热-电转换方式是利用太阳辐射产生的热能发电,一般是由太阳能集热器将所吸收的热能转换成正确的蒸气,再驱动汽轮机发电。前一个过程是光-热转换过程;后一个过程是热-电转换过程,与普通的火力发电一样。太阳能热发电的缺点是效率很低而成本很高,估计它的投资至少要比普通火电站贵 5~10 倍。光-电直接转换方式是利用光电效应，将太阳辐射能直接转换成电能，光-电转换的基本装置就是太阳能电池。太阳能电池是一种利用光生伏特效应将太阳光能直接转化为电能的器件，是一个半导体光电二极管，当太阳光照到光电二极管上时，光电二极管就会把太阳的光能变成电能，产生电流。将许多个电池串联或并联起来就可以成为有比较大的输出功率的太阳能电池方阵了。太阳能电池是一种大有前途的新型电源，具有永久性、清洁性和灵活性三大优点。太阳能电池寿命长，只要太阳存在，太阳能电池就可以一次投资而长期使用；与火力发电、核能发电相比，太阳能电池不会引起环境污染。

核裂变发电：核裂变，又称核分裂，是指由重的原子，主要是指铀或钚，分裂成较轻的原子的一种核反应形式。原子弹以及裂变核电站或是核能发电厂的能量来源都是核裂变。其中铀裂变在核电厂最常见，加热后铀原子放出 2～4 个中子，中子再去撞击其他原子，从而形成链式反应而自发裂变。

核裂变只有一些质量非常大的原子核，像铀(yóu)、钍(tǔ)和钚(bù)等才能发生。这些原子的原子核在吸收一个中子以后会分裂成两个或更多个质量较小的原子核，同时放出 2～3 个中子和很大的能量，又能使别的原子核接着发生核裂变……使过程持续进行下去，这个过程被称作链式反应。原子核在发生核裂变时释放出巨大的能量，被称为原子核能，俗称原子能。1 kg 铀－235 的全部核的裂变将产生 20 000 MW · h 的能量(足以让 20 MW 的发电站运转 1 000 h)，与燃烧 2 500 t 煤释放的能量一样多。

核电站的关键设备是核反应堆，它相当于火电站的锅炉，受控的链式反应就在这里进行。由于核裂变过程释放出大量能量，将水加热成高温高压的水蒸气而发电。

核聚变发电：核聚变反应堆的原理很简单，只不过对于人类当前的技术水准，实现起来具有相当大的难度。

根据爱因斯坦质能关系，发生核聚变时，质量可以转化为能量。

物质由分子构成，分子由原子构成，原子中的原子核又由质子和中子构成，原子核外包覆与质子数量相等的电子。质子带正电，中子不带电。电子受原子核中正电的吸引，在轨道上围绕原子核旋转。不同元素的电子、质子数量也不同，如氢和氢同位素只有 1 个质子和 1 个电子，铀是天然元素中最重的原子，有 92 个质子和 92 个电子。核聚变是指由质量轻的原子(主要是指氢的同位素氘和氚)在超高温条件下，发生原子核互相聚合作用，生成较重的原子核(氦)，并释放出巨大的能量。1 kg 氘全部聚变释放的能量相当 11 000 t 煤炭。其实，利用轻核聚变原理，人类早已实现了氘氚核聚变——氢弹爆炸，但氢弹是不可控制的爆炸性核聚变，瞬间能量释放只能给人类带来灾难。

如果能让核聚变反应按照人们的需要，长期持续释放，才能使核聚变发电，实现核聚变能的和平利用。如果要实现核聚变发电，那么在核聚变反应堆中，第一步需要将作为反应体的氘-氚混合气体加热到等离子态，也就是温度足够高到使得电子能脱离原子核的束缚，让原子核能自由运动，这时才可能使裸露的原子核发生直接接触，这就需要达到大约 10 万摄氏度的高温。

河水中存在大量的氘、氚元素，如果实现了可控核聚变，人类的能源将不可能用完。

第二步，由于所有原子核都带正电，按照“同性相斥”原理，两个原子核要聚到一起，必须克服强大的静电斥力。两个原子核之间靠得越近，静电产生的斥力就越大，只有当它们之间互相接近的距离达到大约万亿分之三毫米时，核力的强作用力把它们拉到一起，从而放出巨大的能量。质量轻的原子核间静电斥力最小，也最容易发生聚变反应，所以核聚变物质一般选择氢的同位素氘和氚。氢是宇宙中最轻的元素，它在自然界中存在的同位素有：氕、氘（重氢）、氚（超重氢）。在氢的同位素中，氘和氚之间的聚变最容易，氘和氘之间的聚变就困难些，氕和氕之间的聚变就更困难了。因此人们在考虑聚变时，先考虑氘、氚之间的聚变，后考虑氘、氘之间的聚变。重核元素如铁原子也能发生聚变反应，释放的能量也更多；但是以人类目前的科技水平，尚不能满足其聚变条件。

为了克服带正电子原子核之间的斥力，原子核需要以极快的速度运行，要使原子核达到这种运行状态，就需要继续加温，直至上亿摄氏度，使得布朗运动达到一个疯狂的水平，温度越高，原子核运动越快。以至于它们没有时间相互躲避。然后，氚的原子核和氘的原子核以极大的速度，赤裸裸地发生碰撞，结合成 1 个氦原子核，并放出 1 个中子和 17.6 MeV 能量。反应堆经过一段时间的运行，内部反应体已经不需要外来能源的加热，核聚变的温度足够使得原子核继续发生聚变。这个过程只要将氦原子核和中子及时排除出反应堆，并及时将新的氚和氘的混合气输入到反应堆内，核聚变就能持续下去；核聚变产生的能量一小部分留在反应体内，维持链式反应，剩余大部分的能量可以通过热交换装置输出到反应堆外，驱动汽轮机发电。这就和传统核电站类似了。

中国科技大学已在实验室实现了可控核聚变，同时，中国已参加可控核聚变在欧洲的研究工作。

2.1.2 变电站

变电站又称变电所，是变换电能电压和接收电能与分配电能的场所，是联系发电厂和用户的中间枢纽。它主要由电力变压器、母线和开关控制设备等组成。变电站如果只有配电设备而无电力变压器，仅用以接收和分配电能，则称为配电站。凡是担负把交流电能转换成直流电能的变电站统称为变流站。

2.1.3 电力网

电力网是输电线路和配电线路的统称，是输送电能和分配电能的通道。电力网是把发电厂、变电站和电能用户联系起来的纽带。它由各种不同电压等级和不同结构类型的线路组成，从电压的高低可将电力网分为低压网、中压网、高压网和超高压网等。电压在 1 kV 以下的称低压网；1～10 kV 的称中压网；在 10～330 kV 的称高压网；330 kV 及以上的称超高压网。

2.1.4 电能用户

所有的用户单位均称为电能用户，其中主要是工业企业。据相关资料统计，我国工业企业用电占全年总发电量的 63.9%，是最大的电能用户。因此，研究和掌握工业企业供电方面的知识和理论，对提高工业企业供电的可靠性，改善电能品质，做好企业的计划用电、节约用电和安全用电是极其重要的。

为了提高供电的可靠性和经济性，现今广泛地将各发电厂通过电力网连接起来，并联运行，组成庞大的联合动力系统。其中由发电机、变电站、电力网和电能用户组成的系统称为电力系统，如图 2.1 所示。发电机生产的电能，受发电机制造电压的限制，不能远距离输送。发电机的电压一般多为 6.3 kV、10.5 kV、13.8 kV、15.75 kV，少数大容量的发电机也有采

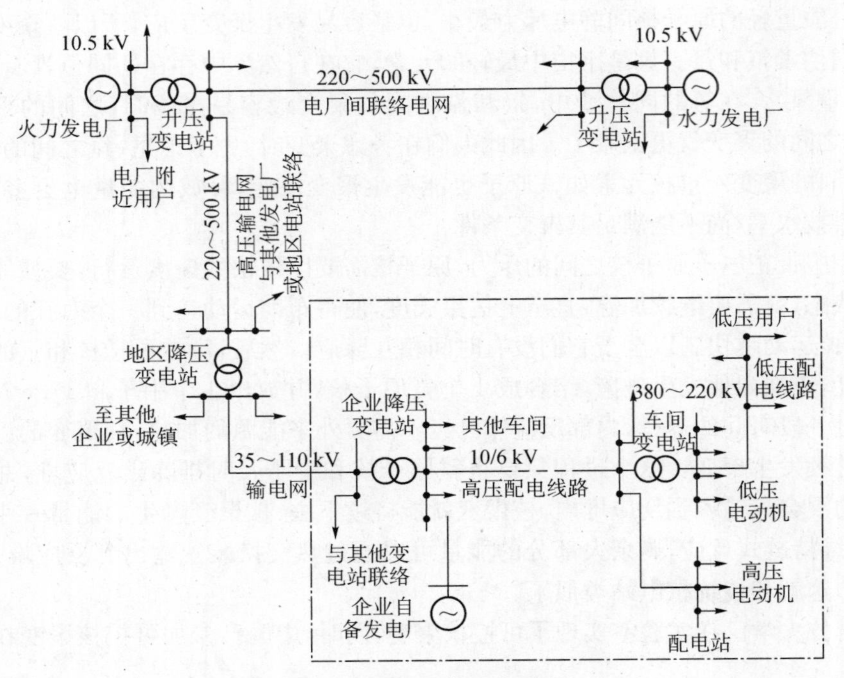

图 2.1　电力系统示意图

用 18 kV 或20 kV的。这样低的电压级只能满足自用电和给附近的电能用户直接供电。要想长距离输送大容量的电能，就必须把电能电压升高，因为输送一定的容量，输出电压越高，电流越小，线路的电压损失和功率损失也都越小。因此，通常使发电机的电压经过升压达 330～500 kV，再通过超高压远距离输电网送往远离发电厂的城市或工业集中地区，再通过那里的地区降压变电站将电压降到 35～110 kV，然后再用 35～110 kV 的高压输电线路将电能送至终端变电站或企业降压变电站。

对于用电量较大的厂房或车间，可以直接用 35～110 kV 电压将电能送到厂房或车间附近的降压变电站，变压后对厂房或车间供电。这对于减小网络损耗和电压损失，保证电能品质具有十分重要的意义。

2.2　企业用电的主要设备

企业供电系统由降压变电站、高压配电线路、车间变电站、低压配电线路及用电设备组成，如图 2.1 的点画线框内部分所示。工业企业供电系统一般都是联合电力系统的一部分，其电源绝大多数是由国家电网供电的，但在下述情况时，也可以建立工业企业自用发电厂：

（1）距离系统太远；

（2）本企业生产及生活需要大量热能；

（3）本企业有大量重要负荷，需要独立的备用电源；

（4）本企业或所在地区有可供利用的能源。

对于重要负荷不多的工业企业，作为解决备用电源的措施，发电机的原动机可利用柴油机或其他小型动力机械。大型企业或工业区若符合上述条件(2)时，一般建设热、电并供的热电厂，机组台数不超过两台，容量一般不超过 25 000 kW/台。

2.2.1 企业降压变电站

一般来说，大型工业企业均设立企业降压变电站，把 35～110 kV 电压降为 6～10 kV 电压向车间变电站供电。为了保证供电的可靠性，企业降压变电站多设置两台变压器，由一条、两条或多条进线供电，每台变压器的容量可从几千到几万千伏安。其供电范围由供电容量决定，一般在几千米以内。

2.2.2 车间变电站

在一个生产厂房或车间内，根据生产规模、用电设备的布局及用电量大小等情况，可设立一个或几个车间变电站。几个相邻且用电量都不大的车间，可以共同设立一个车间变电站，变电站的位置可以选择在这几个车间的负荷中心附近，也可以选择在其中用电量最大的车间内。车间变电站一般设置 1～2 台变压器，特殊情况最多不宜超过 3 台。单台变压器容量通常均为 1 000 kV · A。车间变电站将 6～10 kV 的高压配电电压降为 220/380 V，对低压用电设备供电。这样的低电压，供电范围一般只在 500 m 以内。对车间的高压用电设备，则直接通过车间变电站的 6～10 kV 母线供电。

2.2.3 工业企业的配电线路

工业企业的高压配电线路主要作为工业企业内输送、分配电能之用，通过它把电能送到各个生产厂房和车间。高压配电线路目前多采用架空线路，因为架空线路建设投资少且便于维护与检修。但在某些企业的厂区内，由于厂房和其他构筑物较密集，架空敷设的各种管道在有些地方纵横交错，或者由于厂区的个别地区扩散于空间的腐蚀性气体较严重等因素的限制，在厂区内的部分地段确实不宜于敷设架空线路。此时可考虑在这些地段敷设地下电缆网路。最近几年来由于电缆制造技术的迅速发展，电缆质量不断提高且成本下降，同时为了美化厂区环境以利于文明生产，现代化企业的厂区高压配电线路已逐渐向电缆化方向发展。

工业企业低压配电线路主要用以向低压用电设备供电。在户外敷设的低压配电线路目前多采用架空线路，且尽可能与高压线路同杆架设以节省建设费用。在厂房或车间内部则应根据具体情况确定，或采用明线配电线路，或采用电缆配电线路。在厂房或车间内，由动力配电箱到电动机的配电线路一律采用绝缘导线穿管敷设或采用电缆线路。

对矿山来说，井筒及井巷内的高低压配电线路均应采用电缆线路，沿井筒壁或井巷壁敷设，每隔 2～4 m 用固定卡加以固定。在露天采矿场内多采用移动式架空线路，但对高低压移动式用电设备，如电铲、钻机等应采用橡套电缆进行供电。

车间内电气照明线路和动力线路通常是分开的，一般多由一台配电用变压器分别供电，如采用 220/380 V 三相四线制线路供电，动力设备由 380 V 三相线供电，而照明负荷则由 220 V相线和零线供电，但各相所供应的照明负荷应尽量平衡。如果动力设备冲击负荷使电压波动较大时，则应使照明负荷由单独的变压器供电。事故照明必须由可靠的独立电源供电。

工业企业低压配电线路虽然距离不长，但用电设备多，支路也多，设备的功率虽然不大，电压也较低，但电流却较大，导线的有色金属消耗量往往超过高压配电线路。因此，正确解决工业企业低压配电系统的问题，是一项既复杂又重要的工作。

2.3　电力系统的标准电压

为使电气设备生产标准化，便于大量成批生产，使用中又易于互换，对发电、供电、接收电能等所有设备的额定电压都必须统一规定。电力系统额定电压的等级是根据国民经济发展的需要，考虑技术经济上的合理性以及电机、电器制造工业的水平发展趋势等一系列因素，经全面研究分析，由国家制定颁布的。额定电压以国家新标准为准。

所谓电气设备的额定电压，就是能使发电机、变压器和一切用电设备在正常运行时获得最经济效果的电压。按照国家新标准的规定，额定电压分为两类。

2.3.1　3 kV 以下的设备与系统的额定电压

此类额定电压包括直流、单相交流和 3 kV 以下的三相交流等三种，如表 2.1 所示。在国家标准中规定，用电设备的额定电压和系统的额定电压是一致的。供电设备的额定电压是指电源(蓄电池、交直流发电机和变压器二次绕组等)的额定电压。

表 2.1　3 kV 以下的额定电压　　(V)

直　流		单相交流		三相交流		备　注
用电设备	供电设备	用电设备	供电设备	用电设备	供电设备	
1.5	1.5					① 直流电压均为平均值，交流电压均为有效值 ② 标有＋号者只作为电压互感器、继电器等控制系统的额定电压 ③ 标有＊号者只作为矿井下、热工仪表和机床控制系统的额定电压 ④ 标有＊＊号者只准许在煤矿井下及特殊场所使用的电压 ⑤ 标有▽号者只提供作单台设备的额定电压 ⑥ 带有斜线者，斜线之上为额定相电压，之下为额定线电压
2	2					
3	3					
6	6	6	6			
12	12	12	12			
24	24	24	24			
	36	36	36	36	36	
48		42	42	42	42	
60	48					
72	60					
	72					
110		100	100	100*	100*	
	115					
		127*	133*	127*	133*	
220	230	220	230	220/380	230/400	
400▽,440	400▽,460			380/660	100/690	
800▽	800▽					
1 000▽	1 000▽					
				1 140**	1 200**	

2.3.2 3 kV 以上的设备与系统的额定电压及最高电压

此类电压均为三相交流线电压，国家标准规定如表 2.2 所示。表中所列设备最高电压系指根据绝缘性能和与最高电压有关的其他性能而确定的该级电压的最高运行电压。表中对 13.8 kV、15.75 kV、18、20 kV 的设备最高电压未作具体规定，可由供需双方研究确定。

从表 2.1 和表 2.2 看出，电压在 100 V 以上的供电设备额定电压均高于用电设备额定电压。这样规定的原因如下：

(1) 考虑到发电机通过线路输送电流时，必然产生电压损失，因此规定发电机额定电压应比用电设备额定电压高出 5%，用于补偿线路上的电压损失。

(2) 变压器二次绕组额定电压高出用电设备额定电压的百分值，归纳起来有两种情况：一种情况是高出 10%，另一种情况是高出 5%，这是因为：电力变压器二次绕组的额定电压均指空载电压，当变压器满载供电时，由于其一、二次绕组本身的阻抗将引起一个电压降，使变压器满载运行时，其二次绕组实际端电压较空载时低约 5%，比用电设备额定电压尚高出 5%。利用这 5%的电压补偿线路上的电压损失，用电设备可以维持其额定电压。这种电压组合情况多用于变压器供电距离较远时。另一种情况变压器二次绕组额定电压比用电设备额定电压只高出 5%，多适用于变压器靠近用户，配电距离较小时。由于线路很短，其电压损失可忽略不计。所高出的 5%电压，基本上用以补偿变压器满载时其一、二次绕组的阻抗压降。

表 2.2 3 kV 以上的额定电压及其最高电压 (V)

用电设备与系统额定电压	供电设备额定电压	设备最高电压	备注
3	3.15,3.3	3.5	① 标有 * 号者只用作发电机的额定电压，与其配套的用电设备额定电压，可取供电设备的额定电压 ② 设备最高电压，通常不超过该系统额定电压的 1.15 倍。但对 330 kV 以上者取 1.1 倍
6	6.3,6.6	6.9	
9	10.5,11	11.5	
	13.8		
	15.75		
	18		
	20		
35		40.5	
60		69	
110		126	
220		252	
330		363	
500		550	
750			

由于变压器一次绕组均连接在与其额定电压相对应的电力网末端，相当于电力网的一个负载，所以规定变压器一次绕组的额定电压与用电设备额定电压相同。

电力网系统的额定电压虽然规定和用电设备额定电压相同，但实际上电力网从始端到末端，由于电压损失的影响，各处是一样的，距电源越远处的电压越低，并且随负荷的大小而变化。那么网路的电压究竟以哪个数值来表示最为合理呢？通常在计算短路电流时，为了简化计算且使问题的处理在技术上合理，习惯上用线路的平均额定电压 U_{av} 来表示线路的电压。所谓线路的平均额定电压系指网路始端最大电压 U_1（指变压器空载电压）和末端用电

设备额定电压 U_2 的平均值，即

$$U_{av}=\frac{U_1+U_2}{2}(\mathrm{V})$$

由于工业企业内生产机械类型繁多，因而所配用的电动机和电器，从容量和电压等级来看，也是类型繁多的。电压等级用得多，势必增加变电、配电以及控制设备的类型和投资；增加故障的可能性及继电保护的动作时限，不利于迅速切除故障和运行维护，而且要求企业备用的备品、备件的品种规格增多，极易造成积压浪费。因此在同一个企业内一般不应同时采用两种高压配电电压。

近年来，有些企业采用的大型生产机械日益增多，用电量剧增，所以已广泛采用 35～110 kV 甚至更高的电压直接深入到负荷中心的供电方式。从发展趋势看，随着大规模生产的发展，35～110 kV 等级的电压将成为大型企业的高压配电电压。

2.4　供电质量

工业企业供电质量的主要指标为电压、频率和可靠性。

2.4.1　电压

加于用电设备端的电网实际电压与用电设备的额定电压相差较大时，对用电设备的危害很大，以照明用的白炽灯为例，当加于灯泡的电压低于其额定电压时，发光效率降低，这会使工人的身体健康受到影响，也会降低劳动生产率。当电压高于额定电压时，则会使灯泡经常损坏。例如，某车间由于夜间电压比灯泡额定电压高 5%～10%，致使灯泡损坏率达 30%以上。

对电动机而言，当电压降低时，转矩急剧减小。例如，当电压降低 20%，转矩将降低到额定值的 64%，电流增加 20%～35%，温度升高 12%～15%。转矩减小，使电动机转速降低，甚至停转，导致工厂产生废品甚至招致重大事故，感应电动机本身也将因为转差率增大致使有功功率损耗增加，线圈过热，绝缘迅速老化，甚至烧毁。

某些电热及冶炼设备对电压的要求非常严格，电压降低使生产率下降，能耗显著上升，成本增高。

电网容量扩大和电压等级增多后，保持各级电网和用户电压正常是比较复杂的工作，因此，供电单位除规定用户电压质量标准外，还进行无功补偿和调压规划的设计工作以及安装必要的无功电源和调压设备，并对用户用电和电网运行也作了一些规定和要求。

2.4.2　频率

我国工业上的标准电流频率为 50 Hz，除此之外，在工业企业的某些方面有时采用较高的频率，以减轻工具的重量，提高生产效率，加热零件。如汽车制造或其他大型流水作业的装配车间采用频率为 175～180 Hz 的高频工具，某些机床采用 400 Hz 的电机以提高切削速度，锻压、热处理及熔炼利用高频加热等。

电网以低频率运行时，所有用户的交流电动机转速都将相应降低，因而许多工厂的产量和质量都将不同程度地受到影响，例如频率降至 48 Hz 时，电动机转速降低 4%，冶金、化工、机械、纺织、造纸等工业的产量相应降低，有些工业产品的质量也受到影响，如纺织品出现断线、毛疵，纸张厚薄不匀，印刷品深浅不规律，可以用计算机进行监控，在计算机监控时，可以采用相应的信号表示等。

频率的变化对电力系统运行的稳定性影响很大，因而对频率的要求要比对电压的要求严格得多，一般不得超过±0.5%。

电力系统变电站供电的工业企业，其频率是由电力系统保证的，即在任一瞬间电源发出的有效功率等于用户负荷所需的有效功率。当发生重大事故时，电源发出的有效功率与用户负荷所需的有效功率不再相等，以致影响到频率的质量。电力系统往往按照频率的降低范围，切除某些次要负荷，这是一套自动装置，称为在故障情况下，自动按频率减负荷装置。

2.4.3 可靠性

在工业企业中，各类负荷的运行特点和重要性不一样，它们对供电的可靠性和电能品质的要求则不相同。有的要求很高，有的要求很低，必须根据不同的要求来考虑供电方案。为了合理地选择供电电源及设计供电系统，以适应不同的要求，我国将工业企业的电力负荷按其对供电可靠性的要求不同划分为一级负荷、二级负荷和三级负荷三个等级。

一级负荷：这类负荷在供电突然中断时会有造成人员伤亡的危险，或造成重大设备损坏且难以修复，或给国民经济带来极大损失。因此一级负荷应要求由两个独立电源供电。而对特别重要的一级负荷，应由两个独立电源点供电。

独立电源的含义是：当采用两个电源向工业企业供电时，如果任一电源因故障而停止供电，另一电源不受影响，能继续供电，那么这两个电源的每一个都称为独立电源。凡同时具备下列两个条件的发电厂、变电站的不同母线均属独立电源：

(1) 每段母线的电源来自不同的发电机；

(2) 母线段之间无联系，或虽有联系，但当其中一段母线发生故障时，能自动断开联系，不影响其余母线段继续供电。

所谓独立电源点主要是强调几个独立电源来自不同的地点，并且当其中任一独立电源点因故障而停止供电时，不影响其他电源点继续供电。例如，两个发电厂，一个发电厂和一个地区电力网，或者电力系统中的两个地区变电站等都属于两个独立电源点。

特别重要的一级负荷通常又叫做保安负荷。对保安负荷必须备有应急使用的可靠电源，以便当工作电源突然中断时，保证企业安全停产。这种为安全停产而应急使用的电源称为保安电源。例如，为保证炼铁厂高炉安全停产，其炉体冷却水泵就必须备有保安电源。保安电源取自企业自备发电厂或其他总降压变电站，它实质上也是一个独立电源点。保安负荷的大小和企业的规模、工艺设备的类型以及车间电力装备的组成和性质有关。在进行供电设计时，必须考虑保安电源的取得方案和措施。

二级负荷：这类负荷如果突然断电，将造成生产设备局部损坏，或生产流程紊乱且恢复较困难，企业内部运输停顿，或出现大量废品或大量减产，因而造成一定的经济损失。这类负荷允许短时停电几分钟，它在工业企业内占的比例最大。

二级负荷应由两回线路供电。两回线路应尽可能引自不同的变压器或母线段。当取得两回线路确有困难时，允许由一回专用架空线路供电。

三级负荷：所有不属于一级和二级负荷的电能用户均属于三级负荷。三级负荷对供电无特殊要求，允许较长时间停电，可用单回线路供电。

在工业企业中，一、二级负荷占的比例较大（占 60%～80%），即使短时停电造成的经济损失也会很大。掌握了工业企业的负荷分级及其对供电可靠性的要求后，在设计新建或改造企业的供电系统时可以按照实际情况进行方案的拟订和分析比较，使确定的供电方案在技术经济上更合理。

工业企业生产所需电能，一般是由外部电力系统供给，经企业内各级变电站变换电压后，分配到各用电设备。工业企业变电站是企业电力供应的枢纽，所处地位十分重要，所以正确地计算选择各级变电站的变压器容量及其他设备是实现安全可靠供电的前提。进行企业电力负荷计算的目的就是为正确选择企业各级变电站的变压器容量，各种电气设备的型号、规格以及供电网络所用导线牌号等提供科学的依据。

2.5　负荷曲线与负荷计算方法

在讨论电力负荷的计算方法之前，首先介绍几个有关电力负荷的基本概念。

2.5.1　负荷曲线

负荷曲线是表示电力负荷随时间变化情况的一种图形。它绘制在直角坐标系中，纵坐标表示负荷（有功功率或无功功率），横坐标表示对应于负荷变动的时间（一般以小时为单位）。

负荷曲线按对象分，有工厂的、车间的或某设备组的负荷曲线。按负荷性质可分为有功和无功负荷曲线。按所表示时间分可以分为年的、月的、日的或工作班的负荷曲线。

图 2.2 为某企业的日有功负荷曲线，它一般是利用全厂总供电线路上的有功功率自动记录仪所记录的半小时连续值求平均值得到的。

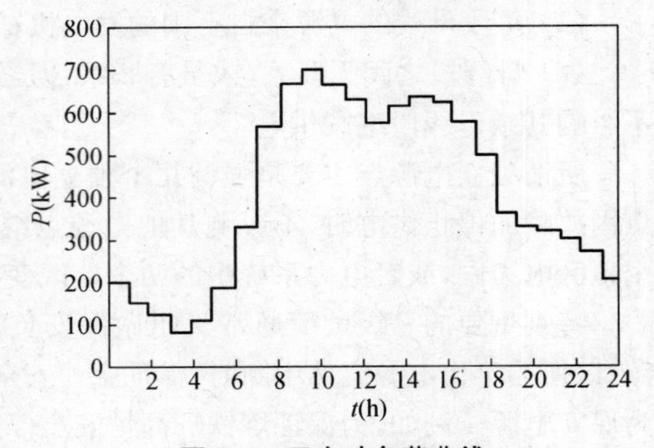

图 2.2　日有功负荷曲线

工厂的年负荷曲线是根据一年中有代表性的冬日和夏日的日负荷曲线来绘制的。年负荷曲线的横坐标是用一年 365 天的总时数 8 760 h 来分格。绘制时，冬日和夏日所占天数应视当地的地理位置和气温情况而定。具体绘制时，应从最大负荷值开始。依负荷递减顺序进行。图 2.3 即为某厂的年负荷曲线绘制方法，其中负荷功率 P_1 在年负荷曲线上对应的时间 T_1 等于与 P_1 相对应的夏日负荷曲线上的时间 t_1 和 t'_1 之和，再乘以夏日的天数；而负荷功率 P_2 在年负荷曲线上所占时间 T_2 等于 P_2 对应夏日负荷曲线上的时间 t_2 乘以夏日天数，再加上 P_2 对应的冬日曲线上的时间 $(t'_2+t''_2)$ 乘以冬日天数。以此类推可绘出该曲线。从上述负荷曲线可以明显看出企业在一年内不同负荷所持续的时间，但不能看出相应的负荷出现在什么时间，所以另有一种年每日最大负荷曲线，其横坐标以日期分格，曲线按每日最大负荷绘制，可以了解全年内负荷的变动情况。

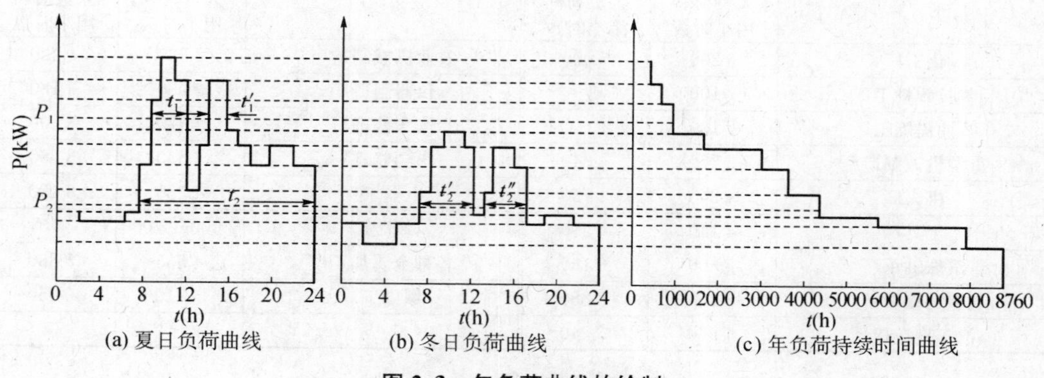

图 2.3　年负荷曲线的绘制

2.5.2　年电能需求

企业年电能需要量就是企业在一年内所消耗的电能，它是企业供电设计的重要指标之一。

若已知企业的年负荷曲线如图 2.4 所示，则负荷曲线下面的面积即为企业的有功年电能需要量 W_a，故：

$$W_a = \int_0^{8\,760} P\mathrm{d}t \tag{2.1}$$

将负荷曲线下面的面积用一个等值的矩形面积 $OABM$ 来代替，如图 2.4 所示，则

$$W_a = \int_0^{8\,760} P\mathrm{d}t = P_{max} T_{max.a} \tag{2.2}$$

式中：P_{max}——年最大负荷，即为全年中负荷最大工作日中消耗电能最大的半小时平均功率，$P_{max} = P_{oa}$；

$T_{max.a}$——称作企业"有功年最大负荷利用小时"，它是一个假想的时间，8 760 h是全年用电时长。

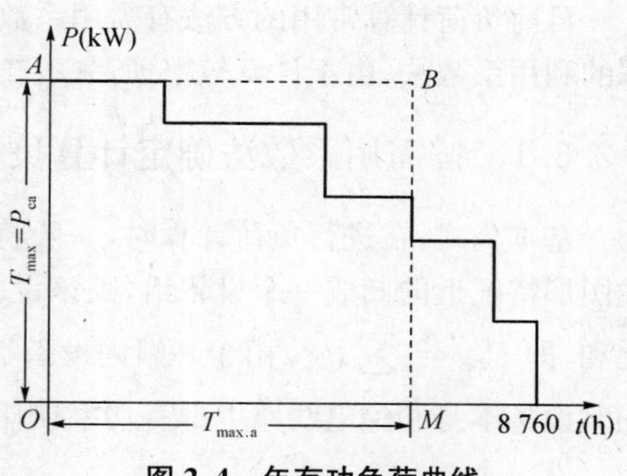

图 2.4　年有功负荷曲线

由图可知，年负荷曲线越平稳，$T_{max.a}$ 之值越大，反之则越小。经过长期观察，同一类型企业的 $T_{max.a}$ 值大致相近。同理，无功电能耗用量也有类似的值 $T_{max.T}$，称为"无功年最大负荷利用小时"。各类工厂的 $T_{max.a}$ 和 $T_{max.T}$ 可参见表 2.3，在估算企业年电能需要量时，可利用表2.3和公式(2.2)直接计算得到。

表 2.3 各种企业的有功和无功年最大负荷利用小时数 (h)

工厂类别	$T_{max.a}$ 有功年最大负荷利用小时数	$T_{max.T}$ 无功年最大负荷利用小时数	工厂类别	$T_{max.a}$ 有功年最大负荷利用小时数	$T_{max.T}$ 无功年最大负荷利用小时数
化工厂	6 200	7 000	农业机械制造厂	5 330	4 220
苯胺颜料工厂	7 100		仪器制造厂	3 080	3 180
石油提炼工厂	7 100		汽车修理厂	4 370	3 200
重型机械制造厂	3 770	4 840	车辆修理厂	3 560	3 660
机床厂	4 345	4 750	电器工厂	4 280	6 420
工具厂	4 140	4 960	氮肥厂	7 000～8 000	
滚珠轴承厂	5 300	6 130	各种金属加工厂	4 335	5 880
起重运输设备厂	3 300	3 880	漂染工厂	5 710	6 650
汽车拖拉机厂	4 960	5 240			

2.5.3 负荷计算

通过负荷的经验统计求出的，用来代替实际负荷作为负荷计算和按发热条件选择供电系统各元件的负荷值，称作计算负荷。其物理意义是指由这个计算负荷所产生的恒定温升等于实际变化负荷所产生的最大温升。

由于一般 16 mm² 以上导线的发热时间常数 τ 均在 10 min 以上，而导线达到稳定温升的时间约为 3τ，即 30 min，所以只有持续时间在半小时以上的负荷值，才有可能造成导体的最大温升，因此计算负荷一般取负荷曲线上的半小时最大负荷 P_{30}（即年最大负荷 P_{max}）。相应的其他计算负荷可分别表示为 Q_{30}、S_{30} 和 I_{30}。

2.6 设备的负荷计算方法

目前负荷计算常用的方法有需用系数法和二项式法。其他一些方法如以概率为理论依据的利用系数法，由于计算较繁琐，一般较少采用。

2.6.1 按需用系数法确定计算负荷

基本公式：在进行负荷计算时，一般将车间内多台设备按其工作特点分组，即把负荷曲线图形特征近的归成一个设备组，则该设备组总额定容量 $P_{N\Sigma}$ 应为该组内各设备额定功率之和，即 $P_{N\Sigma}=\sum P_N$。由于一组内设备不一定都同时运行，运行的设备也不一定都满负荷，同时设备本身和配电线路上都有功率损耗，因此用电设备组的计算负荷 P_{30} 可表示为：

$$P_{30}=\frac{K_\Sigma K_L}{\eta\eta_{WL}}P_{N\Sigma} \tag{2.3}$$

式中：K_Σ——设备组的同时使用系数（即最大负荷时运行设备的容量与设备组总额定容量之比）；

K_L——设备组的平均加权负荷系数（表示设备组在最大负荷时输出功率与运行的设备容量的比值）；

η——设备组的平均加权效率；

η_{WL}——配电线路的平均效率。

令式(2.3)中 $\frac{K_{\Sigma}K_{L}}{\eta\eta_{WL}} = K_{d'}$，则 $K_{d'}$ 称为需用系数。由式(2.3)可知 $K_{d'}$ 的定义式为：

$$K_{d'} = \frac{P_{30}}{P_{N\Sigma}} \tag{2.4}$$

即用电设备组的需用系数，就是设备组在最大负荷时需要的有功功率与设备组总额定容量的比值。

由此可见，需用系数法的基本公式为：

$$P_{30} = K_{d}P_{N\Sigma} \tag{2.5}$$

实际上，需用系数与设备组的生产性质、工艺特点、加工条件以及技术管理、生产组织、工人的熟练程度等诸多因素有关，因此需用系数一般通过实测分析确定，以使之更接近于实际。表 2.4 给出了工业企业常见用电设备组的 K_d 及 $\cos\varphi$ 的值。

表 2.4　工业企业常见用电设备组的 K_d 及 $\cos\varphi$

序号	用电设备组名称	K_d	$\cos\varphi$	$\tan\varphi$
1	生产用通风机 卫生用通风机	0.75～0.85 0.65～0.70	0.8～0.85 0.8	0.75～0.62 0.75
2	水泵、空压机、电动发电机组	0.75～0.85	0.8	0.75
3	进平压缩机和透平鼓风机	0.85	0.85	0.62
4	起重机：修理、金工、装配车间用 铸铁、平炉车间用 脱锭、轧制车间用	0.05～0.15 0.15～0.3 0.25～0.35	0.5 0.5 0.5	1.73 1.73 1.73
5	破碎机、筛选机、碾砂机	0.75～0.80	0.8	0.75
6	磨碎机	0.80～0.85	0.80～0.85	0.75～0.62

在求出有功计算负荷 P_{30} 后，可按下列各式分别求出其余计算负荷：

无功计算负荷：

$$Q_{30} = P_{30}\tan\varphi \tag{2.6}$$

式中：$\tan\varphi$——用电设备组的功率因数角的正切值。

视在计算负荷：

$$S_{30} = \sqrt{P_{30}^{2} + Q_{30}^{2}} = \frac{P_{30}}{\cos\varphi} \tag{2.7}$$

式中：$\cos\varphi$——用电设备组的平均功率因数。

计算电流：

$$I_{30} = \frac{S_{30}}{\sqrt{3}U_{N}} \tag{2.8}$$

式中：U_N——用电设备组的额定电压。

用电设备组的工作制及其额定容量的确定：工业企业用电设备按其工作制可分为长期连续工作制，短时工作制和反复短时工作制三类。

(1) 长期连续工作制设备在规定的环境温度下长期连续运行，任何部分产生的温度和温升均不超过最高允许值，负荷较稳定。如常用的拖动电机、电炉、电解设备等均属此类。

(2) 短时工作制设备运行时间短而停歇时间长，在工作时间内设备来不及发热到稳定温度即停止工作，开始冷却，而且在停歇时间内足以冷却到环境温度。如常用的一些机床辅助电机，水闸电机等均属此类。这类设备数量较少。

(3) 反复短时工作制设备时而工作，时而停歇，其工作时间 t 与停歇时间 t_0 相互交替。如常用的电焊和吊车电机等。这类设备一般用暂载率 ε 来表示其工作特性，定义式如下：

$$\varepsilon=\frac{t}{T}\times 100\%=\frac{t}{t+t_0}\times 100\% \tag{2.9}$$

式中：t、t_0——工作时间、停歇时间，两者之和为工作周期 T。

由于用电设备有不同的工作制和不同的暂载率，用电设备组的额定容量就不能将各设备铭牌上的额定容量简单相加，而应换算为同一工作制和规定暂载率下才能相加。

(1) 长期连续工作制和短时工作制用电设备组的额定容量

此额定容量等于各用电设备铭牌上的额定容量之和。

(2) 反复短时工作制用电设备组(如吊车)的额定容量

此额定容量应换算到规定暂载率 $\varepsilon=25\%$时的各用电设备额定容量之和，换算公式为：

$$P_{\mathrm{N}}=P_{\mathrm{N}\varepsilon}\sqrt{\frac{\varepsilon}{\varepsilon_{25}}}=2P_{\mathrm{N}\varepsilon}\sqrt{\varepsilon} \tag{2.10}$$

式中：$P_{\mathrm{N}\varepsilon}$——用电设备铭牌上在额定暂载率 $\varepsilon=25\%$时的额定功率。

(3) 电焊机及电焊变压器组的额定容量

此容量应统一换算到暂载率 $\varepsilon=100\%$时的设备额定有功功率之和，换算公式为：

$$P_{\mathrm{N}}=P_{\mathrm{N}\varepsilon}\sqrt{\frac{\varepsilon}{\varepsilon_{100}}}=S_{\mathrm{N}\varepsilon}\cos\varphi\sqrt{\varepsilon} \tag{2.11}$$

式中：$S_{\mathrm{N}\varepsilon}$——电焊机及电焊变压器组铭牌上在额定暂载率 $\varepsilon=100\%$时的额定视在功率；

$\cos\varphi$——与 $S_{\mathrm{N}\varepsilon}$ 相对应的铭牌规定额定功率因数。

(4) 电炉变压器组的额定容量

此容量是指其在额定功率因数 $\cos\varphi$ 下的额定有功功率之和，换算公式为：

$$P_{\mathrm{N}}=S_{\mathrm{N}}\cos\varphi \tag{2.12}$$

式中：S_{N}——电炉变压器组铭牌上的额定视在功率。

(5) 照明用电设备组的额定容量

此额定容量等于各灯具上标出的额定功率之和。

计算负荷的确定：负荷计算的步骤应从负载端开始，逐级上推到电源进线端为止。现以图 2.5 所示供电系统为例，介绍计算方式与步骤。

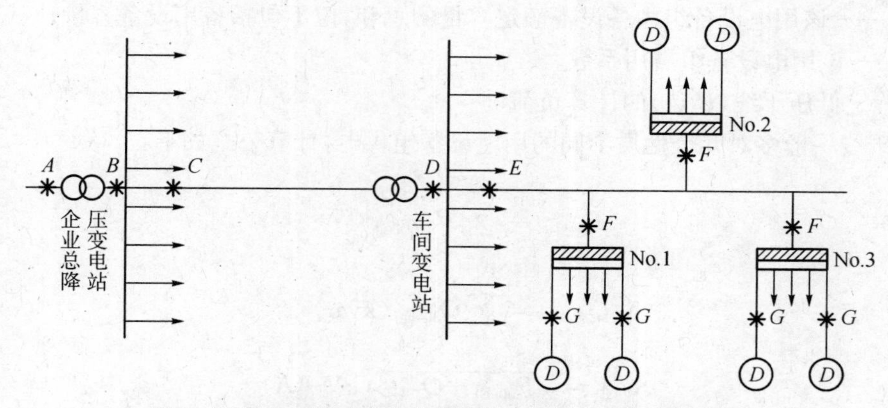

图 2.5　供电系统中具有代表性的各点的电力负荷计算图

(1) 确定单台用电设备支线(G 点)的计算负荷

由式(2.5)和式(2.3)可得：

$$P_{30(G)} = K_d P_N = \frac{K_\Sigma K_L}{\eta\eta_{WL}} P_N (kW)$$

由于是单台设备，$K_\Sigma = 1, K_L = 1$，而且供电支线较短，故 $\eta_{WL}=1$，则上式变为：

$$P_{30(G)} = K_d P_N = \frac{P_N}{\eta} (kW) \tag{2.13}$$

其余计算负荷为：

$$Q_{30(G)} = P_{30(G)} \tan\varphi (kvar) \tag{2.14}$$

$$S_{30(G)} = \sqrt{P_{30(G)}^2 + Q_{30(G)}^2} = \frac{P_{30(G)}}{\cos\varphi} (kV \cdot A) \tag{2.15}$$

$$I_{30(G)} = \frac{S_{30(G)}}{\sqrt{3} U_N} = \frac{P_N}{\sqrt{3} U_N \eta \cos\varphi} (A) \tag{2.16}$$

式中：P_N——换算到规定暂载率下的设备额定功率；

U_N——用电设备的额定电压；

$\cos\varphi$、$\tan\varphi$——用电设备的功率因数、功率因数角的正切值；

η——设备在额定负荷下的效率。

(2) 确定用电设备组(F 点)的计算负荷

由需用系数法的基本公式(2.5)可得设备组计算负荷为：

$$P_{30(F)} = K_d P_{N\Sigma} (kW) \tag{2.17}$$

$$Q_{30(F)} = P_{30(F)} \tan\varphi (kvar) \tag{2.18}$$

$$S_{30(F)} = \sqrt{P_{30(F)}^2 + Q_{30(F)}^2} (kV \cdot A) \tag{2.19}$$

$$I_{30(F)} = \frac{S_{30(F)}}{\sqrt{3} U_N} (A) \tag{2.20}$$

式中：$P_{N\Sigma}$ ——该用电设备组内各设备额定容量的总和，但不包括备用设备容量；

K_d——该用电设备组需用系数。

(3) 确定低压干线(E 点)的计算负荷

低压干线一般多对几个性质不同的用电设备组供电，计算公式如下：

$$P_{30(E)} = \sum_{i=1}^{n} P_{30(F)i}(\text{kW}) \tag{2.21}$$

$$Q_{30(E)} = \sum_{i=1}^{n} Q_{30(F)i}(\text{kvar}) \tag{2.22}$$

$$S_{30(E)} = \sqrt{P_{30(E)}^2 + Q_{30(E)}^2}(\text{kV} \cdot \text{A}) \tag{2.23}$$

$$I_{30(E)} = \frac{S_{30(E)}}{\sqrt{3}U_N}(\text{A}) \tag{2.24}$$

(4) 确定车间变电站低压母线(D 点)的计算负荷

在车间变电站低压母线上接有多组用电设备，这时应考虑各组用电设备最大负荷不同时出现的因素，在计算公式中加入系数(又称参差系数) $K_{\Sigma P}$ 和 $K_{\Sigma Q}$ ，即

$$P_{30(D)} = K_{\Sigma P}\sum_{i=1}^{n} P_{30(E)i}(\text{kW}) \tag{2.25}$$

$$Q_{30(D)} = K_{\Sigma Q}\sum_{i=1}^{n} Q_{30(E)i}(\text{kvar}) \tag{2.26}$$

$$S_{30(D)} = \sqrt{P_{30(D)}^2 + Q_{30(D)}^2}(\text{kV} \cdot \text{A}) \tag{2.27}$$

$$I_{30(D)} = \frac{S_{30(D)}}{\sqrt{3}U_N}(\text{A}) \tag{2.28}$$

同时系数的数值是根据统计规律和实际测量结果确定的，其范围是：对车间干线，可取 $K_{\Sigma P} = 0.85 \sim 0.95$，$K_{\Sigma Q} = 0.9 \sim 0.97$；对低压母线，若由各设备直接相加计算时，可取 $K_{\Sigma P} = 0.8 \sim 0.9$，$K_{\Sigma Q} = 0.85 \sim 0.95$；若由车间干线负荷相加计算时，可取 $K_{\Sigma P} = 0.9 \sim 0.95$，$K_{\Sigma Q} = 0.93 \sim 0.97$。具体计算时，同时系数要根据组数多少来确定，组数越多，取值越小。

某机修车间低压干线上接有如下三组用电设备，试用需用系数法求各用电设备组(F 点)和车间低压干线(E 点)的计算负荷。

No. 1：小批生产金属冷加工击穿用电机，计有 7.5 kW 1 台，5 kW 2 台，3.5 kW 7 台；

No. 2：水泵和通风机，计有 7.5 kW 2 台，5 kW 7 台；

No. 3：非连锁运输机，计有 5 kW 2 台，3.5 kW 4 台。

分析：先求各设备组的计算负荷。查表 2.4 可得各设备数据为：

No. 1 组：取 $K_{d_1} = 0.2$，$\cos\varphi_1 = 0.6$，$\tan\varphi_1 = 1.33$；

No. 2 组：取 $K_{d_2} = 0.75$，$\cos\varphi_2 = 0.8$，$\tan\varphi_2 = 0.75$；

No. 3 组：取 $K_{d_3} = 0.6$，$\cos\varphi_3 = 0.75$，$\tan\varphi_3 = 0.88$。

No. 1 组：$P_{N\Sigma 1} = 1\times 7.5 + 2\times 5 + 7\times 3.5 = 42(\text{kW})$

$$P_{30(1)} = K_d P_{N\Sigma 1} = 0.2\times 42 = 8.4(\text{kW})$$

$$Q_{30(1)} = P_{30(1)}\tan\varphi = 8.4\times 1.33 \approx 11.2(\text{kvar})$$

$$S_{30(1)} = \sqrt{P_{30(1)}^2 + Q_{30(1)}^2} = \sqrt{8.4^2 + 11.2^2} = 14(\text{kV}\cdot\text{A})$$

或

$$S_{30(1)} = \frac{P_{30(1)}}{\cos\varphi} = \frac{8.4}{0.6} = 14(\text{kV}\cdot\text{A})$$

$$I_{30(1)} = \frac{S_{30(1)}}{\sqrt{3}U_N} = \frac{14}{\sqrt{3}\times 0.38} \approx 21.3(\text{A})$$

类似地，可分别算出 No. 2 组和 No. 3 组的计算负荷为：

No. 2 组：$P_{N\Sigma 2} = 50(\text{kW})$，$P_{30(2)} = 37.5(\text{kW})$，$Q_{30(2)} = 28.2(\text{kvar})$，$S_{30(2)} = 47(\text{kV}\cdot\text{A})$，$I_{30(2)} = 71.4(\text{A})$

No. 3 组：$P_{N\Sigma 3} = 24(\text{kW})$，$P_{30(3)} = 14.4(\text{kW})$，$Q_{30(3)} = 12.7(\text{kvar})$，$S_{30(3)} = 19.2(\text{kV}\cdot\text{A})$，$I_{30(3)} = 29.2(\text{A})$。

车间低压干线的计算负荷为：

$$P_{30(E)} = \sum_{i=1}^{n} P_{30(F)i} = 8.4 + 37.5 + 14.4 = 60.3(\text{kW})$$

$$Q_{30(E)} = \sum_{i=1}^{n} Q_{30(F)i} = 11.2 + 28.2 + 12.7 = 52.1(\text{kvar})$$

$$S_{30(E)} = \sqrt{P_{30(E)}^2 + Q_{30(E)}^2} = \sqrt{60.3^2 + 52.1^2} \approx 79.7(\text{kV}\cdot\text{A})$$

$$I_{30(E)} = \frac{S_{30(E)}}{\sqrt{3}U_N} = \frac{79.7}{\sqrt{3}\times 0.38} \approx 121.1(\text{A})$$

上述需用系数法计算简便，现仍普遍用于供电设计中。但需用系数法未考虑用电设备组中大容量设备对计算负荷的影响，因而在确定用电设备台数较少而容量差别较大的低压支线和干线的计算负荷时，所得结果往往偏小，所以需用系数法主要适用于变电站负荷的计算。

2.6.2 按二项式法确定计算负荷

基本公式：二项式法的基本公式是：

$$P_{30} = bP_{N\Sigma} + cP_x \tag{2.29}$$

式中：$bP_{N\Sigma}$—— 表示用电设备组的平均负荷，其中 $P_{N\Sigma}$ 的计算方法同前面需用系数法所述；

cP_x —— 表示用电设备组中的 x 台容量最大的设备投入运行时增加的附加负荷，其中 P_x 为 x 台容量最大的设备容量之和；

b、c—— 二项式系数，其数值随用电设备组的类别和台数而定。

其余计算负荷 Q_{30}、S_{30}、I_{30} 的计算方法与前述需用系数法相同。

计算负荷的确定：对于单台用电设备支线（G 点）的计算负荷的确定，与前述需用系数法相同。如果用电设备组只有 1～2 台设备时，也可取 $P_{30} = P_{N\Sigma}$，而在设备台数较少时，$\cos\varphi$ 值也应适当取大。

(1) 确定用电设备组(F 点)的计算负荷

对于性质相同的用电设备组,计算负荷可按下列各式计算:

$$P_{30(F)} = bP_{N\Sigma} + cP_{x}(\text{kW}) \tag{2.30}$$

$$Q_{30(F)} = P_{30(F)}\tan\varphi(\text{kvar}) \tag{2.31}$$

$$S_{30(F)} = \sqrt{P_{30(F)}^{2} + Q_{30(F)}^{2}}(\text{kV} \cdot \text{A}) \tag{2.32}$$

$$I_{30(F)} = \frac{S_{30(F)}}{\sqrt{3}U_{N}}(\text{A}) \tag{2.33}$$

(2) 确定车间低压干线(E 点)的计算

采用二项式法将负荷确定为多组用电设备供电的低压干线的计算负荷时,应考虑各组用电设备的最大负荷不可能同时出现的因素。因此,在计算时只取各组用电设备的附加负荷 cP_{x} 的最大值计入总计算负荷,计算公式如下:

$$P_{30(E)} = \sum_{i=1}^{n}(bP_{N\Sigma})_{i} + (cP_{x})_{\max}(\text{kW}) \tag{2.34}$$

$$Q_{30(E)} = \sum_{i=1}^{n}(bP_{N\Sigma}\tan\varphi)_{i} + (cP_{x})_{\max}\tan\varphi_{\max}(\text{kvar}) \tag{2.35}$$

式中:$\sum_{i=1}^{n}(bP_{N\Sigma})_{i}$—— 各设备组有功平均负荷的总和;

$\sum_{i=1}^{n}(bP_{N\Sigma}\tan\varphi)_{i}$ ——各设备组无功平均负荷的总和;

$(cP_{x})_{\max}$——各设备组有功附加负荷的最大值;

$\tan\varphi_{\max}$——$(cP_{x})_{\max}$对应的设备组功率因数角正切值。

其余计算负荷 $S_{30(E)}$、$I_{30(E)}$的计算方法与前述需用系数法相同。

(3) 确定车间低压母线(D 点)的计算负荷

与前述需用系数法完全相同。

采用二项式法计算时,应将计算范围内所有用电设备统一分组,不应逐级计算后相加。

二项式法不仅考虑了用电设备的平均最大负荷,而且考虑了容量最大的少数设备运行对总计算负荷的额外影响,弥补了需用系数法的不足。但是,二项式法过分突出大容量设备的影响,并且数据较少,因而使二项式法的应用范围受到一定限制。二项式式法一般适用于机械加工、机修装配及热处理等用电设备,数量少而容量差别大的车间配电箱和支干线计算负荷的确定。

2.6.3 单项用电设备组计算负荷的确定

在工业企业中,除了广泛应用的三相设备外,还有各种单相设备,如电焊机、电炉、照明灯具等。单相设备接在三相线路中,应尽可能地均衡分配,以使三相负荷尽可能地平衡。如果单相设备总容量小于三相设备总容量的15%,则无论单相设备如何分配,均可按三相平衡负荷计算。

单相设备接于相电压时的负荷计算：首先按最大负荷相所接的单相设备容量 $P_{N\phi \cdot max}$求其等效三相设备容量 $P_{N\Sigma}$，即

$$P_{N\Sigma} = 3P_{N\phi \cdot max} \tag{2.36}$$

然后，按前面所述公式分别计算其等效三相计算负荷 P_{30}，Q_{30}，S_{30}，I_{30}。

单相设备接于同一线电压时的负荷计算：采用电流等效的方法，即令等效三相设备容量 $P_{N\Sigma}$ 所产生的电流与单相设备容量 $P_{N\phi}$所产生的电流相等，即

$$\frac{P_{N\Sigma}}{\sqrt{3}U_{\cos\varphi}} = \frac{P_{N\phi}}{U_{\cos\varphi}}$$

故有

$$P_{N\Sigma} = \sqrt{3}P_{N\phi} \tag{2.37}$$

然后，按前述方法分别计算其等效三相计算负荷。

单相设备分别接于线电压和相电压时的负荷计算：首先应将接于线电压的单相设备容量换算为接于相电压的设备容量，然后分相计算各相设备容量和计算负荷。而总的等效三相有功计算负荷就是最大有功负荷相的有功计算负荷的 3 倍，即

$$P_{30} = 3P_{30.\phi max} \tag{2.38}$$

总的等效三相无功计算负荷为最大有功负荷相的无功计算负荷的 3 倍，即

$$Q_{30} = 3Q_{30.\phi max} \tag{2.39}$$

其他计算负荷 S_{30} 和 I_{30} 计算方法同前。

将接于线电压的单相设备容量换算为接于相电压的设备容量的公式如下：

$$\left.\begin{aligned}
P_A &= P_{AB-A}P_{AB} + P_{CA-A}P_{CA}(\text{kW})\\
Q_A &= q_{AB-A}P_{AB} + q_{CA-A}P_{CA}(\text{kvar})\\
P_B &= P_{BC-B}P_{BC} + P_{AB-B}P_{AB}(\text{kW})\\
Q_B &= q_{BC-B}P_{BC} + q_{AB-B}P_{AB}(\text{kvar})\\
P_C &= P_{CA-C}P_{CA} + P_{BC-C}P_{BC}(\text{kW})\\
Q_C &= q_{CA-C}P_{CA} + q_{BC-C}P_{BC}(\text{kvar})
\end{aligned}\right\} \tag{2.40}$$

式中：P_{AB}、P_{BC}、P_{CA}——接于 AB、BC、CA 相间的有功负荷；

P_A、P_B、P_C——换算为 A、B、C 相的有功负荷；

Q_A、Q_B、Q_C——换算为 A、B、C 相的无功负荷；

$p\cdots$，$q\cdots$——有功及无功功率换算系数，见表 2.5 所列。

表 2.5 相间负荷换算为相负荷的功率换算系数

功率换算系数	负荷功率因数								
	0.35	0.4	0.5	0.6	0.65	0.7	0.8	0.9	1.0
p_{AB-A} · p_{BC-B} · p_{CA-C}	1.27	1.17	1.0	0.89	0.84	0.8	0.72	0.64	0.5
p_{AB-B} · p_{BC-C} · p_{CA-A}	−0.27	−0.17	0	0.11	0.16	0.2	0.28	0.36	0.5
q_{AB-A} · q_{BC-B} · q_{CA-C}	1.05	0.86	0.58	0.38	0.3	0.22	0.09	−0.05	−0.29
q_{AB-B} · q_{BC-C} · q_{CA-A}	1.63	1.44	1.16	0.96	0.88	0.8	0.67	0.53	0.29

2.7 电能损耗和功率损耗

在确定各用电设备组的计算负荷后，如果要确定车间或全厂的计算负荷，就需逐级计算线路和变压器的功率损耗。如图 2.6 所示，要确定高压配电线首端（C 点）的计算负荷，就应将车间变压站低压侧（D 点）的计算负荷，加上车间变压器的功率损耗和高压配电线上的功率损耗。下面分别讨论线路和变压器功率损耗的计算方法。

2.7.1 供电系统的功率损耗

线路功率损耗的计算：线路功率损耗包括有功功率损耗 ΔP_{WL} 和无功功率损耗 ΔQ_{WL} 两部分，其计算公式为：

$$\Delta P_{WL}=3I_{30}^2 R_{WL}\times 10^{-3}\,(\text{kW}) \tag{2.41}$$

$$\Delta Q_{WL}=3I_{30}^2 X_{WL}\times 10^{-3}\,(\text{kvar}) \tag{2.42}$$

式中：I_{30}——线路的计算电流（A）；

R_{WL}——线路每相的电阻，$R_{WL}=R_0 l$，R_0 为线路单位长度电阻，查有关手册可得；

X_{WL}——线路每相的电抗，$X_{WL}=X_0 l$，X_0 为线路单位长度电抗，查有关手册可得；

l——线路长度。

变压器功率损耗的计算：变压器功率损耗也包括有功和无功两部分。

(1) 变压器的有功功率损耗

有功功率损耗可分为两部分：一部分是主磁通在铁芯中产生的有功功率损耗，即铁损 ΔP_{Fe}，它在一次绕组外加电压和频率不变的情况下，是固定不变的，与负荷电流无关。铁损一般由空载实验测定，空载损耗 ΔP_0 可近似认为是铁损，因为变压器在空载时电流很小，在一次绕组中产生的有功功耗可忽略不计。另一部分是负荷电流在变压器一、二次绕组中产生的有功功率损耗，即铜损 ΔP_{Cu}。它与负荷电流的平方成正比，一般由变压器短路实验测定，短路损耗 ΔP_K 可认为是铜损，因为变压器短路时一次侧短路电压很小，故在铁芯中产生的有功功耗可忽略不计。

由以上分析可知变压器有功功率损耗为：

$$\Delta P_T=\Delta P_{Fe}+\Delta P_{Cu}\left(\frac{S_{30}}{S_N}\right)^2\approx\Delta P_0+\Delta P_K\left(\frac{S_{30}}{S_N}\right)^2\,(\text{kW}) \tag{2.43}$$

式中：S_N——变压器的额定容量；

S_{30}——变压器的计算负荷。

令 $\beta=\frac{S_{30}}{S_N}$（β 称变压器负荷率），则有

$$\Delta P_T=\Delta P_0+\Delta P_K\beta^2(\text{kW}) \tag{2.44}$$

(2) 变压器的无功功率损耗

无功功率损耗也可分为两部分：一部分用来产生主磁通，也就是用来产生激磁电流或近似地认为产生空载电流。这部分无功功率损耗用 ΔQ_0 来表示，它只与绕组电压有关，而与负荷电流无关。另一部分消耗在变压器一、二次绕组的电抗上。这部分无功功率损耗与负荷电流的平方成正比，在额定负荷下用 ΔQ_N 来表示。

这两部分无功功率损耗可用下式近似计算：

$$\Delta Q_0\approx S_N\times\frac{I_0\%}{100}(\text{kvar}) \tag{2.45}$$

$$\Delta Q_N\approx S_N\times\frac{U_K\%}{100}(\text{kvar}) \tag{2.46}$$

式中：$I_0\%$——变压器空载电流占额定电流的百分比；

$U_K\%$——变压器短路电压（即阻抗电压 U_Z）占额定电压的百分比。

因此，变压器的无功功率损耗为：

$$\Delta Q_T=\Delta Q_0+\Delta Q_K\left(\frac{S_{30}}{S_N}\right)^2\approx S_N\left(\frac{I_0\%}{100}+\frac{U_K\%}{100}\beta^2\right)(\text{kvar}) \tag{2.47}$$

上式中，ΔP_0、ΔP_K、$I_0\%$、$U_K\%$均可从变压器技术数据中查得。

已知，某车间变压器型号为 $\text{SJL}_1-1\ 000/10$，10/0.4 kV，其二次侧计算负荷为 $P_{30}=596$ kW，$Q_{30}=530$ kvar，$S_{30}=800$ kV·A。

分析　根据变压器相关技术参数，该变压器技术数据为：

$$\Delta P_K=2.0\ \text{kW};\Delta P_0=13.7\ \text{kW};U_K\%=4.5;I_0\%=1.7$$

变压器负荷率

$$\beta=\frac{S_{30}}{S_N}=\frac{800}{1\ 000}=0.80$$

变压器有功损耗为：

$$\Delta P_T=\Delta P_0+\Delta P_K\beta^2=13.7+2\times0.8^2=14.98(\text{kW})$$

变压器无功损耗为：

$$\Delta Q_T=S_N\left(\frac{I_0\%}{100}+\frac{U_K\%}{100}\beta^2\right)=1\ 000\times\left(\frac{1.7}{100}+\frac{4.5}{100}\times0.8^2\right)=45.8(\text{kvar})$$

2.7.2 供电系统的电能损耗

企业一年内所耗用的电能，一部分用于生产，还有一部分在供电系统元件（主要是线路

及变压器)中损耗掉。掌握这部分损耗的计算,并设法降低它们,便可节约电能,提高电能的利用率。

供电线路的电能损耗:供电线路中的电流是随着负荷大小随时变化的,因此线路上的有功功率损耗 P 也是变化的,一年内线路的电能损耗为:

$$\Delta W_{WL} = \int_0^{8\,760} \Delta P \mathrm{d}t \tag{2.48}$$

又由式(2.41)变化可得:

$$\Delta P = 3I^2R \times 10^{-3} = \frac{S^2}{U_N^2}R \times 10^{-3} = \frac{R}{U_N^2\cos\varphi^2}P^2 \times 10^{-3}$$

故有:

$$\Delta W_{WL} = \frac{R \times 10^{-3}}{U_N^2\cos\varphi^2}\int_0^{8\,760} P^2 \mathrm{d}t \tag{2.49}$$

由于实际负荷 P_{30} 随时都在变化,且无固定规律,所以很难由上式求得 ΔW_{WL},实际应用中常用等效面积法来求,即:

$$\Delta W_{WL} = \int_0^{8\,760} \Delta P \cdot \mathrm{d}t = \Delta P_{WL} \cdot \tau \tag{2.50}$$

式中:ΔP_{WL}——按计算负荷求得的线路最大功率损耗;

τ——线路的最大负荷损耗小时,它是一个假想的时间。

τ 的物理意义是:假如线路负荷维持在 P_{30},则在 τ(h)内的电能损耗,恰好等于实际负荷全年在线路上产生的电能损耗。它与负荷曲线的形状有关,所以与 $T_{max.a}$ 也是相关的,并且与功率因数 $\cos\varphi$ 有关。图 2.6 给出了 τ 与 $T_{max.a}$ 及 $\cos\varphi$ 的关系曲线,可利用该曲线查得的 τ 值来计算线路年电能损耗。

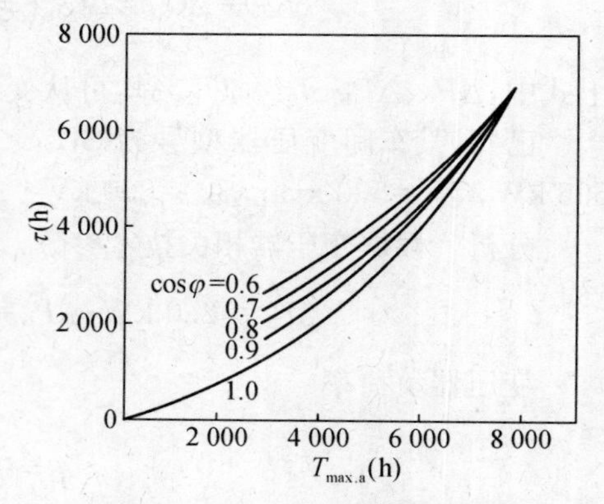

图 2.6　$T_{max.a}$ 与 τ 的关系曲线

变压器的电能损耗:变压器的有功电能损耗包括两部分。一部分是铁损 ΔP_{Fe} 引起的电能损耗,只要外加电压和频率不变,其值是固定不变的,即:

$$\Delta W_{T1} = \Delta P_{Fe} \times 8\,760 \approx \Delta P_0 \times 8\,760 (\mathrm{kW \cdot h}) \tag{2.51}$$

式中:ΔP_0——变压器的空载损耗。

另一部分是由电压器铜损 ΔP_{Cu} 引起的电能损耗,它与负荷电流的平方成正比,即与变压器负荷率 β 的平方成正比:

$$\Delta W_{T2} = \Delta P_{Cu}\beta^2\tau \approx \Delta P_K\beta^2\tau \tag{2.52}$$

因此,变压器总的年有功电能损耗为:

$$\Delta W_T = \Delta W_{T_1} + \Delta W_{T_2} \approx \Delta P_0 \times 8\,760 + \Delta P_K\beta^2\tau \tag{2.53}$$

2.8 工业企业负荷计算公式

确定工业企业计算负荷常用的方法有:逐级计算法、需用系数法和估算法等几种。

2.8.1 工业企业负荷计算公式

如图 2.5 在逐级向上求得车间低压母线(D 点)的计算负荷后,加上车间变压器和高压配电线上的功率损耗,即得到企业总降压变电站高压配电线路(C 点)的计算负荷,即:

$$P_{30(C)} = P_{30(D)} + \Delta P_T + \Delta P_{WL} (\text{kW}) \tag{2.54}$$

$$Q_{30(C)} = Q_{30(D)} + \Delta Q_T + \Delta Q_{WL} (\text{kvar}) \tag{2.55}$$

企业总降压变电站高压母线(R 点)的计算负荷为:

$$P_{30(B)} = K_{\Sigma P} \sum_{i=1}^{n} P_{30(C)i} (\text{kW}) \tag{2.56}$$

$$Q_{30(B)} = K_{\Sigma Q} \sum_{i=1}^{n} Q_{30(C)i} (\text{kvar}) \tag{2.57}$$

式中:$K_{\Sigma P}$、$K_{\Sigma Q}$—— 为同时系数,其取值范围是:$K_{\Sigma P}$ 取 0.8 ~ 0.95;$K_{\Sigma Q}$ 取 0.85 ~ 0.97。

企业总降压变电站高压进线(A 点)的计算负荷,即全厂总计算负荷为:

$$P_{30(A)} = P_{30(B)} + \Delta P_T (\text{kW}) \tag{2.58}$$

$$Q_{30(A)} = Q_{30(B)} + \Delta Q_T (\text{kvar}) \tag{2.59}$$

其他计算负荷 S_{30} 和 I_{30} 的计算方法同前。

2.8.2 按需用系数法确定企业计算负荷

需用系数法是将企业各用电设备容量(不含备用设备容量)相加得到总容量 $P_{N\Sigma}$,然后乘以企业总的需用系数 K_d,即可得到企业有功计算负荷 P_{30},计算公式同式(2.5)。然后再根据企业的功率因数,按式(2.6)~式(2.8)求出企业的无功计算负荷 Q_{30},视在计算负荷 S_{30} 和计算电流 I_{30}。

2.8.3 按估算法确定企业计算负荷

在进行初步设计或方案比较时,企业的计算负荷可用下述方法估算。

(1) 单位产品耗电量法:已知企业年产量 n 和单位产品耗电量 w,即可得到企业年电能需要量:

$$W_a = wn \tag{2.60}$$

各类工厂的单位产品耗电量 w 可根据实测统计确定,也可查有关设计手册得到。

由式(2.2)变化可得企业的计算负荷为:

$$P_{30}=P_{max}=\frac{W_a}{T_{max.a}} \tag{2.61}$$

其他计算负荷 Q_{30}，S_{30} 和 I_{30} 的计算方法与前面相同。

单位产值耗电量法：已知企业年产量 B 和单位产值耗电量 b，即可得企业年电能需要量：

$$W_a=Bb \tag{2.62}$$

各类工厂单位产值耗电量 b 也可由实测或查设计手册得到。

按上述式(2.61)可求得 P_{30}，其他计算负荷 Q_{30}、S_{30}、I_{30} 的计算方法与前相同。

2.8.4 无功补偿后企业计算负荷的确定

当企业用电的功率因数低于国家规定值时，应在车间变电站或企业总降压变电站安装并联移相电容器，来改善功率因数至规定值。因此，在确定补偿设备装设地点前的总计算负荷时，应扣除无功补偿的容量 Q_C，即

$$Q'_{30}=Q_{30}-Q_C \tag{2.63}$$

显然，补偿后的总视在计算负荷 $S'_{30}=\sqrt{P_{30}^2+Q'^2_{30}}$ 小于补偿前的总视在计算负荷 $S_{30}=\sqrt{P_{30}^2+Q_{30}^2}$，这就可能使选用的变压器容资降低，从而降低变电站建设初投资并减少企业运行后的电费开支。

节能、减少电费开支就是环保。用电企业要节能减排，节约电费开支，可以采取以下几项措施：无功补偿、蓄冰空调、变压器节能、利用峰谷电价、绿色照明、建筑节能、电机系统节能、办公室节电等。大部分工业负荷为感性负荷，采用并联电容器实施无功就地补偿，提高功率因数，减小线路总电流，降低线路有功损耗，提高电源的利用率，最终可以达到节约用电的效果。无功补偿的作用是：稳定电网电压，延长用户电器设备的使用寿命；减少输电线路及变压器的发热损耗；增加变压器及输电线路的利用率；提高功率因数，减少因利用率调整造成的电费支出。不过，无功补偿要合理，过补偿和欠补偿都不能达到节约用电的最佳效果。采用智能型动态无功补偿装置，能发挥最佳效果。仅在变压器高压侧进行集中补偿不能消除企业内部无功电流的流动。低压供电线路长，末端负荷大的企业采用用电设备侧就地补偿能得到更佳的效果。

3 供电系统的设备选择原则和方法

变电所的高压电器对电能起着接收、分配、控制与保护等作用，主要有断路器、隔离开关、负荷开关、熔断器、电抗器、互感器、母线装置及成套配电设备等。本章主要研究高压电器的参数和选择方法。

3.1 开关电弧

3.1.1 电弧的发生

断路器在开断电路时，其动、静触头逐渐分开，构成间隙；在电源电压作用下，触头间隙中的介质被击穿导电，形成电弧，所以电弧是高压断路器开断过程中的必然现象。断路器性能好坏，与其灭弧性能有很大关系。为了研究各种开关的结构和工作原理，并能正确地选用与维修，熟悉开关电弧发生与熄灭的基本规律是十分必要的。

触头间隙绝缘被击穿的原因是由于断路器触头刚一分开的瞬间，间隙很小，电源电压加在这个小间隙上，电场强度很大。在此强电场作用下，阴极向间隙中发射电子，自由电子加速向阳极移动，并积累动能。当具有足够大动能的电子与介质的中性质点相碰撞时，产生正离子与新的自由电子。这种现象不断发生的结果，使触头间隙中电子与离子大量增加，弧间隙介质强度急剧下降，间隙便被击穿，形成电弧。

介质的中性质点若要产生碰撞游离，电子自身的动能必须大于游离能(游离电位)。当电子动能小于游离能时发生碰撞，只能使中性质点激励。所谓激励就是电子碰撞中性质点时，使中性质点中的电子获得部分动能而加速运动，但尚不能脱离原子核的束缚成为自由电子。如果质点受到多次碰撞，因总的动能大于游离能而产生的游离，叫积累游离。

因此，要使电弧易于熄灭，应在触头间隙中充以游离电位高的介质，如氢、六氟化硫等。在断路器中，用油作灭弧介质，或用固体有机物作灭弧隔板，就是因为它们在电弧高温下能分解出游离电位高的氢气，易于灭弧。

电弧发生的过程中，弧隙温度剧增，形成电弧后弧柱温度可达 6 000～7 000 ℃，甚至会达到 10 000 ℃以上。在高温作用下，弧隙内中性质点的热运动加剧，可获得大量的动能；当其相互碰撞时，会生成大量的电子和离子，这种由热运动而产生的游离叫热游离。一般气体游离温度为几千到 10 000 ℃，金属蒸气热游离温度为 4 000～5 000 ℃。当电弧形成后，弧隙电压剧降，维持电弧需要靠热游离子。

随着触头开距的加大，失去了强电场发射条件，故以后的弧隙自由电子则由阴极表面产生热电发射来继续提供。

因此，弧隙自由电子由强电场产生，热电发射维持；电弧由碰撞游离产生，热游离维持。

电弧的弧隙电压分布如图 3.1 所示，它由阴极区(U_{ca})、阳极区(U_{an})、弧柱区(U_{ac})三部分组成。在短电弧时(几毫米)，电弧电压主要由阴、阳极区的电压降组成，而弧柱电压所占比重很小。对于长电弧(几厘米以上)，电弧电压主要取决于弧柱的电压。

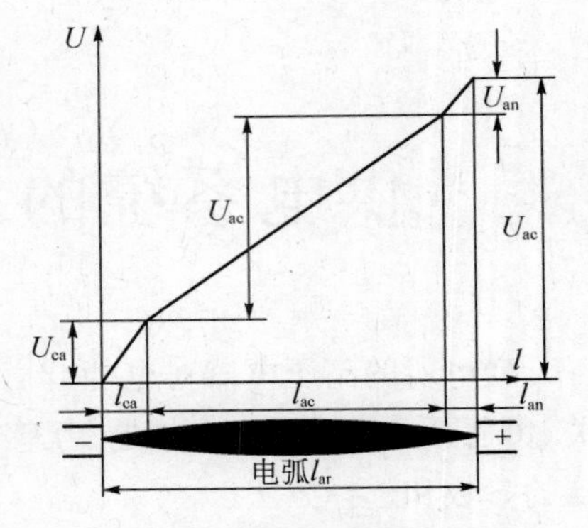

图 3.1 电弧的弧隙电压分布

3.1.2 电弧的熄灭

在电弧中不但存在着中性质点的游离过程，同时还存在着带电质点不断地复合与扩散，使弧隙中带电质点减少的去游离过程。当游离大于去游离时，电子与离子浓度增加，电弧加强；当游离与去游离相等时，电弧稳定燃烧；当游离小于去游离时，电弧减少以至熄灭。所以要促使电弧熄灭就必须削弱游离作用，加强去游离作用。去游离的主要形式是复合与扩散。

1) 复合

复合是异性带电质点彼此的中和。要使带电质点复合，两异性质点必须在一定时间内处在很近的距离。弧隙中电子的相对速度比正离子快得多，故复合的几率很小。一般规律是电子先附着在中性质点或灭弧室固体介质表面，再与正离子相互吸引复合成中性质点。复合速率与下列因素有关：

(1) 带电质点浓度越大，复合几率越高。当弧电流一定时，弧截面越小或介质压力越大，带电质点浓度也越大，复合就越强。故断路器采用小直径的灭弧室就可以提高弧隙带电质点的浓度，增强灭弧性能。

(2) 电弧温度越低，带电质点运动速度越慢，复合就越容易。故加强电弧冷却能促进复合。在交流电弧中，当电流接近于零时，弧隙温度骤降，此时复合特别强烈。

(3) 弧隙电场强越度小，带电质点运动速度越慢，复合的可能性越大。所以提高断路器的开断速度，对复合有利。

2) 扩散

扩散是指带电质点溢出弧道的现象。扩散是由于带电质点不规则的热运动造成的。扩散速度受下列因素影响：

(1) 弧区与周围介质的温差越大，扩散越强。用冷却介质吹弧，或使电弧在周围介质中运动，都可以增大弧区与周围介质的温差，加强扩散作用。

(2) 弧区与周围介质离子的浓度相差越大，扩散就越强烈。

(3) 电弧的表面积越大，扩散就越快。

断路器综合利用上述原理，制成各式灭弧装置，能迅速而有效地熄灭短路电流产生的强大电弧。

3.1.3 直流电弧的开断

图 3.2 为一直流电路，其电源电压为 U，电路电阻为 R，电感为 L，断路器触头为 1、2。

在断路器闭合时，电弧电压 $U_{ar}=0$，电路方程为：

$$u=u_R+u_L=Ri+L\left(\frac{di}{dt}\right) \quad (3.1)$$

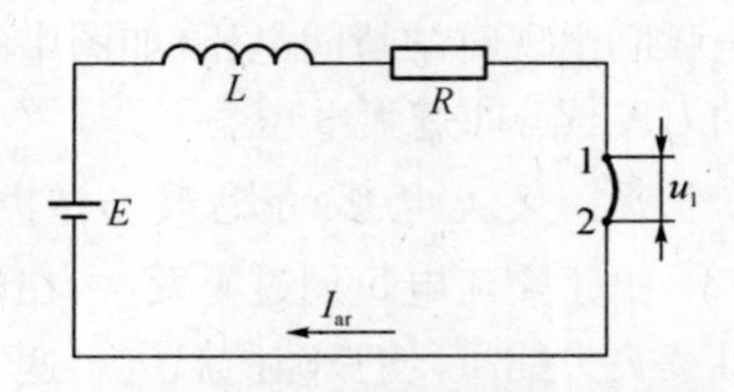

图 3.2　直流回路开断时的等值电路

式中：u_R、u_L——电阻、电感上的电压。

当电路电流达到稳定时，$\frac{di}{dt}=0$，此时回路电流 $i=I=\frac{U}{R}$。当触头断开产生电弧时，电路方程为：

$$u=Ri+L\frac{di}{dt}+u_{ar} \quad (3.2)$$

式中：u_{ar}——电弧电压降。

如电弧稳定燃烧，则$\frac{di}{dt}=0$，此时电路方程为：

$$u=Ri+u_{ar} \quad (3.3)$$

当断路器开断距离为 l_1 时，由于 l_1 较小，电弧稳定燃烧。根据直流电弧的伏安特性曲线（如图 3.3所示），此时 u_{ar1} 与 $U-Ri$ 直线相交点为 1，此点满足式(3.3)的要求，即为电弧的稳定燃烧点。当触头开距增大到 l_2 时，u_{ar} 增大到 u_{ar2}，此时 u_{ar2} 与 $U-Ri$ 直线相交于 2 点，此时即为开距等于 l_2 时的电弧稳定燃烧点。当 l 继续加大，弧压降不断增加，电弧的伏安特性曲线继续上移。当电弧的伏安特性曲线与 $U-Ri$ 直线无交点时（如图中 u_{ar5}），$U-Ri<u_{ar}$，使式(3.2)的$\frac{di}{dt}<0$，电流 i 是减小的，因此最终导致直流电弧的熄灭。

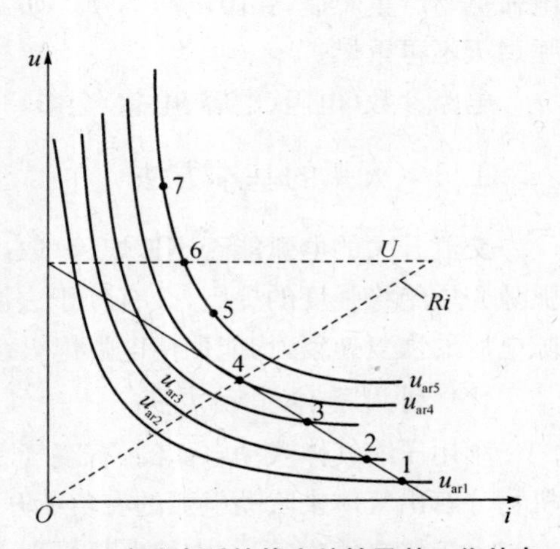

图 3.3　直流电弧的伏安特性及其工作特点

所以直流电弧的燃烧条件为 $U-Ri>u_{ar}$。故 $U-Ri$ 越大，电弧越难熄灭。当 U 越大或 R 越小时（相当于开断前线路电流 I 大），灭弧越困难。回路电阻 R 与弧隙电压降 u_{ar} 的增大，可促使电弧熄灭。

3.1.4　交流电弧的开断

1）交流电弧的伏安特性

交流电弧与直流电弧一样，具有非线性。交流电弧不同于直流电弧之处，在于交流电流的瞬时值不断随时间变化。在弧柱的热惯性作用下，当电流增大时弧隙还保持较低的温度，故弧电阻较高，弧压降较大；当电流迅速减小时，弧温度不能骤降，弧电阻仍保持其较小值，故弧压降较小。工频电流一周的伏安特性曲线如图 3.4 所示。

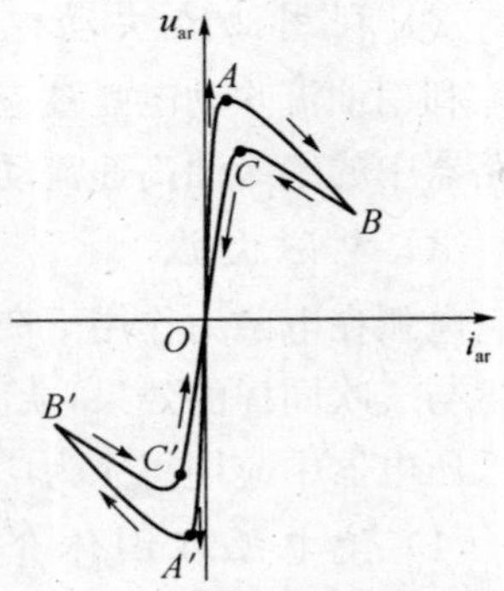

图 3.4　交流电弧的伏安特性曲线

由于电弧是纯电阻性的，弧电压与弧电流同相。通常把电弧刚出现时的瞬间电压(如图中的 A、A')叫燃弧电压;把电弧熄灭时的瞬间电压(如图中的 C、C'点)叫熄弧电压。

2) 交流电弧的熄灭与重燃

由于交流电每周过零两次,在电流过零时,电弧暂时熄灭。此时弧隙不再获得能量,并继续丧失能量,使弧隙内温度迅速下降,去游离作用增强,介质强度得到迅速恢复。

交流电弧在电流过零时自然熄灭后,能否重燃,取决于弧隙电压与介质强度的恢复情况。

弧隙在通过电弧电流时,弧电阻很小,电压很低,此时电源电压大部分降落在线路阻抗上。电流过零后,弧隙电阻不断增大,加于弧隙上的电压不断升高;当弧隙最终变为绝缘介质时,电源电压全部加在间隙上。这种电流过零后,弧隙上的电压变化过程叫弧隙电压恢复过程。与此同时,弧隙介质的耐压强度也在恢复,叫介质击穿电压的恢复过程。

当电流过零,电弧自然熄灭后,如弧隙恢复电压高于介质的击穿电压,弧隙被重新击穿,电弧重燃。重燃后,弧隙电压下降。如弧隙恢复电压永远低于介质击穿电压的恢复速度,电弧熄灭不再重燃。

电路参数(电阻、电容、电感)会影响电弧的熄灭,一般电阻性电路的电弧最易熄灭。

3.1.5 灭弧的基本方法

交流开关的电弧能否迅速熄灭,取决于弧隙介质绝缘强度的恢复和弧隙恢复电压。而弧隙介质绝缘强度的提高,又有赖于去游离的加强。因此,加强弧隙的去游离速度,降低弧隙电压的恢复速度,均能促使电弧熄灭。目前开关电器采用的灭弧方法主要有以下几种。

1) 利用气体吹动电弧

利用压缩气体吹动电弧的,有空气断路器和六氟化硫断路器。利用电弧高温,使固体有机物分解出气体来吹动电弧的有负荷开关、自产气开关和熔断器等。

由于气流的吹动,一方面电弧受到强烈的冷却和去游离,另一方面弧隙中的游离介质被未游离介质取代,使介质绝缘强度得到迅速提高,促使电弧熄灭。气体压力越高,流速越快,灭弧效果就越好。吹弧方式可分为纵吹与横吹两种,纵吹时吹动方向与电弧平行,它促使电弧变细;横吹时吹动方向与电弧垂直,它能把电弧拉长并切断。

2) 利用油流吹动电弧

利用油流吹动电弧被应用于各种油断路器中。油断路器采用各种型式的机械力,促使断路器中的绝缘油高速流动,来吹动电弧。

3) 电磁吹弧

电弧在电磁力作用下产生运动的现象,叫做电磁吹弧。由于电弧在周围介质中运动,会产生与气吹同样的效果,从而达到灭弧的目的。这种灭弧的方法被应用于多种开关电器中,在低压电器中应用得尤为广泛。

4) 使电弧在固体介质的狭缝中运动

此种灭弧方式又叫狭缝灭弧。由于电弧在介质的狭缝中运动,一方面受到冷却,加强了去游离作用;另一方面电弧被拉长,弧径被压小,弧电阻增大,促使电弧熄灭。

5）将长弧分割成短弧

当电弧经过与其垂直的一排金属栅片时，长电弧被分割成若干段短电弧，而短电弧的电压主要降落在阴、阳极区内，如果栅片的数目足够多，使各段维持电弧燃烧所需的最低电压的总和大于外加电压时，电弧自行熄灭。交流电弧在电流过零后，由于近阴极效应，每弧隙介质强度骤增到 150～250 V，采用多段弧隙串联，可获得较高的介质强度，使电弧在过零熄灭后不再重燃。

6）采用多断口灭弧

高压断路器常制成每相两个或多个串联断口，由于断口数量的增加，使得每一断口的电压降低，同时相当于触头分断速度成倍的提高，使电弧迅速拉长，对灭弧有利。

3.2　高压电器设备选择的原则

电器设备的选择是指根据环境条件和供电要求确定其型式和参数，保证电器正常运行时安全可靠，故障时不致损坏，并在技术合理的情况下注意节约。还应根据产品生产情况与供应能力统筹兼顾，条件允许时可优先选用先进设备。

3.2.1　按正常工作条件选择

1）环境条件

电器产品在制造上分户内和户外两大类。户外设备的工作条件比较恶劣，各方面要求较高，成本也高。户内设备不能用于户外；户外设备虽可用于户内，但不经济。此外选择电器时，还应根据不同环境条件考虑防水、防火、防腐、防尘、防爆以及高海拔区与温热带地区等方面的要求。

2）按电网电压选择

电器可在高于 10%～15% U_N 的情况下长期安全运行。故所选设备的额定电压 U_N 应不小于装设处电网的额定电压 U，即

$$U_N \geqslant U \tag{3.4}$$

我国普通电器额定电压标准是按海拔 1 000 m 设计的。如果在高海拔地区使用，应选用高海拔产品，或采取某些必要的措施增强电器的外绝缘，方可应用。

3）按长时工作电流选

电器的额定电流 I_N 是指周围环境温度为 θ ℃时，电器长期允许通过的最大电流。它应大于负载的长时最大工作电流（即 30 min 平均最大负荷电流，以 I 表示），即

$$I_N \geqslant I \tag{3.5}$$

θ ℃由产品生产厂家规定。我国普通电器的额定电流所规定的环境温度为 +40 ℃。如果设备周围最高环境温度与规定值不符时，应对原有的额定电流值进行修正。方法如下：

当环境最高温度低于规定的 θ ℃时，每低 1 ℃载流量可提高 0.5%，但总提高量不得超过 20%。

当环境最高温度高于 θ ℃，但不超过 60 ℃时，长时允许电流按下式修正：

$$I_{al}=I_N\sqrt{\frac{\theta_{al}-\theta_0'}{\theta_{al}-\theta_0}} \tag{3.6}$$

式中：θ_{al}——设备允许最高温度(℃)；

θ_0'——环境最高温度，取月平均最高温度(℃)；

I_{al}——修正后的长时允许电流。

修正后的长时允许电流应大于或等于回路的长时工作电流，即

$$I_{al}\geqslant I \tag{3.7}$$

3.2.2 按故障情况进行校验

按正常情况选择的电器是否能经受住短路电流电动力与热效应的考验，还必须进行校验。

技术规范规定对下列情况不进行动、热稳定性的校验。

(1) 用熔断器保护的电器；

(2) 用限流电阻保护的电器及导体；

(3) 架空电力线路。

在选择电器时，除按一般条件选择外，还应根据它们的特殊工作条件提出附加要求。常用高压电器的选择与校验项目如表 3.1 所示。

表 3.1 高压电器选择与校验项目

校验项目	电压	电流	断流容量	短路电流校验	
				动稳定	热稳定
断路器	✓	✓	✓	✓	✓
负荷开关	✓	✓		✓	✓
隔离开关	✓	✓		✓	✓
熔断器	✓	✓	✓		
电抗器	✓	✓		✓	✓
母线	✓	✓		✓	✓
支柱绝缘子	✓	✓		✓	✓
套管绝缘子	✓	✓		✓	✓
电流互感器	✓	✓		✓	✓
电压互感器	✓	✓			
电缆	✓	✓			✓

注：✓为电器应校验项目。

3.3　高压开关设备的选择原则

3.3.1　高压断路器

高压断路器除在正常情况下通、断电路外，主要是在电力系统发生故障时，自动而快速地将故障切除，以保证电力系统及设备的安全运行。常用的高压断路器有油断路器、六氟化硫断路器和真空断路器等。

1）油断路器

油断路器按其用油量的多少分为多油与少油两种。多油断路器中的油起着绝缘与灭弧两种作用；少油断路器中的油只作为灭弧介质。

(1) 多油断路器　10 kV 以下的多油断路器，为三相共箱式。35 kV 以上的多油断路器多为分箱式。我国目前 35 kV 多油断路器用得较多的是 DW_s - 35 型。多油断路器的结构如图 3.5 所示。

① 平开式多油断路器：PB_3－6 及 GKW - 1 等型号的高压配电柜中，均采用平开式多油断路器，它的结构与图 3.5 基本相似，只是静触头上无灭弧室。为了防止电弧引起相同短路和接地，在油箱壁及三相之间均衬以绝缘隔板。

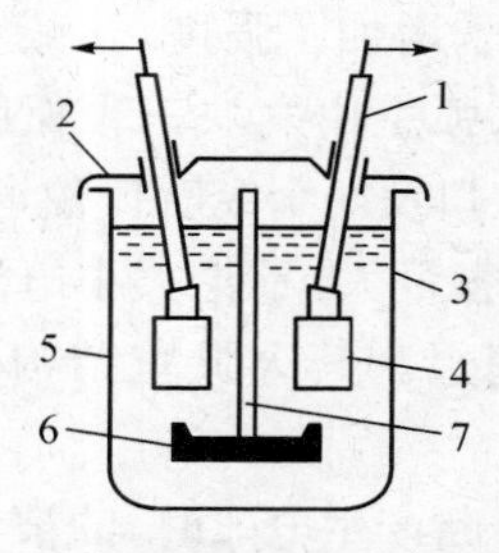

图 3.5　多油断路器的一相结构示意图

1—瓷套管；2—油箱盖；3—变压器油；4—静触头及灭弧室；5—油箱；6—动触头；7—绝缘拉杆

开断电路时，电弧高热使变压器油蒸发和分解成气体，吸收大量的热能使电弧冷却；同时油分解出大量的氢气(70％～80％)，氢的导热性能好，黏度小，冷却性能也很好；高温油器与氢的比重较冷油小，因而迅速流向油箱上部，对电弧产生纵吹效果；在开断大电流时，两平行断口间，弧电流的相互斥力使两电弧向外侧移动，起到横吹作用。由于以上原因，平开式油断路器的电弧得以熄灭。

② 机械油吹式多油断路器：目前 PB_2－6G 矿用隔爆型高压配电箱中，采用机械油吹灭弧式多油断路器，断路器每相一个灭弧室，共同装于一个油箱中，其一相灭弧室结构如图 3.6 所示。

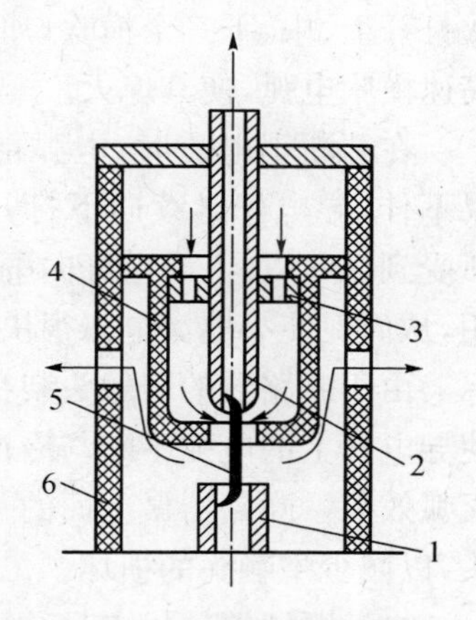

图 3.6　机械油吹灭弧室

1—静触头；2—动触头；3—压油活塞；4—唧筒；5—电弧；6—绝缘筒

在绝缘筒 6 内装有压油活塞 3，开断电路时，触头 2 带动活塞 3 向上运动，灭弧室上部的绝缘油受到机械压力，使油流经唧筒口射向电弧 5 形成纵吹；当动触头继续向上，活塞带动唧筒 4 向上运动，使得压油面积增加，压力增大，形成更强烈的纵吹，迫使电弧熄灭。

由于油流是靠机械的压缩力产生的，因此在开断小电流时，弧区的压力小，油流快，灭弧效果显著，故开距可减小。当开断大电流时，由于弧区产气多，压力大，油流不畅，使熄弧效果减弱，故机械油吹灭弧时对熄灭大电流不利。

③ 油自吹灭弧式断路器：目前 35 kV 以上的油断路器(包括多油与少油)，多采用油自吹灭弧室。所谓油自吹灭弧，就是靠电弧自身能量形成油流吹动电弧，自吹方式有纵吹、横吹、环吹以及混合油吹等。这些灭弧室的共同特点就是在熄灭小电流时，由于电弧能量小，燃弧时间长。

多油断路器的优点是结构简单，工艺要求低，使用可靠性高，气候适应性强，35 kV 电压级带有套管式电流互感器。其缺点是体积大，钢材及油的用量多，动作速度慢，检修工作量大，安装搬运不方便，占地面积大且容易发生火灾，目前已逐渐被其他型式的断路器所取代。在我国多油断路器除 35 kV 外，其他电压等级已减少或停止生产。

(2) 少油断路器　目前工矿企业变电所室内断路器均采用少油式，过去常采用的 SN_1－10 与 SN_2－10 等型号的少油断路器，由于灭弧性能差，断流容量小，涡流损耗大等缺点已停止生产，而被先进的 SN_{10}－10 型少油断路器取代。

该断路器的油箱采用环氧树脂玻璃钢制的绝缘筒，既增加了强度，又减小了磁带涡流损失。灭弧室由六块三聚氰胺灭弧片构成三个横吹口及两个纵吹口油道，故灭弧能力强，断流容量大，不论大小电流均能在两个半波内熄灭。其灭弧室结构如图 3.7 所示。

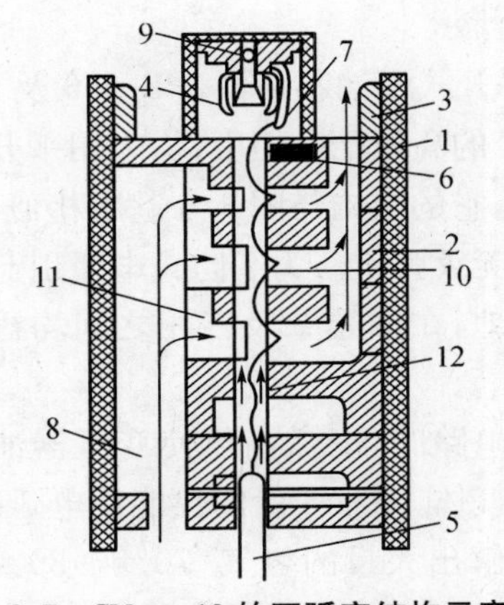

图 3.7　SN_{10}－10 的灭弧室结构示意图

(上、下横吹弧道为左右旋转 45°后的剖面)

1—绝缘筒；2—灭弧片；3—压紧环；4—静触头；5—动触头；6—铁皮；7—耐弧触头；8—附加油流道；9—球阀；10—电弧；11—横吹油道；12—纵吹油道

当触头分断产生电弧时，油被气化和分解，灭弧室内腔压力增大，使静触头座内的钢球上升，将球阀关闭，电弧在密闭的空间燃烧，压力急剧增大；当导电杆向下运动，依次打开上、中、下三个横吹口时，油气混合物高速横吹电弧，使其熄灭。

在开断小电流时，电弧能量小，横吹效果不佳，导电杆继续向下打开纵吹油道，电弧受到纵吹；加上导电杆向下运动，将一部分油压入附加油道横吹电弧，起到机械油吹的作用，从而促使小电流电弧很快熄灭。

由于断路器的静触头装在上部，不但能产生机械油吹的效果，更因为导电杆向下运动，使导电杆上的电弧不断与冷油接触，既降低了触头温度，又使电弧受到良好的冷却，加强了灭弧效果。断路器最上面的一个灭弧片，在靠近喷口处预埋一铁块，从而把电弧引向耐弧触头，以减少主触头的损坏。

少油断路器的优点是结构简单、坚固，运行比较安全，体积小，用油少，可节约大量的油和钢材。缺点是安装电流互感器比较困难，不适宜于严寒地带(因油少易冻)等。

2) 六氟化硫断路器

用六氟化硫(SF_6)气体作为绝缘和灭弧介质的断路器，是 20 世纪 50 年代初发展起来的一种新型断路器。由于 SF_6 气体具体优良的绝缘性能和灭弧特性，其发展较快。目前在使用电压等级和开断容量等参数方面都已赶上和超过了压缩空气断路器，在超高压领域中，有取代其他断路器的趋势。

（1）SF_6 的物理及化学性能

纯 SF_6 气体无色、无味、无毒；低温高压下易于液化，在一个大气压下液化温度为 －63.8 ℃；7 个大气压时，液化温度为－25 ℃；它不溶于水与变压器油；温度在 800 ℃以下是惰性气体。在电弧作用下，气体分解出 SOF_2、SO_2F_2 等低氟化物，电弧过后很快又恢复为 SF_6，残存量极少。

（2）SF_6 的绝缘性能及灭弧特性

SF_6 具有良好的绝缘性能，在均匀电场的情况下，其绝缘强度是空气的 2.5～3 倍。3 个大气压下，SF_6 的绝缘强度与变压器油相同。SF_6 断路器结构中，应防止电场强度过度的不均匀而产生电晕现象，以免引起绝缘放电电压的降低和由于气体的分解而产生腐蚀性物质及有毒气体。

SF_6 气体还具有极强的灭弧能力，这是由于它的弧柱导电率高，弧压降低，弧柱能量小，在电流过零后，介质强度恢复快。一般 SF_6 绝缘强度的恢复速度比空气快 100 倍。

（3）SF_6 断路器的优缺点

① 灭弧能力强，易于制成断流容量大的断路器。由于介质绝缘恢复特别快，可以经受幅值大，电压高的恢复电压而不易被击穿。

② 允许开断次数多，寿命和检修周期长。由于 SF_6 分解后，可以复合，分解物不含碳等影响绝缘能力的物质，在严格控制水分的情况下不产生腐蚀性物质，因此开断后气体绝缘不会下降。由于电弧存在时间短，触头烧伤轻，所以延长了检修周期，提高了电器寿命。

③ 散热性能好，流通能力大。SF_6 气体导热率虽小于空气，但因其分子量重，比热大，热容量大，在相同压力下对流时带走的热量多，总的散热效果好。

④ 开断小电感电流及电容电路时，基本上不出现过电压。这是因为 SF_6 的弧柱细而集中，并保持到电流接近零时，无截流现象的缘故。又由于 SF_6 气体灭弧能力强，电弧熄灭后不易重燃，故开断电容电路时不出现过电压。

⑤ SF_6 断路器的缺点是加工精度要求高，密封、水分等的控制要求严格。在电晕作用下产生剧毒气体 SO_2F_2，在漏气时对人身安全有危害。

3）真空断路器

利用真空作为绝缘和灭弧介质的断路器叫真空断路器。所谓真空是指气体稀薄的空间，真空断路器要求管内的压强在 0.023 Pa 以下。

（1）真空的绝缘特性

真空间隙在均匀电场下绝缘强度很高，这是因为真空中的气体稀薄，电子的自由行程大，发生碰撞几率小的缘故。真空绝缘介质与其他绝缘介质的击穿电压如图 3.8 所示。

由图可见，在断路器开距范围内（几毫米到几十毫米），真空绝缘介质比其他介质的绝缘强度高，在小间隙，击穿电压与间隙长度呈非线性关系，当间隙长度增大时，击穿电压的增加不是很显著。所以真空断路器耐压强度的提高只能采用多间隙串联的方法解决，不能用增大触头开距的方法。

影响真空间隙击穿电压的主要因素是：

① 电极材料的影响。电极材料不同，击穿电压有显著的变化。一般说来，电极材料的机械强度与熔点越高，真空间隙的击穿电压也越高。

② 气体压力对击穿电压的影响。真空间隙的绝缘度与管内气体压强有关。当压强在 0.013 Pa 以下时，绝缘度不变，在 0.013～1 333 Pa 时，绝缘度随气压的升高而不断下降。当气压大于 1 333 Pa 时，绝缘度又随气压的增加而增加，气压与绝缘击穿电压的变化关系如图 3.9所示。图中横坐标 p 表示气体压强，单位为 Pa，纵坐标 $U\%$ 表示击穿电压百分数。

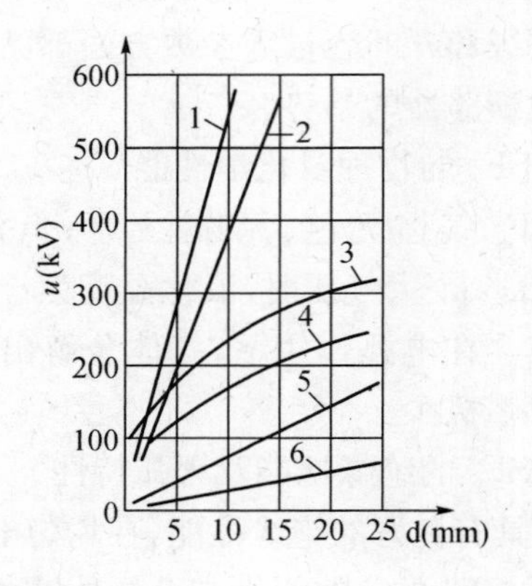

图 3.8 不同介质的绝缘击穿电压

1—2.8 MPa 的空气；2—0.7 MPa 的 SF_6；3—高度真空；4—变压器油；5—0.5 MPa 的 SF_6；6—0.1 MPa 的空气

(2) 真空电弧的特点及其熄灭

在真空电弧中不存在气体游离问题，电弧的形成主要依靠触头金属蒸气的导电作用，造成间隙的击穿而发弧。因此电弧随触头材料不同而有差异，并受弧电流大小的影响。

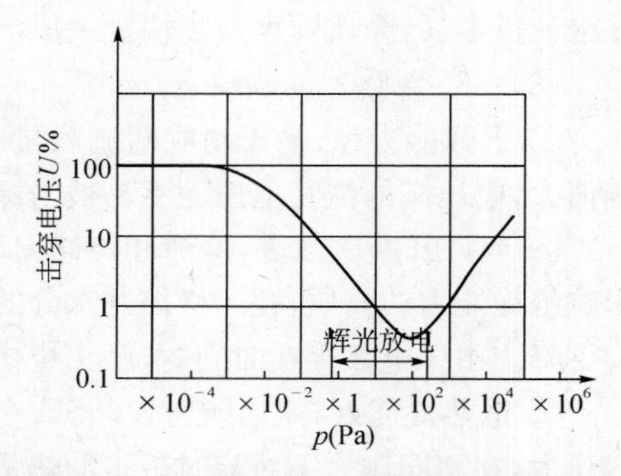

图 3.9 气压与绝缘击穿电压的关系曲线

在圆形触头中，数千安以下的小电流真空电弧(扩散型电弧)是以若干并联电弧的形式存在于电极之间，每支电弧从阴极出发，达到阳极时形成一圆锥形弧柱。这是因为电弧所受的压力很小，在电流磁场力的作用下，使金属带电质点沿径向扩散。随着开距的增大，使弧柱的压力、质点的密度和温度等均相应地向下，故阳极表面的温度比阴极斑点低很多。在电流过零后极性更替时，由于新阴极温度较低，不易发射电子与金属蒸气，电弧不易重燃。其弧电压比气体中的低，主要为阴极压降，它随电流瞬时值的增加而增加。

在小电流真空电弧中，当电流从峰值下降到一定值时，电弧呈现不稳定状态；电流再继续下降时，便提前过零使电弧熄灭，出现截流现象；故真空开关在切断小电感电流时，要产生截流过电压。产生截流的原因是当电流减小时，阴极斑点发出的金属蒸气量减少，使电弧难以维持而自然熄灭。截流值大小与触头材料有关。触头饱和蒸气压力越大，截流值越小；触头沸点与导热系数的乘积越大，截流值越高。例如铋、锑、铅、镉等沸点低的材料，它们的截流值就小；而钨、铜、钼、镍等的沸点较高，其截流值也较大。另外截流值还与触头运动速度有关，速度越高，截流值越大。由实验得知，分断速度在 0.5～1.5 m/s 范围，对截流水平没有影响。小电流的真空电弧才会出现截流现象，当电流超过几千安时，一般不出现截流。

在大电流真空电弧中(收缩型电弧)，电弧能量大，电弧成为单个弧柱；此时阳极也严重发热而产生阳极斑点。由于电流大，电动力作用显著增加，故触头磁场分布情况对电弧燃烧与熄灭的影响很大。

大电流的弧压降随电流增加比小电流快，在开始燃弧和电流过零时，弧电压较小。弧电压增加，意味着电弧能量的增加，各元件的发热增加，金属蒸气量增多，介质绝缘恢复困难，故当弧电压增大到一定程度就会造成开断的失败。

在真空电弧中，一方面金属蒸气及带电质点不断向弧柱四周扩散，并凝结在屏蔽罩上；另一方面触头在高温作用下，不断蒸发向弧柱注入金属蒸气与带电质点。当扩散速度大于蒸发速度时，弧柱内的金属蒸气量与带电质点的浓度降低，以致不能维持电弧时，电弧熄灭，否则电弧将继续燃烧。电流过零电弧熄灭时，触头温度下降，蒸发作用急剧减小，而残存质点又在继续扩散；故真空绝缘在熄弧后，介质绝缘强度的恢复极快，其速度可达 20 kV/μs。在开断容量范围内，恢复速度基本不变。

(3) 真空断路器的灭弧室结构及其触头

真空断路器的主要部件是真空灭弧室(见图 3.10)，其内装屏蔽罩，起金属蒸气的作用，以防止其凝结在绝缘外壳上，降低动、静触头之间的绝缘；它还能吸附电子与离子，对灭弧有利。圆盘形的动、静触头装在密封外壳的两端，动触头运动时，波纹管伸缩。真空灭弧室的真空度，出厂时应不低于 1.33×10^{-4} Pa，运行过程中应保持在 1.33×10^{-4} Pa 以上。对 10 kV电压级的触头开距仅为 10～15 mm。

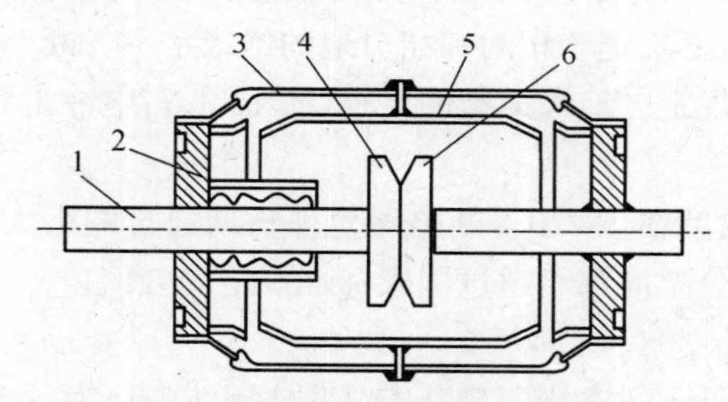

图 3.10　真空断路器的灭弧室结构

1—动触杆；2—波纹管；3—外壳；4—动触头；5—屏蔽罩；6—静触头

真空断路器的圆盘形触头可分为两种。一种是只有导电部分，而无旋弧部分，它的断流容量较小；另一种是带有旋弧部分的，这种触头上的电弧在电磁力的作用下迅速旋转运动，防止触头上出现局部高温区，从而提高了断路器的断流容量。目前使用最多的是具有外部螺旋槽或内螺旋槽的旋弧触头。图 3.11 为外螺旋槽旋弧触头的形状及电流与磁力线。现以外螺旋槽旋弧触头为例，来说明旋弧作用。

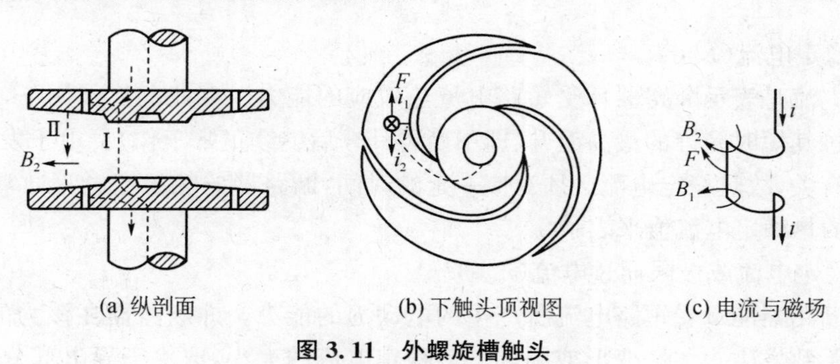

图 3.11　外螺旋槽触头

触头中部为环形接触面的主触头，外侧为带螺旋槽的旋弧触头。当触头分开时，由于触头中心凹进，电弧电流在触头部分呈曲折形，如图 3.11(a)所示，曲折部分电流的磁场 B_2 对弧隙电流产生电磁作用力，使电弧向外从主触头移到旋弧触头。由于螺旋形槽的影响，电弧电流中有一个圆周分量 i_1 所建立的径向磁场作用于电弧，使电弧沿螺旋槽方向高速旋转[如图 3.11(b)所示]，则电弧很快被冷却。故带旋弧槽的触头具有产生金属蒸气量小，介质绝缘恢复快，断流容量大，触头烧损均匀等优点。

真空断路器具有体积小、重量轻、寿命长(比油断路器触头的寿命长 50～100 倍)，维护工作量少，噪音、震动小，动作快，无外露火花，易于防爆，且适合于操作频繁和开断电容电流等优点。缺点是开断小电流时容易出现截流现象，产生截流过电压。此外对真空度的监视与测量目前还无简单可行的办法。

3.3.2 高压断路器的主要参数及选择

1) 高压断路器的主要参数

(1) 额定电压(U_N)

额定电压是指断路器正常工作时的线电压，断路器可以长期在 1.1～1.15 倍额定电压下可靠工作。额定电压主要决定于相间和相对地的绝缘水平。断路器要满足额定电压的要求，就必须符合国家标准规定的绝缘试验的要求(如工频、雷电冲击和操作冲击耐压测试)。

(2) 额定电流(I_N)

额定电流是指环境温度在＋40 ℃，断路器允许长期通过的最大工作电流。断路器在此电流下长期工作时，各部分温度都不超过国家标准规定的数值。

(3) 额定开断电流($I_{N.br}$)

额定开断电流是指电压(暂态恢复电压与工频恢复电压)为额定值时，按照国家标准规定的操作循环，能开断滞后功率因数在 0.15 以下，而不妨碍其继续工作的最大电流值。它是断路器开断能力的标志，其大小与灭弧室的结构和灭弧介质有关。

(4) 额定断流容量($S_{N.br}$)

由于开断电流与电压有关，故断路器的开断能力常用综合参数断流容量表示。三相断路器的断流容量为：

$$S_{N.br}=\sqrt{3}U_N I_{N.br} \tag{3.8}$$

(5) 热稳定电流($I_{ts.Q}$)

热稳定电流是表示断路器承受短路电流热效应的能力。在此电流作用下，断路器各部分温升不超过其短时允许的最高温升(即不妨碍其今后继续正常工作)。由于发热量与电流通过的时间有关，故热稳定电流必须对应一定的时间，断路器的热稳定电流通常以 1 s、5 s、10 s 等时间的热稳定电流值来表示。

(6) 动稳定电流或极限通过电流($i_{es.Q}$)

它表示断路器能承受短路电流所产生的电动力的能力。即断路器在该力的作用下，其各部分结构不致发生永久性变形或损坏。动稳定电流的大小，取决于导电部分及支持绝缘部件的机械强度。

(7) 断路器的分、合闸时间

它表示断路器的动作速度。从分闸线圈通电到三相电弧熄灭为止的这段时间称为分闸时间 t_{br}，包括断路器固有分闸时间和燃弧时间。

固有分闸时间是从分闸线圈通电到触头刚分开的一段时间。燃弧时间是指从触头分离开始，到电弧完全熄灭为止的这段时间。

分闸时间是断路器的一个重要参数，其大小对电力系统的稳定性影响极大。t_{br}越小，对电力系统的稳定越有利。

断路器的合闸时间 t_{cl}，是指从合闸线圈通电起，到各相触头全部接通为止的这段时间。合闸时间决定于操动机构及中介传动机构的速度。

2) 高压断路器的选择

选择高压断路器时，除按电器设备一般原则选择外，由于断路器还要切断短路电流，因此必须校验断流容量(或开断电流)、热稳定及动稳定等各项指标。

(1) 按工作环境选型

根据使用地点的条件选择，如户内式和户外式，若工作条件特殊，尚需选择特殊型式(如隔爆型)。

(2) 按额定电压选择

高压断路器的额定电压，应等于或大于所在电网的额定电压，即

$$U_N \geqslant U \tag{3.9}$$

式中：U_N——断路器的额定电压；

U——高压断路器所在电网的额定电压。

(3) 按额定电流选择

高压断路器的额定电流，应等于或大于负载的长时最大工作电流，即

$$I_N \geqslant I_{ar.m} \tag{3.10}$$

式中：I_N——断路器的额定电流；

$I_{ar.m}$——负载的长时最大工作电流。

(4) 校验高压断路器的热稳定性

高压断路器的热稳定性校验要满足下式要求：

$$I_{ts.Q}^2 t_{ts.Q} \geqslant I_\infty^2 t_i \tag{3.11}$$

或

$$I_{ts.Q} \geqslant I_\infty \sqrt{\frac{t_i}{t_{ts.Q}}}$$

式中：$I_{ts.Q}$——断路器的热稳定电流；

$t_{ts.Q}$——断路器热稳定电流所对应的热稳定时间；

I_∞——短路电流稳定值；

t_i——I_∞作用下的假想时间。

断路器通过短路电流的持续时间按下式计算：

$$t_{1a}=t_{se}+t_{br} \tag{3.12}$$

式中：t_{1a}——断路器通过短路电流的持续时间；

t_{se}——断路器保护动作时间；

t_{br}——断路器的分闸时间。

断路器的分闸时间 t_{br} 包括断路器的固有分闸时间和燃弧时间，一般可在产品样本中查到或按下列数值选取。

对快速动作的断路器，t_{br} 可取 0.11～0.16 s；

对中、低速动作的断路器，t_{br} 可取 0.18～0.25 s。

(5) 校验高压断路器的动稳定性

高压断路器的动稳定性是指承受由短路电流作用引起的机构效应的能力，在校验时，须用短路电流的冲击值或冲击电流有效值与制造厂规定的最大允许电流进行比较，即

$$\left.\begin{aligned} i_{max} &\geqslant i_{sh} \\ I_{max} &\geqslant I_{sh} \end{aligned}\right\} \tag{3.13}$$

式中：i_{max}、I_{max}——设备极限通过的峰值电流及其有效值；

i_{sh}、I_{sh}——短路冲击电流及其有效值。

(6) 校验高压断路器的断流容量

高压断路器能可靠地切除短路故障的关键参数是它的额定断流容量（或额定开断电流）。因此，它所控制回路的最大短路容量应小于或等于其额定断流容量，否则断路器将受到损坏，严重时电弧难以熄灭，使事故继续扩大，影响系统的安全运行。断路器的额定断流容量（$S_{N.oc}$）按下式进行校验：

$$S_{N.oc}\geqslant S_{0.2}（或 S''） \tag{3.14}$$

式中：$S_{0.2}$（S''）——所控制回路在 0.2 s（或 0 s）时的最大短路容量（MV · A）。

在不同的操作循环下，断路器的断流容量也不同，校验时应按相应的操作循环的断流容量进行校验。

对于非周期分量衰减时间常数较小（在 0.05 s 左右）的电力网，当使用中速或低速断路器时，若保护动作时间与断路器固有分闸时间之和为四倍非周期分量衰减时间常数以上时，在断路器开断时，短路电流的非周期分量衰减接近完毕，则开断短路电流的有效值不会超过短路次暂态电流周期分量的有效值 I''，故开断电流可按 I'' 来校验断路器。

对于电力网末端，如远离电源中心的工矿企业，非周期分量衰减时间常数更小，当使用中速或低速断路器时，若保护动作时间加上断路器固有分闸时间之和大于 0.2 s，则开断电流可按 $I_{0.2}$ 来校验断路器（$I_{0.2}$ 为回路短路 0.2 s 的短路电流）。

【例 1】 某企业变电所的主接线系统如图 3.12 所示，6 kV 侧的总负荷为 12 500 kV · A。在正常情况下，变电所采用并联运行。变电所 35 kV 设备采用室外布置，35 kV 进线的继电保护动作时限为 2.5 s。6 kV 侧的变压器总开关（6QF、7QF）不设保护，变电所 35 kV 与 6 kV母线的短路参数如表 3.2 所示。试选择变压器两侧的断路器。

表 3.2　变电所 35 kV 与 6 kV 母线的短路参数

运行方式	35 kV 母线在 k_1 点的短路电流值			6 kV 母线在 k_2 点的短路电流值		
	$I''=I_{rx}$(kA)	i_{sb}(kA)	$S''=S_{\infty}$(MV·A)	$I''=I_{\infty}$(kA)	i_{sb}(kA)	$S''=S_{\infty}$(MV·A)
并联运行	20	51	1212.5	19.9	50.7	206.8
分列运行	12	30.6	727.5	10.9	27.8	124.7

分析:首先按设备工作环境及电压、电流选择断路器型号,然后按所选断路器参数进行校验。

5QF 及 7QF 断路器在正常情况下只负担全所总负荷的一半;但当一台变压器出现故障或断路器检修时,长时最大负荷即等于变压器的额定容量。此时 35 kV 侧电流为:

$$I_{ar.m1}=\frac{S_{N.T}}{\sqrt{3}U_{N1}}=\frac{10\,000}{\sqrt{3}\times 35}\approx 165(\text{A})$$

6 kV 侧的长时间最大工作电流:

$$I_{ar.m2}=\frac{S_{N.T}}{\sqrt{3}U_{N2}}=\frac{10\,000}{\sqrt{3}\times 6}\approx 962(\text{A})$$

5QF 的额定电压为 35 kV,长时最大工作电流约为 165 A,布置在室外,初步选户外式少油断路器,型号为 SW_2-35 型。

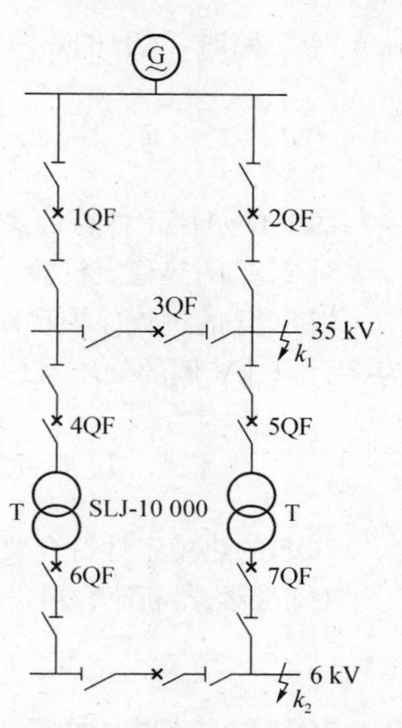

图 3.12　某变电所主接线系统图

7QF 的额定电压为 6 kV,长时最大工作电流约为 962 A,布置在室外,初步选用成套配电设备,断路器为户内式少油断路器,型号为 $SN_{10}-10$,额定电压为 10 kV,额定电流为 1 000 A,根据表 3.2 的短路参数,对上述所选两种断路器的动、热稳定性及其断流容量进行校验。

本题中的 5QF 的最大运行方式是系统并联(这是系统的几种运行方式中,短路回路阻抗最小、短路电流最大的一种)。7QF 的最大运行方式是分列运行。

① 动稳定性校验:根据表 3.2 及表 3.3 的数据,5QF 接 k_1,按并联运行的最大冲击电流校验,即

$$i_{max}=63.4(\text{kA})$$

由于 $i_{sh}=51$ A,因此 $i_{max}>i_{sh}$,动稳定符合要求。

7QF 按 k_2 点分列运行的最大冲击电流校验,即

$$i_{max}=74(\text{kA})$$

由于 $i_{sh}=27.8$ kA,因此 $i_{max}>i_{sh}$,动稳定性符合要求。

②热稳定性校验:

对 5QF 的热稳定性校验

由于变压器容量为 10 000 kV·A,变压器设有差动保护,因此在差动保护范围内短路时,由于其为瞬时动作,继电器保护动作时限为 0,此时假想时间 $t_i=0.2$ s。当短路发生在

6 kV 母线上时，差动保护不动作(因不是其保护范围)，此时过流保护动作的时限为 2 s(比进线保护少一个时限级差 0.5 s)，此时假想时间 $t_i=2.2$ s。

在 k_1 点短路时，5QF 的热稳定时间为 4 s，热稳定电流为：

$$I_{ts.Q}=I_{\infty}\sqrt{\frac{t_i}{4}}=20\times\sqrt{\frac{0.2}{4}}\approx 4.5(kA)<24.8(kA)$$

在 k_2 点短路时，5QF 的热稳定时间为 4 s，热稳定电流为：

$$I_{ts.Q}=I_{\infty}\sqrt{\frac{t_i}{4}}=10\times\sqrt{\frac{2.2}{4}}\times\frac{6}{35}\approx 1.27(kA)<24.8(kA)$$

5QF 的热稳定性符合要求。

对 7QF 的热稳定校验

因 5QF 的过流保护动作时限为 2 s，$t_i=2.2$ s，在 k_2 点短路时，相当于 4 s 的热稳定电流为(因为 6 kV 侧的变压器总开关不设保护)：

$$I_{ts.Q}=I_{\infty}\sqrt{\frac{t_i}{4}}=10.9\times\sqrt{\frac{2.2}{4}}\approx 8.08(kA)<29(kA)$$

7QF 的热稳定性符合要求。

对新断路器断流容量进线校验

$$1\,500\ MV\cdot A>S''=1\,212.5\ MV\cdot A$$

7QF 在 10 kV 时的额定断流容量为 500 MV · A，使用在 6 kV 时的断流容量的换算值为：

$$500\times\frac{6}{10}=300\ MV\cdot A$$

$$300\ MV\cdot A>S''=124.7\ MV\cdot A$$

5QF、7QF 均符合要求，故 5QF 选用 SW_2-35 型，额定电流为 1 500 A，7QF 选用 SN 10—10 型，额定电流为 1 000 A 的少油断路器完全符合要求。

表 3.3　所选断路器的电器参数

型　号	额定电压(kA)	额定电流(A)	额定开断电流(kA)	断流容量(MV · A)	动稳定电流(kA)	热稳定电流(4 s)(kA)
SW_2-35	35	1 500	24.8	1 500	63.4	24.8
$SN_{10}-10$	10	1 000	29	500	74	29

3.3.3　高压负荷开关的选择

在高压配电装置中，负荷开关是专门用于接通和断开负荷电流的电器设备。装有脱扣器时，在过负荷情况下也能自动跳闸。在固定灭弧触头上装有有机玻璃的灭弧罩，在电弧作用下产生气体，纵吹电弧，故灭弧装置比较简单，断流容量小，所以不能切断短路电流。在大多数情况下，负荷开关与高压熔断器串联，借助熔断器切除短路电流。

高压负荷开关分户内式(FN－10 型、FN－10R 型)和户外式(FW－10 型、FW－35 型)

两大类。

负荷开关结构简单、尺寸小、价格低，与熔断器配合可作为容量不大(400 kVA 以下)或不重要用户的电源开关，以代替油断路器。

负荷开关按额定电压、额定电流选择，按动、热稳定性进行校验。当负荷开关配有熔断器时，应校验熔断器的断流容量，其动、热稳定性则可不校验。

3.3.4　隔离开关的选择

它的主要用途是隔离电源，保证电器设备与线路在检修时与电源有明显的断口。隔离开关无灭弧装置，和断路器配合使用时，合闸操作应先合隔离开关，后合断路器，分闸操作应先断开断路器，后断开隔离开关。运行中必须严格遵守"倒闸操作规定"，并应在隔离开关与断路器之间设置闭锁机构，以防止误操作。

隔离开关与熔断器配合使用，可作为 180 kV · A 及以下容量变压器的电源开关。

《电力设计技术规程及标准规范》规定，隔离开关可用于下列情况的小功率操作：

(1) 切、合电压互感器及避雷器回路；

(2) 切、合激励电流不超过 2 A 的空载变压器；

(3) 切、合电容电流不超过 5 A 的空载线路；

(4) 切、合电压在 10 kV 以下，负荷电流不超过 15 A 的线路；

(5) 切、合电压在 10 kV 以下，环路均衡电流不超过 70 A 的线路。

隔离开关有户内式和户外式，我国生产的户内式有 GN_2、GN_6 等系列，35 kV 户外式有 GW_2、GW_4、GW_5 等系列。

隔离开关按电网电压、长时最大工作电流及环境条件选择，按短路电流校验其动、热稳定性。

【例 2】　按图 3.12 的供电系统及计算出的短路参数选择 1QF 的隔离开关。已知上级变电所出线带有过流及横差功率方向保护。

分析：计算隔离开关的长时最大工作电流 $I_{ar.\infty}$。当一条线路出现故障时，全部负荷电流都通过 1QF 的隔离开关，故长时最大工作电流为

$$I_{ar.\infty}=\frac{S}{\sqrt{3}U_N}=\frac{12\,500}{\sqrt{3}\times 35}\approx 206(\text{A})$$

由于电压为 35 kV，设备采用室外布置，故选用 GW_5 - 35G/600 型户外式隔离开关，其主要技术数据为额定电压 35 kV，额定电流 600 A，极限通过电流(峰值)为 50 kA，5 s 的热稳定电流为 14 kA。

由于 1QF 处的隔离开关，其最大运行方式是分列运行。因流经隔离开关的短路电流，k_1 点并联的一半少于分列，故最大运行方式是分列运行。由表 3.2 查得 k_1 点短路，最大冲击电流为 30.6 kA($<$50 kA)，故动稳定符合要求。

热稳定校验

最严重的情况是线路不并联运行，此时所装横联差动保护撤出(其动作时限为零)，即此时差动不起作用，当短路发生在隔离开关 1QF 后，并在断路器 1QF 之前时，事故切除靠上一

级的变电所的过流保护，继电器动作时限比 35 kV 进线的继电保护动作时限(2.5 s)大一个时限级差，故 $t_{se}=2.5+0.5=3$ s，此时短路电流经过隔离开关的总时间为：

$$t=t_i=t_{br}+t_{se}=0.2+3.0=3.2(s)$$

相当于 5 s 的热稳定电流为：

$$I_{ts}=I_{\infty}\sqrt{\frac{t_i}{5}}=12\times\sqrt{\frac{3.2}{5}}=9.6(kA)<14(kA)$$

故热稳定性符合要求。

3.3.5 高压熔断器的选择

高压熔断器是一种过流保护元件，由熔件与熔管两部分组成。当过载或短路时，电流增大，熔件熔断，达到切除故障保护设备的目的。

通过熔件的电流越大，其熔断时间越短。电流与熔断时间的关系曲线叫熔件的安-秒特性曲线。在选择熔件时，除确保在正常工作条件下(包括设备的启动)熔件不熔断外，为了使保护具有选择性，还应使其安-秒特性符合保护选择性的要求。6～35 kV 熔件的安-秒特性如图所示，当通过熔件电流小于 I，熔件不会被熔断。

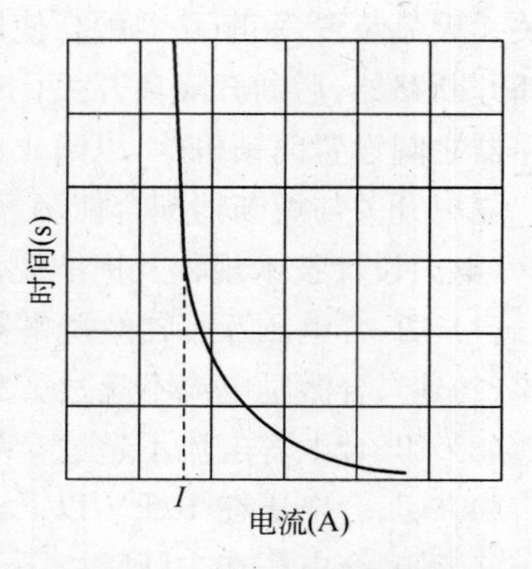

图 3.13 6～35 kV 熔件的安-秒特性曲线

1) 高压熔断器的种类

高压熔断器分户内与户外式。灭弧方式一种是熔管内壁为产气材料，在电弧作用下分解出大量的气体，使熔管内气压剧增，达到灭弧目的；或利用所产气体吹弧，达到熄弧目的(如国产 RW，户外式跌落熔断器)。另一种是利用石英砂作为灭弧介质，填充在熔管内，熔件熔断后，电弧与石英砂紧密接触，弧电阻很大，起到了限制短路电流的作用，使电流未达到最大值时即可熄灭，所以又叫限流熔断器。国产 RN_1 - 10、RN_2 - 10 及 RW_9 - 35 等均属此类产品。

国产 6～35 kV 熔件，其额定电流等级有 3.5 A、10 A、15 A、20 A、30 A、40 A、50 A、75 A、100 A、125 A 和 200 A。

2) 高压熔断器的选择

高压熔断器除按工作环境条件、电网电压、负荷电流(对保护电压互感器的熔断器不考虑负荷电流)选择型号外，还必须校验熔断器的断流容量，即

$$S_{N.br}\geqslant S^{n} \tag{3.15}$$

对具有限流作用的熔断器，不能用在低于额定电压等级的电网上(如 10 kV 熔断器不能用于 6 kV 电网)，以免熔件熔断时弧电阻过大而出现过电压。

熔断器选择的主要指标是选择熔件和熔管的额定电流，熔断器额定电流按下式选取

$$I_{N.FU}\geqslant I_{N.FE}\geqslant I \tag{3.16}$$

式中：$I_{N.FU}$——熔管额定电流（即熔断器额定电流）；

$I_{N.FE}$——熔件额定电流；

I——通过熔断器的长时最大工作电流。

所选熔件应在长时最大工作电流及设备启动电流的作用下不熔断，在短路电流作用下可靠熔断；要求熔断器的特性应与上级保护装置的动作时限相配合（即动作要有选择性），以免保护装置越级动作，造成停电范围的扩大。

对保护变压器的熔件，其额定电流可按变压器额定电流的 1.5～2 倍选取。

3.3.6 高压开关柜的选择

高压开关柜属于成套配电装置。它是由制造厂按一定的接线方式将同一回路的开关电器、母线、测量仪表、保护电器和辅助设备等都装配在一个金属柜中，成套供应给用户。

这种设备结构紧凑，使用方便。在工矿企业广泛用于控制和保护变压器、高压线路及高压电动机等。

为了适应不同接线系统的要求，配电柜一次回路由隔离开关、负荷开关、断路器、熔断器、电流互感器、电压互感器、避雷器、电容器及所用电变压器等组成多种一次接线方案。各配电柜的二次回路则根据计量、保护、控制、自动装置与操动机构等各方面的不同要求组成多种二次接线方案。为了选用方便，一、二次接线方案均有其固定的编号。

选择高压开关柜首先应根据装设地点及环境选型，并按系统电压一次接线选一次编号。在选择二次接线方案时，应首先确定是交流还是直流控制，然后再根据柜的用途及计量、保护、自动装置及操动机构的要求，选择二次接线方案编号。但要注意，成套柜中的一次设备，必须按上述高压设备的要求项目进行校验合格才行。

3.4 母线与绝缘器材的选择

3.4.1 母线的选择

1）材料及形状的选择

母线材料有铜、铝、钢等。铜的导电率高，抗腐蚀；铝质轻、价廉。在选择母线材料时，应遵循"以铝代铜"的技术政策，除规程只允许采用铜的特殊环境外，均采用铝母线。铜母线只用于负荷电流很小，年利用小时少的地方。

母线形状有矩形、管形和多股绞线等多种。室外电压在 35 kV 以下，室内在 10 kV 以下，通常采用矩形母线，因为它较实心圆母线具有冷却条件好，交流电阻率小，在相同条件下截面较小的优点。矩形母线从冷却条件、集肤效应、机械强度等因素综合考虑，通常采用高、宽比为 1/5～1/12 的矩形材料。

35 kV 以上的室外配电母线，一般采用多股绞线（如钢芯铝绞线），并用耐张绝缘子串固定在构件上，使得室外母线的结构和布置简单，投资少，维护方便。由于管形铝母线具有结构紧凑，构架低，占地面积小，金属消耗量少等优点，在室外得到推广使用。

2）母线截面积的选择

变电所汇流母线截面一般按长时最大工作电流选，用短路条件校验其动、热稳定性。但对年平均负荷较大，线路较长的铝母线（如变压器回路等），则按经济电流密度选。

(1) 按长时最大工作电流选择母线截面，应满足下式要求：

$$I_{\mathrm{al}} \geqslant I_{\mathrm{at.m}} \tag{3.17}$$

式中：I_{al}——母线截面的长时最大允许电流。

母线的长时最大允许电流是指环境最高温度为 25 ℃，导线最高发热温度为 70 ℃时的长时允许电流。当最高环境温度为 θ ℃时，其长时允许电流按下式修正：

$$I'_{\mathrm{sl}} = K_{\infty} I_{\mathrm{sl}} = I_{\mathrm{sl}} \sqrt{\frac{\theta_{\mathrm{alm}} - \theta}{\theta_{\mathrm{alm}} - 25}} \tag{3.18}$$

式中：K_{∞}——最高环境温度为 θ ℃时的修正系数；

θ_{alm}——母线最高允许温度，一般为 70 ℃；用超声波搪锡时，可提高到 80 ℃。

矩形母线平放时，散热条件较差，长时允许电流下降。当母线宽度大于 60 mm 时，电流降低 8%；小于 60 mm 时，电流降低 5%。

(2) 按短路条件进行校验

室内布置的母线应校验其热稳定性，对硬母线还应校验其动稳定性。

① 母线热稳定性按最小热稳定截面进行校验，即

$$S \geqslant S_{\min} = I_{\infty} \frac{\sqrt{t_{\mathrm{i}}}}{C} \tag{3.19}$$

式中：S——母线截面（mm^2）；

$s_{\min}$——最小热稳定截面（mm^2）；

I_{∞}——静态短路电流（A）；

t_{i}——假想时间（s）；

C——母线材料的热稳定系数。

② 母线动稳定性是校验母线在短路冲击电流电动力作用下是否会产生永久性变形断裂，即是否超过母线材料应力的允许范围。

由于硬母线是采用一端或中间固定在支持绝缘子上的方式，可视为一端固定在均匀多跨梁，其所受的最大弯距 $M_{\max}$ 为当母线跨距小于或等于 2 时，

$$M_{\max} = \frac{FL}{8} (\mathrm{N \cdot m}) \tag{3.20}$$

式中：F——短路时母线每跨距导线所受的最大力（N）；

L——母线跨距（m）。

当母线跨距数大于 2 时，

$$M_{\max} = \frac{FL}{10} (\mathrm{N \cdot m}) \tag{3.21}$$

母线材料的计算弯曲应力 σ_c 为：

$$\sigma_c = \frac{M_{max}}{W} (\mathrm{N/m^2}) \tag{3.22}$$

式中：W——母线的抗弯矩($\mathrm{m^3}$)。

对矩形母线，平放时 $W=bh^2/6$，竖放时 $W=b^2h/6$；实心圆母线 $W \approx 0.1D^3$；管形母线 $W=\frac{\pi}{32}\left(\frac{D^4-d^4}{D}\right)$。$b$ 和 h 为母线的宽度与高度，D 和 d 分别表示外径及内径。

当材料的允许弯曲应力 σ_{al} 大于等于计算应力 σ_c 时，其动稳定性符合要求，及钢的 $\sigma_{al}=1.372\times10^8\ \mathrm{N/m^2}$，铝的 $\sigma_{al}=0.686\times10^8\ \mathrm{N/m^2}$；钢的 $\sigma_{al}=1.372\times10^8\ \mathrm{N/m^2}$。

$$\sigma_{al} \geqslant \sigma_c \tag{3.23}$$

如母线动稳定性不符合要求时，可采取下列措施：增大母线之间的距离 a；缩短母线跨距；将竖放的母线改为平放；增大母线截面；更换应力大的材料等，其中以减小跨距效果最好。

3.4.2　母线支柱绝缘子和套管绝缘子的选择

支柱绝缘子的选择按表 3.1 的项目。即根据使用地点、母线电压选择后，再按短路条件校验其动稳定性。

支柱绝缘子的动稳定性按最大允许力 $F_{al.m}$ 进行校验，即

$$F_{al.m} = 0.6F_{m.s} \geqslant FK = F\frac{H_s}{H} \tag{3.24}$$

式中：$F_{al.m}$——绝缘子的最大允许抗弯力(N)；

F——短路冲击电流的作用力(N)；

$F_{m.s}$——绝缘子的机械强度(抗弯破坏负荷，由绝缘子技术数据表中查得)(N)；

K——换算系数；

H_s——短路电流作用力的力臂$\left(H_s = H + \frac{h}{2}\right)$；

H——绝缘子抗弯力的力臂。

由于 H 与 H_s 不等，如图 3.14 所示，故应进行等值换算。

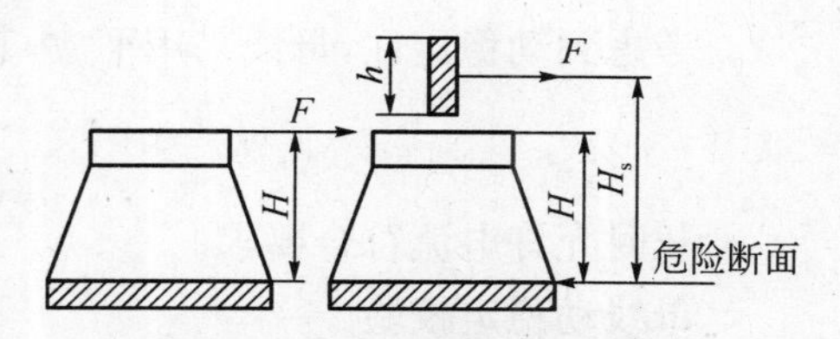

图 3.14　换算系数 K 的说明图

套管绝缘子按使用地点、额定电压、额定电流选择，并按短路条件校验其动、热稳定性。

套管绝缘子的额定电流是绝缘子内导体在环境温度为 40 ℃，最高发热温度为 80 ℃时的长时最大允许电流。当环境温度(θ ℃)高于 40 ℃，且低于 60 ℃时，允许电流值可按下式进行修正：

$$I'_{al} = I_{al}\sqrt{\frac{80-\theta}{40}} \tag{3.25}$$

母线式穿墙套管，因本身不带导体所以不按额定电流选择，但应保证套管形式与母线尺

寸相配合。

套管绝缘子的动稳定性，按其最大允许抗弯力进行校验，即

$$F \leqslant 0.6F_{m.s} \tag{3.26}$$

式中：F——按短路冲击电流计算的作用力(N)；

$F_{m.s}$——由该穿墙套管查得的抗弯破坏强度(N)。

$$L_{1,2} = L_1 + L_2 \tag{3.27}$$

式中：L_1——穿墙套管与支持绝缘子之间的距离；

L_2——穿墙套管自身的长度。

热稳定校验

套管绝缘子的热稳定电流时间，对铜导体取 10 s，铝导体为 5 s。校验公式分别为：

$$\begin{aligned} &\text{铜导体} \quad I_{ts.Q_1} \geqslant I_\infty \sqrt{\frac{t_i}{10}} \\ &\text{铝导体} \quad I_{ts.Q_2} \geqslant I_\infty \sqrt{\frac{t_i}{5}} \end{aligned} \tag{3.28}$$

【例 3】 已知变电所内高压开关柜为 GG－1A 型，变电所最高环境温度为 42 ℃，电源由母线中间引入。试选择变电所 6 kV 侧的母线截面。支柱绝缘子及由室外主编 6 kV 引起配电室内的穿墙套管。已知穿墙套管与最邻近的一个支柱绝缘子的距离 $L_1 = 1.5$ m，穿墙套管轴心距离为 0.25 m。所用系统如图 3.12 所示，已知参数同前。

分析：① 母线选择 选用矩形铝母线，其最大长时工作电流 $I_{ar.m}$ 按变压器二次额定电流 I_{2N} 再乘以分配系数 $K = 0.8$(进线在母线中间)计算，其值为：

$$I_{ar.m} = KI_{2N} = 0.8 \times 962 = 769.6(\text{A})$$

根据最大长时允许电流选 100×6 的矩形铝母线，查得其额定电流为 1 160 A(40 ℃)。

由于环境最高温度为 42 ℃，其长时允许电流为：

$$I'_{al} = I_{al}\sqrt{\frac{\theta_{al.m} - \theta}{\theta_{al.m} - 25}} = 1\,160 \times \sqrt{\frac{70-42}{70-25}} \approx 915(\text{A})$$

考虑到动稳定性，母线采用平放，其允许电流值应再降低 8%，故为：

$$I_{al} = 915 \times 0.92 = 814.8(\text{A}) > 769.6(\text{A})$$

长时允许电流符合要求。

母线动稳定校验

GG－1A 配电柜宽 1.2 m，柜间空隙为 0.018 m，母线中心距为 0.25 m。由于采用中间进线，故并联运行时，母线两端短路，母线所受的电动力最大，其数值为：

$$F = 0.172 i_{sb}^2 \frac{L}{a} = 0.172 \times 50.7^2 \times \frac{1.218}{0.25} \approx 2\,154(\text{N})$$

母线的最大弯矩为：

$$M_{max}=\frac{FL}{10}=\frac{2\ 154\times 1.218}{10}\approx 262.4(\text{N}\cdot\text{m})$$

母线的计算应力为：

$$\sigma=\frac{M_{max}}{W}=\frac{262.4}{(100^2\times 6\times 10^{-9})/6}\approx 0.26\times 10^{-8}(\text{N/m}^2)$$

小于铝材料的允许弯曲应力 $0.686\times 10^{-8}\ \text{N/m}^2$，故动稳定性符合要求。

为了安全，一般情况下，I_∞ 应大于 I_{max} 的 25 倍，因此 $I_\infty\geqslant 769.6\times 25=199\ 000(\text{A})$

母线最小热稳定性截面为：

$$S_{min}=I_\infty\frac{\sqrt{t_i}}{C}=199\ 000\times\frac{\sqrt{2.7}}{97}=337(\text{mm}^2)$$

式中：$t_i=t_{ac}+t_{br}=2.5+0.2=2.7(\text{s})$。

337 mm^2 小于所选铝母线截面 $100\times 6=600\ \text{mm}^2$，故热稳定性符合要求。

② 母线支柱绝缘子的选择　因母线为单一矩形母线，且面积不大，故选用 ZNA－6MM 型户内式支柱绝缘子，其额定电压为 6 kV，破坏力为 3 679 N，故最大允许抗弯力 $F_{al.m}$ 为：

$$F_{al.m}=0.6F_{m.s}=0.6\times 3\ 679=2207.4(\text{N})(3\ 679=375\times 9.81)$$

因母线为单一平放，其换算系数 $K\approx 1$，故

$$KF=2\ 154\ \text{N}$$

$$KF<F_{al.m}$$

动态稳定符合要求。

③ 套管绝缘子的选择　由于变压器二次额定电流为 962 A，电压为 6 kV，故选用户外式铝导线的穿墙绝缘子，型号为 CWLB－10/1 000，额定电压为 10 kV，额定电流为 1 000 A，套管长度 $L_2=0.6$ m，最大破坏为 7 358 N，5 s 的热稳定电流为 20 kA（按套管额定电流查表即可得）。

由于环境最高温度为 42 ℃，其长时允许电流为：

$$I'_{al}=I_{al}\sqrt{\frac{\theta_{al.m}-\theta}{40}}=1\ 000\times\sqrt{\frac{80-42}{40}}\approx 975(\text{A})$$

$I'_{al}>962$ A，长时允许电流符合要求。

动稳定校验

$$L_{as.d}=\frac{L_1+L_2}{2}=\frac{1.5+0.6}{2}=1.05(\text{m})$$

最大允许方式为分列运行，冲击电流为 27.8 kA，其电动力为：

$$F=0.172i_{sb}^2\frac{I_{as.d}}{a}=0.172\times 27.8^2\times\frac{1.05}{0.25}\approx 558.3(\text{N})$$

$$F=558.3\ \text{N}<0.6\times 7\ 358=4\ 414.8(\text{N})$$

动稳定性符合要求。

热稳定性校验

假想时间 $t_i=2.7$ s，稳态短路电流为 19.9 kA，其热稳定电流为：

$$I_{ts.Q}=I_{\infty}\sqrt{\frac{t_i}{5}}=19.9\times\sqrt{\frac{2.7}{5}}\approx 14.6(\text{kA})$$

$$I_{ts.Q}<20(\text{kA})$$

热稳定性符合要求。

3.5 限流电抗器及选择

在近代的供电系统中，由于电力系统的容量大，故短路电流可能达到很大的数值。如不加以限制，不但设备选择困难，且也很不经济。设计规程规定，企业内部 10 kV 以下电力网中的短路电流，通常应限制在 20 kA 的范围内，煤矿井下的高压配电箱的切断容量也有规定值。故增大系统电抗，限制电路电流是必要的。

3.5.1 短路电流的限制

1) 改变电网的运行方式

首先，在供电系统设计时对接线图加以考虑，并联运行改为分列运行；环形供电系统使环路断开等。如上述措施仍不能达到预期效果时，可采用人为增加系统电抗的方法，达到限制短路电流的目的。

2) 在回路中串入限流电抗器

将较大电抗值的电抗器串联于线路中，保证供电线路在短路时，将短路电流限制在所需要的范围以内。

矿井及大型企业的供电线路中，常用的电抗器其构造是用截面较大的铜芯或铝芯绝缘电缆绕制而成的多匝空芯线圈。因空芯线圈的电感值(L)与通过线圈的电流无关，所以在正常运行和短路状态下，其 L 值将保持不变。假如有铁芯，短路电流通过它时将造成饱和，其 L 下降，达不到限制短路电流的目的。另外，有铁芯也会增加正常运行时的铁损。

3) 在回路中串入限流线

随着配电设备容量的日趋增加，低压配电线路的短路电流越来越大，因而要求用于系统保护的开关元件具有较高的分断能力。为了不增加线路开关的分断能力，在国外相继出现了一些新的限流元件，限流线是其中的一种，并用于低压系统中。我国有关科研及生产部门也已研制成功限流线，已在某些工程项目中使用。

限流线的导体材料不是一般导线的导电材料。它是由铁、镍、钴材料再加入适量的添加元素而制成的多股导线线芯。

限流线的特性是，正常温度下的阻值不大，与正常导线差不多，损耗及压降都不大，可把限流线认为是电源母线至低压自动开关的引线(取标准长度为 500 或 700 mm)。当线路发送短路时，电阻急剧增大，起到限流作用。

3.5.2　普通电抗器的选择

1）按额定电压选择

$$U_{N.L} \geqslant U \tag{3.29}$$

式中：$U_{N.L}$——电抗器的额定电压；

U——电抗器所在电网的工作电压。

2）按额定电流选择

$$I_{N.L} \geqslant I \tag{3.30}$$

式中：$I_{N.L}$——电抗器的额定电流；

I——线路的长时最大工作电流。

3）选择电抗器的百分电抗值

根据限制短路的要求，计算所选电抗器的百分电抗值，具体计算方法如下：

$$\left.\begin{aligned} X_s^n &= I_d / I_s^n \\ X^n &= I_d / I^n \\ X_L^n &= X^n - X_s^n \end{aligned}\right\} \tag{3.31}$$

式中：I_d——基准电流；

I_s^n——电抗器安装处原有次暂态短路电流；

I^n——安装电抗器后的次暂态断路电流；

X_s^n——系统原有电流；

X^n——限制短路电流所需总电抗；

X_L^n——电抗器电抗。

由式(3.32)决定的电抗器的电抗值为基准标幺值，还应换算成额定标么电抗值，则有

$$X_L\% = X_L^n \frac{I_{N.L} U_d}{I_d U_{N.L}} \times 100\% \tag{3.32}$$

式中：U_d——基准电压；

$U_{N.L}$、$I_{N.L}$——电抗器的额定电压、额定电流。

最后，根据公式(3.33)计算的结果，利用电抗器的产品样本，选择与计算相近而电抗值稍大的电抗器型号，并且重新校验电抗器后面三相短路时的短路容量 S^n 和 I^n 的数值。

4）电压损失校验

正常运行时，电抗器有一定的电压，为了使端电压不过分降低，电压损失不应超过额定电压的 4%～5%。按下式计算：

$$\Delta U\% = X_L\% \frac{I_{ar.m}}{I_{N.L}} \sin\varphi \tag{3.33}$$

式中：φ——回路负荷的功率因数角。

5）母线残余电压校验

电网发生短路时，线路电抗器的电压可使变电所母线上维持一定的剩余电压，当短路直接发生在电抗器后面时，剩余电压在数值上等于电抗器在短路电流下的电压。在电抗器的额定电压等于装置的额定电压时，可用下式校验：

$$\Delta U\% = X_{\mathrm{L}}\% \frac{I^{n}}{I_{\mathrm{N}}} \tag{3.34}$$

在出线（电抗器后面）短路时，为了不使电机制动，并能在短路切除后迅速使电动机恢复运转，故规定母线残压不应低于其额定电压的60%～70%。如果低于此值，则应选择 $X_{\mathrm{L}}\%$ 大一级的电抗器，或者在出线上采用速断保护装置以减少电压降低的时间。

6）动稳定及热稳定的校验

为了使动稳定得到保证，应满足条件

$$i_{\mathrm{sh.L}} \geqslant i_{\mathrm{sh}} \tag{3.35}$$

式中：$i_{\mathrm{sh.L}}$——电抗器的动稳定电流；

i_{sh}——电抗器后面三相短路冲击电流。

满足的热稳定条件是

$$I_{\mathrm{ts.L}}\sqrt{t_{\mathrm{ts.L}}} \geqslant I_{\infty}\sqrt{t_{\mathrm{i}}} \tag{3.36}$$

式中：$I_{\mathrm{ts.L}}\sqrt{t_{\mathrm{ts.L}}}$——制造厂规定值，查产品目录直接可得。

3.5.3 分裂电抗器

分裂电抗器的机构与普通电抗器相似，都可以看作是一个电感线圈，但分裂电抗器的线圈是由缠绕方向相同的两个分断（又称两臂）所组成，两分段连接点抽出一个接头，称为中间抽头，中间抽头通常接电源，而两分支一般是连接负荷大致相等的用户。两分支在电抗器上产生的磁势相反，正常运行时其抗电压几乎为零，这是其与普通电抗器相比，比较突出的优点。当一分支回路发生故障时，磁势平衡受到破坏，电抗增大，从而起到限流作用。

分裂电抗器与普通电抗器一样，应根据额定电压、额定电流、电抗百分数来选择，并且接动、热稳定性进行校验。

3.6 仪用互感器

互感器是一次电路与二次电路间的联络元件，用以分别向测量仪表和继电器的电压线圈与电流线圈供电。

根据用途不同，互感器分为两大类：一类为电流互感器也叫仪用变流器，它是将大电流变成小电流（如5 A变成1 A）的设备；另一类是电压互感器也叫仪用变压器，它是将高电压变成低电压（如线电压为100 V）的设备。从结构原理上看，互感器与变压器相似，是一种特殊的变压器。

互感器的主要作用

(1) 隔离高压电路,互感器原边和副边没有电的联系,只有磁的联系,因而使测量仪表和保护电器与高压电路隔开,以保证二次设备和工作人员的安全。

(2) 扩大仪表和继电器的使用范围。例如,一只 5 A 量程的电流表,通过电流互感器就可测量很大的电流;同样,一只 100 V 量程的电压表,通过电压互感器则可测量很高的电压。

(3) 使测量仪表及继电器小型化、标准化,并可简化结构,降低成本,有利于大规模生产。

3.6.1　互感器的极性

1) 电流互感器的极性

电流互感器一次和二次绕组的绕向用极性符号表示。常用的电流互感器极性都按同极性原则标志。即当电流同时通入一次和二次绕组同极性端子时,铁芯中由它们产生的磁通是同方向的。因此,当系统一次电流从同极性端流入时,电流互感器二次电流从二次绕组的同极性端流出。常用的一次绕组端子注有 L_1 及 L_2,二次绕组端子注有 K_1 和 K_2,其中 L_1 和 K_1 为同极性端子。如只需识别一次和二次绕组相对极性关系时,在同极性端注以符号"*",如图 3.15 所示。

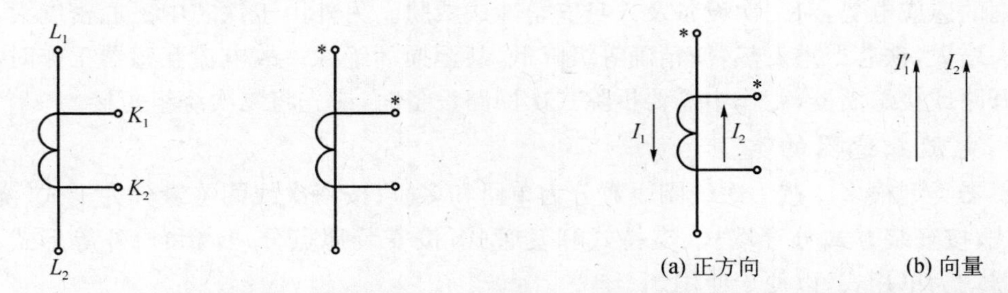

图 3.15　电流互感器的极性标志　　**图 3.16　电流互感器一次电流与二次电流的正方向与向量图**

继电保护用的电流互感器一次绕组电流 I_1 和二次绕组电流 I_2 的正方向,系按照认为铁芯中的合成磁势等于一次磁势和二次磁势向量差的方法确定,若忽略电流互感器的空载电流,则有

$$W_1 I_1 - W_2 I_2 = 0$$

$$I_2 = \frac{W_1}{W_2} I_1 = I_1' \tag{3.37}$$

这样,I_2 和 I_1' 大小相等,相位相同,如图 3.16 所示。这样表示使进入一次绕组电流方向和进入二次侧负载电流方向一致,好像一次电流直接流入负载一样,较为直观。

2) 电压互感器的极性

电压互感器的极性端和正方向与电流互感器相同,采用减极性原则标志。即当一次绕组电流从同极性端子流入时,二次线圈电流从同极性端子流出。当忽略电压互感器数值误差和角度误差时,若取一次电压 U_1 自 L_1 至 L_2 作为正方向,而二次电压采取自 K_1 至 K_2 作为正方向时,则电压向量 U_1'(一次电压折合至两次侧)与 U_2 相位相同,大小相等。电压互感器的极性和向量图如图 3.17 所示。

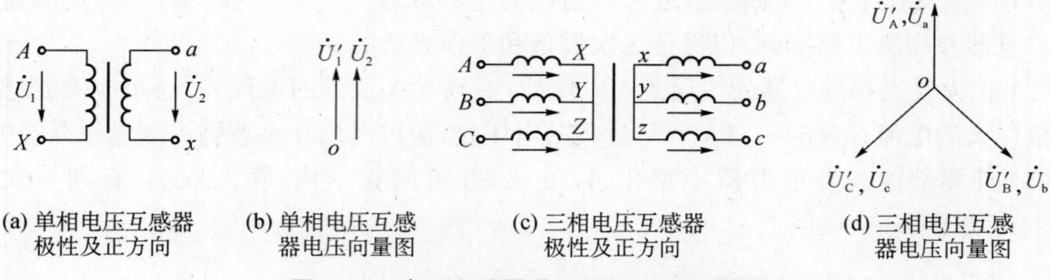

图 3.17　电压互感器的极性标示和向量图

3.6.2　电流互感器

电流互感器一次匝数很少，串接于主回路中。二次绕组与负载的电流线圈串联，阻抗很小，接近于短路状态工作。所以互感器等值总阻抗在一次回路中所占比重极小，其一次电流大小决定于负荷电流，而与互感器二次负荷无关，可看作一恒流源。

正常工作时，互感器原、副边电流产生的合成磁势很小。当副边开路时，原边电流全部用来产生磁势，使铁芯过度饱和，磁通由正弦波变为平顶波，磁通变化率剧增，使互感器二次回路产生很高的感应电势，对二次设备及人身安全造成威胁。另外由于铁芯中磁通密度大，磁滞涡流损失增大，铁芯严重发热，使精确等级降低，甚至损坏绝缘。故电流互感器工作时，二次不允许开路或接熔断器，工作中需要拆除二次回路设备时，应先将二次绕组短接。

1）常用电流互感器的类型

电流互感器类型很多。按一次线圈匝数分为单匝和多匝；按一次线圈绝缘分为干式、浇注式和油浸式；按安装方式分穿墙式、支持式和套管式；按安装地点分户内和户外等形式。但电流互感器均为单相式，以便于使用。

变电所及供电中常用的电流互感器有：

LFC－10 型多匝穿墙式电流互感器；LDC－10 型单匝穿墙式电流互感器；LQJ－20 型环氧树脂浇注式电流互感器；LMC－10 母线型穿墙式电流互感器；LCW－35 型户外支持式电流互感器。

2）电流互感器的变流与误差

电流互感器的额定变流比即原、副边额定电流之比，其值为：

$$K_{TA}=\frac{I_{N1}}{I_{N2}}\approx\frac{W_2}{W_1}\tag{3.38}$$

式中：W_1、W_2——电流互感器原、副边的匝数。

电流互感器的精确等级与误差大小有关，误差分别为电流误差及角误差。

电流误差是折算后的二次电流 I_2' 与一次电流 I_1 之差与一次电流比值的百分数，即

$$\Delta I=\frac{I_2'-I_1}{I_1}\times100\%=\frac{I_2K_{TA}-I_1}{I_1}\times100\%\tag{3.39}$$

角误差时二次电流转 180°后与原边电流、原边电流的相角差。当 I_2' 超前 I_1' 时，角误差为正，反之为负。

两种误差均与互感器的激磁电流、原边电流、二次负载阻抗和阻抗角等的大小有关。

电流误差使所有接于电流互感器二次回路的设备产生误差，角误差仅对功率型设备有影响。

作为计量和保护用的电流互感器，各有不同的技术要求。计量用电流互感器除应具有需要的精确等级外，当电路发生过流或短路时，铁芯应迅速饱和，以免二次电流过大，对仪表产生危害。计量用电流互感器各精确等级的最大允许误差如表 3.4 所示。

表 3.4　电流互感器各精确等级的最大允许误差

精确等级	一次电流占额定电流的百分数(%)	最大允许误差		二次负荷变化范围
		电流误差(±%)	角误差[±(′)]	
0.2	10	0.5	20	(0.25～1)S_{2N}
	20	0.35	15	
	100～120	0.2	10	
0.5	10	1	60	(0.25～1)S_{2N}
	20	0.75	45	
	100～120	0.5	30	

3) 电流互感器的选择

电流互感器按使用地点，电网电压与长期最大负荷电流来选择，并按短路条件校验动、热稳定性。此外还应根据二次设备要求选择电流互感器的精确等级，并按二次阻抗对精确等级进行校验。对继电保护用的电流互感器应校验其 10%误差倍数。具体选择步骤如下：

(1) 额定电压应大于或等于电网电压；

(2) 原边额定电流应大于或等于 1.2～1.5 倍的长时最大工作电流，即

$$I_{1N} \geqslant (1.2 \sim 1.5) I_{ar.m} \tag{3.40}$$

(3) 电流互感器的精确等级应与二次设备的要求相适应。互感器的精确等级与二次负载的容量有关，如容量过大，精确等级下降。要满足精确等级要求，二次总容量 $S_{2\Sigma}$ 应小于或等于该精确等级所规定的额定容量 S_{2N}，即

$$S_{2N} \geqslant S_{2\Sigma} \tag{3.41}$$

电流互感器的二次电流已标准化(5 A 或 1 A)，故二次容量仅决定于二次负载电阻 R_{2LO}，因为 $S_{2\Sigma} = I_{2N}^2 R_{2LO}$，$R_{2LO}$ 由图 3.18 可算出。

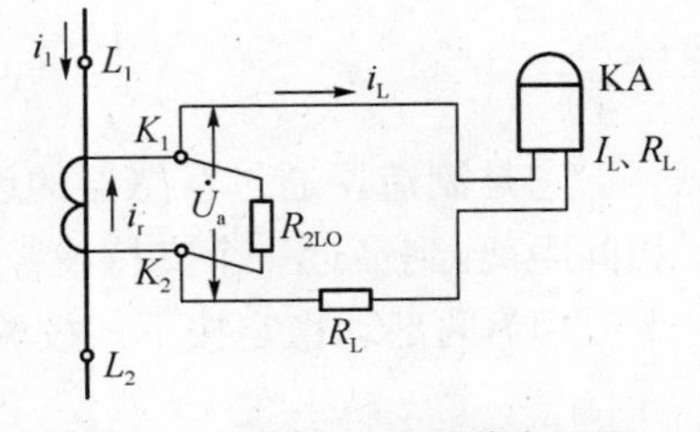

图 3.18　计算二次负载电阻图

R_{2LO} 换算到电流互感器二次端子 K_1、K_2 上的负载电阻；

I_L、R_L 导线电流及电阻；I_r、R_r 继电器中电流及电阻(代表负载电阻)

由图 3.18 知，

$$U_2 = I_2 R_{2LO} = I_L R_L + I_t R_t$$

设 $K_1=\dfrac{I_t}{I_2}$、$K_2=\dfrac{I_L}{I_2}$为接线系数，其值如表 3.5 所示。

上三式联立求解，可得 R_{2LO}，再加上导线连接时的接触电阻 R_c，可得下式：

$$R_{2LO}=K_1R_r+K_2R_L+R_c \tag{3.42}$$

在二次负载电阻中考虑了导线连接时的接触电阻，这是因为仪表和继电器的内阻均很小，R_c 不能忽略，在安装距离已知时，为满足精确等级要求，利用式(3.44)及式(3.45)可求得连接导线电阻应为：

$$R_L\leqslant\frac{S_{2N}-I_{2N}^2(K_1R_1+R_c)}{K_2I_{2N}^2} \tag{3.43}$$

导线的计算截面为：

$$S_L=\frac{L}{\gamma R_L} \tag{3.44}$$

式中：γ——导线的电导系数(m/(mm^2 · Ω))。

联接导线一般采用铜线，其最小截面积不得小于 1.5 mm^2，最大不可超过 10 mm^2。

表 3.5　电流互感器二次接线系数

接线方式		接线系数		备　注
		K_2	K_1	
单相		2	1	（　）内接线系数为经过 Y，d 变压器后，两相短路的数值
三相星形		1	1	
二相星形	三线接负载	$\sqrt{3}$(3)	$\sqrt{3}$(3)	
	二线接负载	$\sqrt{3}$(3)	1(1)	
二相差接		$2\sqrt{3}$(6)	$\sqrt{3}$(3)	
三角形		3	3	

4）动、热稳定性校验

电流互感器的动稳定性用动稳定倍数 K_{em} 表示，它等于电流互感器极限通过电流的峰值 i_{max} 与一次线圈额定电流 I_{1N} 峰值之比，即

$$K_{em}=\frac{i_{max}}{\sqrt{2}I_{1N}} \tag{3.45}$$

它是制造厂通过互感器的设计和制造给出的保证值，一般只能在一定条件下(如一定的相间距离，到最近一个支持绝缘子的距离为一定时)得到满足。

(1) 内部动稳定按下式校验：

$$\sqrt{2}I_{1N}K_{em}\geqslant i_{sh} \tag{3.46}$$

(2) 外部动稳定按下式校验：

$$F_{al}\geqslant 0.5\times1.73i_{sh}^2\frac{L}{a}\times10^{-7}(\text{N})$$

式中：F_{al}——作用于电流互感器端部的允许力，由制造厂提供数据(N)；

L——电流互感器出线端部至最近的一个母线支持绝缘子之间的跨离(m)；

a——相间距离(m)；

0.5——系数，表示电流互感器瓷套端部至最近一个母线支持绝缘子之间的母线长度 L 上的力的分布。

如产品样本未标明出线端部的允许力 F_{al}，而给出特定相间距离 $a=40$ cm 和出线端部至最近一个母线支持绝缘子的距离 $L=50$ cm 为基础的动稳定倍数 K_{em} 时，则其动稳定按下式校验

$$K_1 K_2 K_{em}\sqrt{2}\, I_{1N} \geqslant i_{sh} \tag{3.47}$$

式中：K_1——当回路相间距离 $a=0.4$ m 时，$K_1=1$；当相间距离 $a\neq 0.4$ m 时，$K_1=\sqrt{a/0.4}$；

K_2——当电流互感器一次线圈出线端部至最近一个母线支持绝缘子的距离 $L=0.5$ m 时，$K_2=1$；当 $L\neq 0.5$ m 时，$K_2=0.8$；当 $L=0.2$ m 时，则 $K_2=1.15$。

(3) 当电流互感器为母线式瓷绝缘时，动稳定性决定回路时产生电动力作用在电流互感器端部瓷帽处的应力，产品样本一般给出电流互感器端部瓷帽处的允许应力值，则其动稳定性可按下式校验：

$$F_{al} \geqslant 1.73 i_{sh}^2 \frac{L}{a} \times 10^{-7}\,\text{N} \tag{3.48}$$

式中：a——相间距离(m)；

L——母线相互作用段的计算长度，$L=\frac{L_1+L_2}{2}$，其中 L_1 为电流互感器瓷套端部至最近一个母线支持绝缘子之间的距离(m)；L_2 为电流互感器两端瓷帽的距离(m)。

对于环氧树脂浇注的母线式电流互感器，如 LM2 型，可不校验其动稳定性。

电流互感器的热稳定性，可根据下式校验：

$$I_{1N} K_{th} \geqslant I_{\infty}^2 t_{ph} \tag{3.49}$$

式中：K_{th}——电流互感器的热稳定倍数，通常是查 $t=1$ s 时的热稳定倍数 K_{th1}；

I_{1N}——电流互感器一次侧的额定电流。

5) 继电保护用的电流互感器还应按 10%误差曲线进行校验

作为继电保护用的电流互感器，精确等级只有在装置动作时，才有意义。为保证继电器可靠动作，允许其误差不超过 10%，因此对所选电流互感器需进行 10%误差校验。

产品样本中提供的互感器的 10%误差曲线，是在电流误差为 10%的一次电流倍数(一次最大电流与额定一次电流之比)m 与二次负载阻抗 Z_2 之间的关系，如图 3.19 所示。

校验时根据二次回路的负载阻抗值，从所选电流互感器的 10%误差曲线上查出允许的电流倍数 m，其数值应大于保护装置动作时的实际电流倍数 m_p，即

$$m > m_p$$

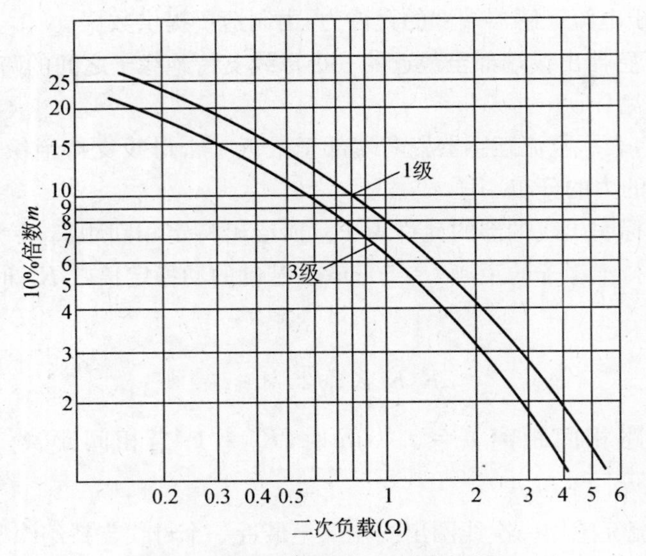

图 3.19　电流互感器 10%误差曲线

$$m_{\mathrm{p}}=\frac{1.1I_{\mathrm{op}}}{I_{1\mathrm{N}}} \tag{3.50}$$

式中：I_{op}——保护装置的动作电流；乘以 1.1 是考虑电流互感器的 10%误差。

6）电流互感器运行中的注意事项

(1) 在连接时，一定要注意电流互感器的极性，否则二次侧所接仪表的继电器中流过的电流，就不是预想的电流，影响正确测量，乃至引起事故。

(2) 电流互感器的二次线圈及外壳均应接地，接地线不应松动、断开或发热。其目的是防止电流互感一、二次线圈绝缘击穿时，高压传到二次侧，损坏设备或危及人身安全。

(3) 电流互感器二次回路不准开路或接熔断器。如开路将危及人身安全及损坏设备。

(4) 电流互感器套管应清洁，没有碎裂、闪络痕迹。电流互感器内部没有放电和其他噪声。

3.6.3　电压互感器

电压互感器一次线圈并接在高压电路中，二次线圈与仪表和继电器电压线圈相并联，其工作原理与变压器相似。

一次线圈并接在电路中，其匝数很多，阻抗很大，因而它的接入对被测电路没有影响。二次线圈匝数很少，阻抗很小。二次侧并接的仪表和继电器的电压线圈具有很大阻抗，在正常运行时，电压互感器接近于空载运行。

1）电压互感器的变比与误差

电压互感器的额定变比即原、副边额定电压之比，即

$$K_{\mathrm{TV}}=\frac{U_{1\mathrm{N}}}{U_{2\mathrm{N}}}\approx\frac{W_1}{W_1} \tag{3.51}$$

式中：$U_{1\mathrm{N}}$、$U_{2\mathrm{N}}$——分别为原、副边额定电压；

W_1、W_2——分别为原、副边绕组匝数。

电压互感器的误差分别为电压误差和角误差。电压误差是由折算后的副边电压，U_2' 超前 U_1 时，角误差为正，反之则为负。

电压误差影响所有二次设备的电压精度，角误差仅影响功率型设备。

电压互感器的两种误差均与空载激磁电流、一次电压大小、二次负载即功率因数有关。互感器的一定精确等级对应一定的二次容量，如二次容量超过其额定值，精确等级将相应下降。

电压互感器各精确等级的最大允许误差如表 3.6 所示。

表 3.6 电压互感器的精确等级及最大允许误差

精确等级	最大允许误差		一次电压变化范围	二次负载变化范围
	电压误差(%)	角误差[±(′)]		
0.2	±0.2	±10	$(0.85\sim1.15)U_{1N}$	$(0.25\sim1)S_{2N}$
0.5	±0.5	±20		
1	±1	±40		
3	±3	无规定		

* S_{2N}为最高精确等级的二次额定负载。

2) 电压互感器的类型及接线

电压互感器按相数分单相、三相三芯柱和三相五芯柱式；接线圈数分双线圈和三线圈；按绝缘方式分干式、油浸式和充气(FS_6)式；按安装地点分户内和户外等多种型式。

变电所中常用的电压互感器有：

(1) JDJ 型单相油浸双绕组电压互感器

这种电压互感器中 JDJ-6、JDJ-10 为户内式；而 JDJ-35 为户外式。本型结构简单，常用来测量线电压。

(2) JSJW 型三相三线圈五柱式油浸电压互感器

与三柱式比，它增加了两个边柱铁芯，构成五柱式，边柱可作为零序磁通的通路，使磁路磁阻、零序电流，发热量都小，对互感器安全运行有利。

该型电压互感器有两个二次线圈，一个接成星形，供测量和继电保护用；另一个二次线圈也称辅助线圈，接成开口三角形，用来监视线路的绝缘情况。对于小接地电流系统，辅助线圈每相电压为 100/3 V，正常时(对称)开口三角形两端电压近似为 0，当一相接地时，开口三角形两端电压为 100 V。

(3) JDZ 型电压互感器

此型电压互感器为单相双线圈环氧树脂浇注绝缘的户内用电压互感器。优点：体积小，重量轻，节省铜及钢，能防潮，防盐雾。

(4) JDZJ 型电压互感器

JDZJ 型电压互感器为单相三线圈环氧树脂浇注绝缘的户内用电压互感器，可供中性点不直接接地系统测量电压、电能及单相接地保护用。其构造与 JDZ 型相似，不同之处是增加一个辅助次级线圈。3 台 JDZJ 型电压互感器可代替一台 JSJW 型电压互感器使用。

图 3.20 为在变电所中常用的几种接线图。图(a)是单相电压互感器，用于测量任意线电压，供电压表、三相电度表及保护电器用电。

在中性点不接地或经高阻抗接地的 35 kV 系统，为了向监视与保护装置提供零序电压，广泛采用单相三绕阻电压互感器，如图 c 的接线。对于 10 kV 以下系统，可采用三相三线圈五柱式电压互感器，接线如图(d)，其一次绕组根据相电压设计，二次零序电压绕组每相按 100/3 V 设计，开口三角形正常时不对称电压不大于 9 V，原绕组的对地绝缘按线电压设计，并能在 8 h 内无损伤地承受二倍额定电压。这种接线方式不允许接入精确等级要求高的仪表，因为一相接地时，原边电压升高到$\sqrt{3}$倍，其精确等级不能满足仪表的要求。

由图还可以看出，电压互感器一次和二次线圈均接地，其目的是防止一、二次线圈绝缘被击穿后，危及工作人员安全和损坏设备，一般 35 kV 及以下电路，电压互感器一、二次线圈均装有熔断器。其一次侧熔断器是为防止电压互感器故障时波及高压电网，二次侧熔断器是当互感器过负荷时起保护作用。

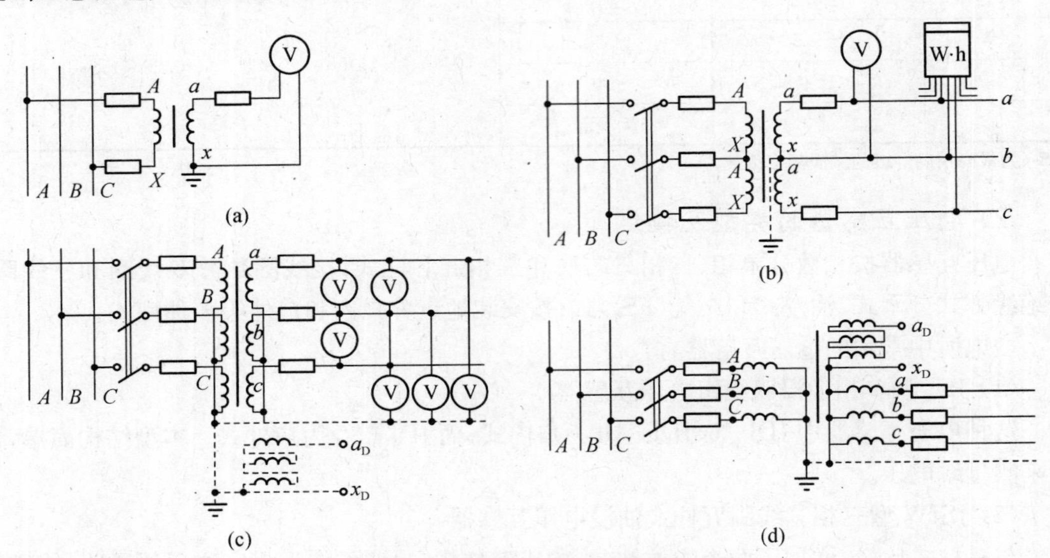

图 3.20　常用电压互感器的接线方式

3) 电压互感器的选择

(1) 一次额定电压的选择

电压互感器一次额定电压U_{1N}应与介入电网的电压U_1相适应，其数值应满足下式的要求，即

$$1.1U_{1N}>U_1>0.9U_{1N} \tag{3.52}$$

式中：1.1、0.9——互感器最大误差所允许的波动范围。

电压互感器二次电压一般情况下不能超过标准值的 10%，因此，二次绕组电压按表3.7进行选择。

表 3.7 电压互感器的二次绕组电压

绕组	二次主绕组		二次辅助绕组	
高压侧接线	接于线电压上	接于相电压上	中性点直接接地	中性点不直接接地
二次绕组电压	100 V	$100/\sqrt{3}$ V	100 V	100/3 V

(2) 按二次负荷校验精确等级

校验电压互感器的精确等级应使二次侧联接仪表所消耗的总容量 $S_{2\Sigma}$ 小于精确等级所规定的二次额定容量 S_{2N}，即

$$S_{2N} \geqslant S_{2\Sigma}$$

$$S_{2\Sigma} = \sqrt{\left(\sum S_1 \cos\varphi\right)^2 + \left(\sum S_1 \cos\varphi\right)^2} \tag{3.53}$$

式中：S_1——仪表的视在功率；

φ——仪表的功率因数角。

通常，电压互感器的各相负荷不完全相同，在校验精确等级时，应取最大负荷相作为校验依据。

4) 电压互感器运行中应注意事项

(1) 电压互感器在运行时，二次侧不能短路，熔断器应完好。在正常运行时，其二次电流很小近于开路，所以二次线圈导线截面小，当流过短路电流时，将会烧毁设备。

(2) 电压互感器二次绕圈的一端及外壳应接地，以防止一次侧高电压窜入二次侧时，危及人身安全和损坏仪表等设备。接地线不应有松动、断开或发热的现象。

(3) 电压互感器在接线时，应注意一、二次线圈接线端子上的极性，以保证测量的准确性。

(4) 电压互感器套管应清洁，没有碎裂或闪络痕迹；油位指示应正常，没有浸、漏油现象；内部无异常声响。如有不正常现象，应退出运行，进行检修。

4 短路分析及电流计算

首先介绍短路的原因、形成及危害，然后分析无限大容量电源系统发生三相短路时的过渡过程及有关物理量。重点讲述三相短路电流的两种计算方法，即欧姆法和标幺制法。最后介绍短路电流的热稳定性和动稳定性。

4.1 短路分析

4.1.1 短路的原因

电力系统在向负荷提供电能、保证用户生产和生活正常进行的同时，也可能由于各种原因出现一些故障，从而破坏系统的正常运行。电力系统中出现最多的故障形式是短路。短路是指不同电位的带电导体之间通过电弧或其他较小阻抗非正常地连接在一起。

造成短路的原因很多，主要有以下几个方面：

(1) 电气设备载流部分的绝缘损坏，如设备长期运行，绝缘自然老化；设备本身设计、安装和运行维护不良；绝缘材料陈旧；绝缘强度不够而被正常电压击穿；设备绝缘正常而被过电压(被雷电过电压)击穿；设备绝缘受到机械损伤而使绝缘能力下降等都可能造成短路，这些是短路发生的主要原因。

(2) 气象条件恶化，如雷击、过电压造成闪络放电，风灾引起架空线路短线或导线覆冰引起电杆倒塌等造成短路。

(3) 人为过失，如运行人员带负荷误拉隔离开关，造成弧光短路；检修线路或设备时未拆除检修接地线就合闸供电，造成接地短路等。

(4) 其他原因，鸟兽跨越于裸露的相线之间或其他物体破坏设备导线的绝缘，造成短路。

4.1.2 短路的形式

三相系统短路的基本形式有三相短路、两相短路、两相接地短路和单相接地短路，如图4.1所示。三相短路时，由于短路回路阻抗相等，因此，三相电流和电压仍是对称的，故属于对称短路；而出现其他类型短路时，不仅每相电路中的电流和电压数值不等，其相角也不同，这些短路属于不对称短路。

三相短路用 $K^{(3)}$ 表示，如图 4.1(a)所示。三相短路电压和电流仍是对称的，只是电流比正常值增大，电压比额定值降低。三相短路发生的概率最小，只有 5%左右，但它却是危害最严重的短路形式。

两相短路用 $K^{(2)}$ 表示，如图 4.1(b)所示。两相短路发生的概率为 10%～15%。

两相接地短路用 $K^{(1.1)}$ 表示，如图 4.1(c)所示。它是指中性点不接地，系统中两不同相均发生单相接地而形成的两相短路，亦指两相短路后又接地的情况。两相接地短路发生的概率为 10%～20%。单相接地短路用 $K^{(1)}$ 表示，如图 4.1(d)所示。它的危害虽不如其他短路形式严重，但在中性点直接接地系统中，发生的概率最高，占短路故障的 65%～70%。

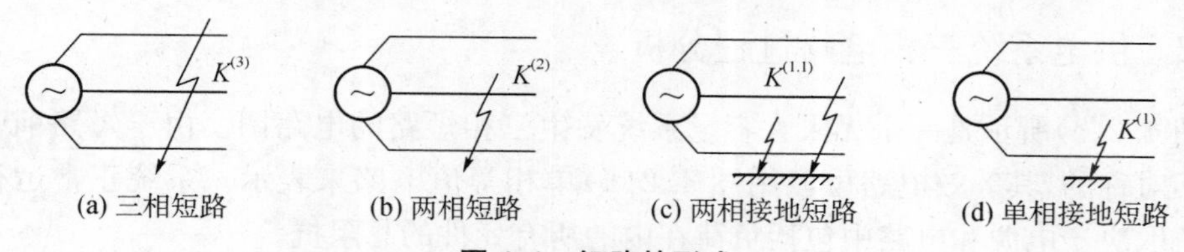

图 4.1　短路的形式

4.1.3　短路的危害

发生短路时，由于部分负荷阻抗被短接，供电系统的总阻抗减小，因而短路回路的短路电流比正常工作电流会大得多。在大容量电力系统中，短路电流可达几万安培甚至几十万安培。如此大的短路电流会对供电系统产生极大的危害。

(1) 短路电流通过导体时，使导体大量发热，温度急剧升高，从而破坏设备绝缘；同时，通过短路电流的导体会受到很大的电动力作用，使导体变形甚至损坏。

(2) 短路点可能会出现电弧。电弧的温度很高，电气设备会遭到破坏，使操作人员的人身安全受到威胁。

(3) 短路电流通过的线路，要产生很大的电压，使系统的电压水平骤降，引起电动机转速突然下降，甚至停转，严重影响电气设备的正常运行。

(4) 短路可造成停电状态，而且越靠近电源，停电范围越大，造成的损失也越大。

(5) 严重的短路故障若发生在靠近电源的地方，且维持时间较长，会使并联运行的发电机组失去同步，甚至可能造成系统故障。

(6) 不对称的接地短路，其不平衡电流将产生较强的不平衡磁场，对附近的通信线路、电子设备及其他弱电控制系统可能产生干扰信号，使通信失真、控制失灵、设备产生误操作。

由此可见，短路的后果是十分严重的。所以必须设法消除可能引起短路的一切因素，使系统安全可靠的运行。

4.2　短路暂态过程分析

4.2.1　无限大容量电源与供电系统

无限大容量电源系统是指当电力系统的电源距离短路点的电器较远时，由短路引起的电源输出功率的变化，远小于电源的容量，所以可设电源容量为无限大。无限大容量电源系统外电路发生短路所引起的功率改变对于电源来说是微不足道的，因而电源电压和频率保持恒定。

无限大容量电源是一个理想的电力系统，实际上是不存在的。但是，由于供配电系统处于电力系统的末端，尽管短路故障对系统中靠近短路点的局部系统影响很大，对于距离短路点较远的系统来说，其扰动较小，可以认为此时的系统就是无限大容量电源系统。

在实际工程计算中，当电力系统的电源总阻抗不超过短路电路总阻抗的 5%～10%，或电力系统容量超过用户供电系统容量 50 倍时，可认为该系统为无限大容量系统。

4.2.2　供电系统三相电路过程分析

如图 4.2(a)所示是一个无限大容量系统发生三相短路的电路图。由于短路前、短路后都是三相对称的，其等效电路可以用图 4.2(b)单相等值电路来表示。系统正常运行时，电路中电流取决于电源和电路中包括负荷在内的所有元件的总阻抗。

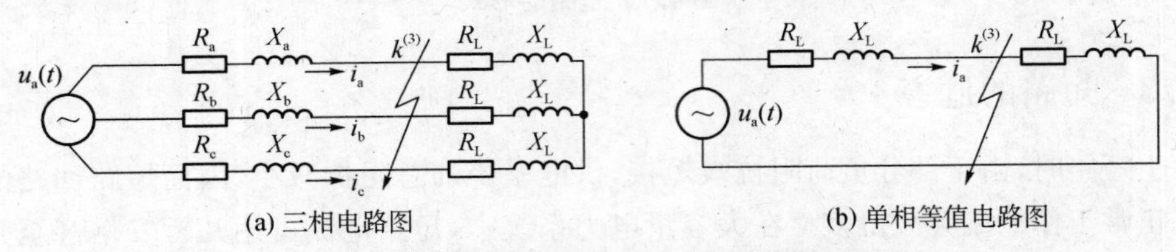

图 4.2　无限大容量系统发生三相短路时的电路图

发生三相短路时电路的方程式为：

$$R_k X_k + L_k \frac{di_k}{dt} = U_m \sin(\omega t + \alpha) \tag{4.1}$$

式中：i_k——短路电流的瞬时值；

α——电源相电压的初相位；

U_m——电源相电压的幅值；

$R_k X_k$——从电源到短路点的等值阻抗和电抗。其中 $X_k = \omega L_k$；

ω——电源的角频率；

L_k——从电源到短路点的等值电感。

根据电工学知识，求解此线性一阶非齐次微分方程，可得短路电流为：

$$i_k = I_{pm}\sin(\omega t + \alpha + \varphi_k) + [I_m \sin(\alpha - \varphi) - I_{pm}\sin(\alpha - \varphi_k)]e^{-1/t}$$

$$I_{pm} = \frac{U_m}{|Z_k|} \quad |Z_k| = \sqrt{R_k^2 + X_k^2}$$

$$\varphi_k = \arctan\frac{X_k}{R_k}$$

$$\tau = \frac{L_k}{R_k} = \frac{X_k}{314R_k} \tag{4.2}$$

式中：I_{pm}——短路电流周期分量的幅值；

I_m——短路前电路电流的幅值；

φ——短路前电路的阻抗角；

φ_k——短路后电路的阻抗角；

τ——短路回路的时间常数。

由式(4.2)可见，短路电流 i_k 由两部分组成，第一部分是随时按时间正弦规律变化的周期分量，其大小取决于电源电压和短路回路的阻抗，属于强制分量，用 i_p 表示，其幅值在暂态过程中保持不变。第二部分是随时间按指数规律衰减的非周期分量，属于自由分量，用 i_{np} 表示，其值在短路瞬间最大。所以整个过渡过程短路电流为：

$$i_k = i_p + i_{np} \tag{4.3}$$

产生非周期分量的原因在于，电路中有电感存在，在短路的瞬间，由于电感电路的电流不能突变，势必产生一个非周期分量电流来维持其原来的电流。

非周期分量按指数规律衰减的快慢取决于短路回路的时间常数 τ。高压电网其电阻较电抗小得多，多取 $\tau=0.05$ s。在短路后经过(3～5)τ(约 0.2 s)，非周期分量即可衰减为零。此时暂态过程结束，系统进入短路的稳定状态。

图 4.3 为无限大容量系统发生三相短路时的电压与电流曲线。

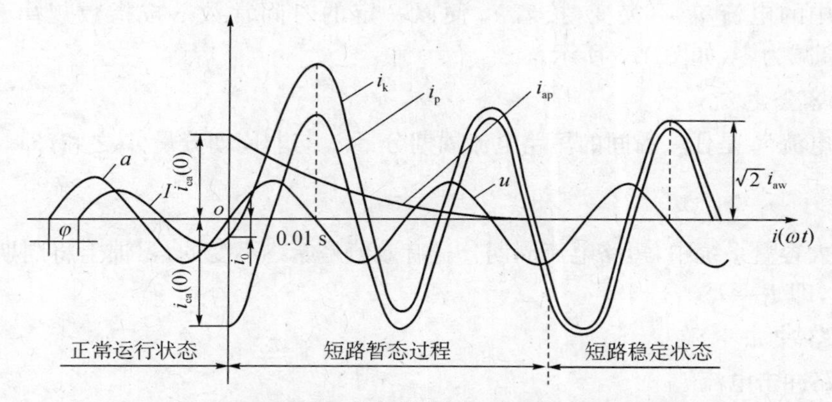

图 4.3　无限大容量系统发生三相短路时的电压与电流曲线

在电源电压及短路地点不变的情况下，要使短路电流达到最大值，必须具备以下条件：

(1) 短路前电路处于空载状态，即 $|Z|\rightarrow\infty$，$I_m\rightarrow 0$；

(2) 短路瞬间($t=0$ 时)某相电压瞬时值过零值，即初相角 $\alpha=0°$；

(3) 短路回路近似于纯电感电路，即实际系统中出现上述情况的概率很小，但是它所引起的短路后果很严重。以此作为计算短路电流的计算条件，此时的短路电流为：

$$i_k = I''_{pm}\sin(\omega t-90°) + I''_{pm}e^{-t/\tau} \tag{4.4}$$

式中：$I''_{pm}=\dfrac{U_m}{X_k}$，比短路前电路的电流幅值骤增。

4.2.3　与短路有关的物理量

1) 短路电流的周期分量

短路电流的周期分量 $i_p = I''_{pm}\sin(\omega t-90°)$，在相位上近似滞后于电源电压 90°，如图4.3所示。短路瞬间 i_p 为最大值，即

$$i_p(0) = -I''_{pm} = -\sqrt{2}\,I'' \tag{4.5}$$

式中：I''——短路次暂态电流有效值，它是指短路后第一个周期的短路电流周期分量的有

效值；

I''_{pm}——短路电流周期分量的幅值。

由于短路电流的周期分量的有效值在短路全过程中不变，所以有：

$$I_p = I'' \tag{4.6}$$

式中：I_p——短路电流周期分量的有效值。

2）短路电流的非周期分量

短路电流的非周期分量 i_{np}，其初始值为：

$$i_{np}(0) = I''_{pm} = \sqrt{2} I'' \tag{4.7}$$

在短路发生时，电感产生一个与 $i_p(0)$ 大小相等但方向相反的感生电流 $i_{np}(0)$，以维持短路瞬间电路中的电流 i_0 不突变，接着 i_{np} 便以一定的时间常数 τ 按指数规律衰减，直到 $(3\sim5)\tau$ 后衰减为零，如图 4.3 所示。

3）短路全电流

短路全电流 i_k 是任一瞬间的短路电流周期分量 i_p 与非周期分量 i_{np} 之和，即

$$i_k = i_p + i_{np} \tag{4.8}$$

在无限大容量系统中，短路电流周期分量有效值是始终不变的，习惯上将周期分量的有效值写作 I_k，即 $I_k = I_p$。

4）短路冲击电流

(1) 短路冲击电流 i_{sh}

由图 4.3 可看出，短路后经过半个周期(0.01 s)，短路全电流达到最大值，这一瞬间电流称为冲击电流 i_{sh}，即

$$i_{sh} = i_p(0.01) + i_{np}(0.01) = \sqrt{2} I'' + \sqrt{2} I'' e^{-0.01/\tau} = \sqrt{2} K_{sh} I'' \tag{4.9}$$

$$K_{sh} = 1 + e^{-0.01/\tau} \tag{4.10}$$

式中：K_{sh}——短路电流冲击系数。

(2) 短路冲击电流有效值 I_{sh}

短路冲击电流有效值 I_{sh}，是指短路后第一个周期的短路全电流有效值，其值定义为：

$$I_{sh} = \sqrt{I_p^2 + i_{np}^2(0.01)} = I'' \sqrt{1 + 2(K_{sh} - 1)^2} \tag{4.11}$$

在高压电路中发生三相短路时，一般可取 $K_{sh} = 1.8$，所以有：

$$i_{sh} \approx 2.55 I'' \tag{4.12}$$

$$I_{sh} \approx 1.51 I'' \tag{3.13}$$

在高压电路中发生三相短路时，一般可取 $K_{sh} = 1.3$，所以有：

$$i_{sh} \approx 1.84 I'' \tag{4.14}$$

$$I_{sh} \approx 1.09 I'' \tag{4.15}$$

5）短路稳态电流

短路电流非周期分量衰减完毕后的短路全电流的有效值称为短路稳态电流，用 I_{∞} 表示。

无限大容量系统发生三相短路，短路后任何时刻的短路电流周期分量始终不变，所以有：

$$I_{p}=I_{k}=I''=I_{\infty} \tag{4.16}$$

4.3 短路电流的计算方法

短路是电力系统中不可避免的故障。在供电系统的设计和运行中，需要进行短路电流的计算，主要是因为：

(1) 选择电气设备和载流导体时，需用短路电流校验其动稳定性和热稳定性，以保证在发生可能的最大短路电流时不至于损坏；

(2) 选择和整定用于短路保护的继电保护装置时，需应用短路电流参数；

(3) 选择用于限制短路电流的设备时，也需进行短路电流计算。

短路计算中有关物理量一般采用以下单位：电流为“千安(kA)”；电压为“千伏(kV)”；短路容量和断流容量为“兆伏安(MV·A)”；设备容量为“千瓦(kW)”或“千伏安(kV·A)”；阻抗为“欧姆(Ω)”等。

本节重点讲述无限大容量系统三相短路的短路电流计算，对于两相短路、单相短路和大容量电动机短路，本节只给出计算公式。

三相短路电流常用的计算方法有欧姆法和标幺制法两种。欧姆法是最基本的短路计算方法，适用于两个及两个以下的电压等级的供电系统；而标幺制法适用于多个电压等级的供电系统。

4.3.1 三相短路电流的欧姆法计算

1）短路公式计算

欧姆法因其短路计算中的阻抗都采用单位“欧姆”而得名。

对无限大容量系统，三相短路电流周期分量有效值可按(4.17)计算：

$$I_{k}^{(3)}=\frac{U_{av}}{\sqrt{3}\,|Z_{\Sigma}|}=\frac{U_{av}}{\sqrt{3}\sqrt{R_{\Sigma}^{2}+X_{\Sigma}^{2}}} \tag{4.17}$$

式中：U_{av}—— 短路点的计算电压，一般取 $U_{av}=1.05U_{N}$，按中国电压标准，有 0.4 kV、6.3 kV、10.5 kV、37 kV 等；

Z_{Σ}、R_{Σ}、X_{Σ}—— 短路电路的总阻抗、总电阻、总电抗值。

在高电压的短路计算中，通常总电抗比总电阻大，所以一般只计电抗，不计电阻；在低压电路的短路计算中，也只有当短路的 $R_{\Sigma}>X_{\Sigma}/3$ 时，才需要考虑电阻。

若不计电阻，三相短路周期分量有效值：

$$I_k^{(3)} = \frac{U_{av}}{\sqrt{3} X_\Sigma} \tag{4.18}$$

三相短路容量为：

$$S_k^{(3)} = \sqrt{3} U_{av} I_k^{(3)} = U_{av}^2 / X_\Sigma \tag{4.19}$$

2）供电系统元件阻抗的计算

（1）电力系统的阻抗

电力系统的电阻相对于电抗来说很小，可不计。其电抗可由变电器高压馈电线出口断路器的断流容量 S_{oc} 来估算。这一断流容量可看作是系统的极限短路容量 S_k，因此，电力系统的电抗为

$$X_s = \frac{U_{av}^2}{S_{oc}} \tag{4.20}$$

式中：U_{av}——高压馈电线的短路计算电压。但为了便于短路电路总抗组的计算，免去阻抗换算的麻烦，U_{av} 可以直接采用短路点的短路计算电压；

S_{oc}——系统出口断路器的断流容量，具体数据可查有关的手册和产品说明书得到。

（2）电力变压器的阻抗

① 变压器的电阻 R_T 可由变压器的短路损耗 ΔP_k 近似的求出：

$$R_T \approx \Delta P_k \left(\frac{U_{av}}{S_N}\right)^2 \tag{4.21}$$

式中：U_{av}——短路点的短路电压；

S_N——变压器的额定容量；

ΔP_k——变压器的短路损耗，可以从产品说明书中查得。常用变压器技术数据，也可通过相关技术规范查得。

② 变压器的电抗 X_T 可由变压器的短路电压 $U_k\%$ 近似求出：

$$X_T \approx \frac{U_k\%}{100} \times \frac{U_{av}^2}{S_N} \tag{4.22}$$

式中：$U_k\%$——变压器的短路电压百分数，可以从产品说明书中查得。常用变压器的技术数据，也可以从变压器手册查得。

（3）电力线路的阻抗

① 线路的电阻 R_{wl} 可由线路长度 l 和已知截面的导线或电缆的单位长度电阻 R_0 求得：

$$R_{wl} = R_0 l \tag{4.23}$$

② 线路的电抗 X_{wl}，可由线路长度 l 和导线或电缆的单位长度电抗 X_0 求得：

$$X_{wl} = X_0 l \tag{4.24}$$

导线或电缆的 R_0 和 X_0 可根据相关技术规范查得。如果线路的 X_0 数据不详，对于 35 kV以下高压电路，架空线取 $X_0 = 0.38\ \Omega/km$，电缆取 $X_0 = 0.08\ \Omega/km$；对于低压线路，架

空线取 $X_0=0.32\ \Omega/\text{km}$，电缆线取 $X_0=0.066\ \Omega/\text{km}$。

(4) 电抗器的阻抗

由于电抗器的电阻很小，故只需计算其电抗值为：

$$X_R=\frac{X_{\Sigma}\%}{100}\times\frac{U_N}{\sqrt{3}I_N} \tag{4.25}$$

式中：$X_R\%$——电抗器的电抗百分数，其数据可从产品说明书中查得；

U_N——电抗器的额定电压；

I_N——电抗器的额定电流。

注意：在计算短路电路阻抗时，若电路中含有变压器，则各元件阻抗都应统一换算成用短路点的短路计算电压表示，阻抗换算的公式为：

$$R'=R(U'_{av}/U_{av})^2 \tag{4.26}$$

$$X'=X(U'_{av}/U_{av})^2 \tag{4.27}$$

式中：R、X、U_{av}——换算前元件电阻、电抗、元件所在处的电路计算电压；

R'、X'、U'_{av}——换算后元件电阻、电抗、元件所在处的短路计算电压。

短路计算中所考虑的几个元件的阻抗，只有电力线路和电抗器的阻抗需要换算。而电力系统和电力变压器的阻抗，由于它们的计算公式中均含有 U_{av}，因此，在计算阻抗时，公式中的 U_{av} 直接代短路点的计算电压，就相当于阻抗已经换算到短路点的一侧了。

3) 欧姆法短路计算的步骤

(1) 绘出计算电路图，将短路计算中各元件的额定参数都表示出来，并将各元件依次编号；确定短路计算点。短路计算点应选在可能产生最大短路电流的地方。一般来说，高压侧选在高压母线位置，低压侧选在低压母线位置；系统中装有限流电抗器时，应选在电抗器之后。

(2) 按所选择的短路计算点绘出等效电路图。并在上面将短路电流所流经的主要元件表示出来，并标明元件的序号。

(3) 计算电路中各主要元件的阻抗，并将计算结果标注在等效电路序号下面分母的位置。

(4) 将等效电路化简，求系统总阻抗。对于工厂供电系统来说，由于将电力系统当作无限大容量电源，而且短路电路也比较简单，因此，一般只需要采用串联、并联的方法即可将电路化简，求出其等效总阻抗。

(5) 按照式(4.17)或式(4.18)计算短路电流 $I_k^{(3)}$，然后按式(4.12)和式(4.16)分别求出其他短路电流参数，最后按式(4.19)求出短路容量 $S_k^{(3)}$。

【例 1】 某供配电系统如图 4.4(a)所示，试求 35 kV 母线上 $k-1$ 点短路和变压器低压母线上 $k-2$ 点短路的三相短路电流、冲击电流和短路容量。

分析：求 $k-1$ 点的三相短路电流和短路容量($U_{av1}=37$ kV)

① 计算短路电流中各元件的电抗及总电抗。

电力系统的电抗

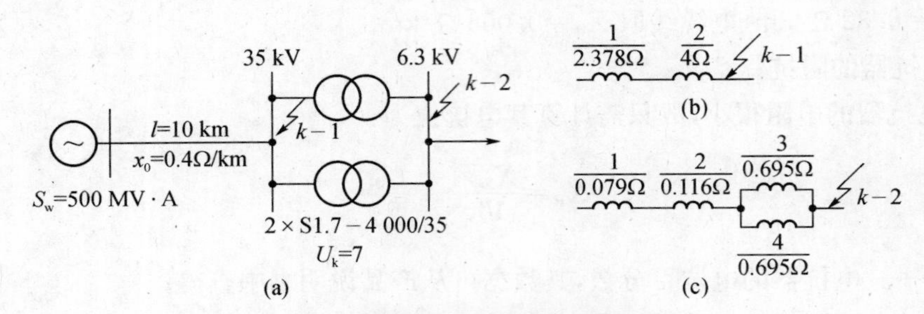

图 4.4　供配电系统图及等效电路图

$$X_s = U_{av1}^2 / S_{oc} = 37^2/500 = 2.738(\Omega)$$

输电线路的电抗

$$X_{wl} = X_0 l = 0.4 \times 10 = 4(\Omega)$$

作出 $k-1$ 点短路的等效电路图，如图 4.4(b)所示，并计算其总阻抗：

$$X_\Sigma = X_s + X_{wl} = 2.738 + 4 = 6.738(\Omega)$$

② 计算 $k-1$ 点的三相短路电流和短路容量。

三相短路电流周期分量的有效值

$$I_{k-1}^{(3)} = \frac{U_{av1}}{\sqrt{3} X_\Sigma} = \frac{37}{\sqrt{3} \times 6.738} \approx 3.17(\text{kA})$$

三相次暂态短路电流和短路稳态电流

$$I''^{(3)} = I_\infty^{(3)} = I_{k-1}^{(3)} = 3.17(\text{kA})$$

三相短路冲击电流

$$i_{sh}^{(3)} = 2.55 I''^{(3)} = 2.55 \times 3.17 \approx 8.08(\text{kA})$$

三相短路容量

$$S_{k-1}^{(3)} = \sqrt{3} U_{av1} I_{k-1}^{(3)} = \sqrt{3} \times 37 \times 3.17 \approx 203(\text{MV} \cdot \text{A})$$

4.3.2　三相短路电流的标幺制法计算

标幺制法，就是在分析计算过程中，将电压、电流、功率、阻抗等物理量采用标幺值来表示的方法体系。

1）标幺值

任意物理量的标幺值，是它的实际值与所选定的基准值的比值。它是一个相对值，没有单位。标幺值以上标[*]表示，基准值以下标[d]表示。

值得注意的是，在说明一个物理量的标幺值时，必须说明其基准值如何，否则只说明标幺值是没有意义的。

原则上说，电压、电流、功率、阻抗这四个物理量的基准值是可以任意挑选的，但由于这些物理量彼此之间存在一定的约束关系，所以可独立选取的基准值实际只有两个，另外两个物理量的基准值通过推导得出。一般选定基准容量 S_d 和基准电压 U_d 作为基准值，工程设计中通常取 $S_d=100(MV\cdot A)$。

基准电压，通常取元件所在处的短路点计算电压，$U_d=U_{av}=1.05U_N$。选定基准容量和基准电压后，基准电流、基准电抗根据下式计算

$$I_d=\frac{S_d}{\sqrt{3}U_d} \tag{4.28}$$

$$X_d=\frac{U_d}{\sqrt{3}I_d}=\frac{U_d^2}{S_d} \tag{4.29}$$

2）电抗标幺值的计算

取 $S_d=100(MV\cdot A)$，$U_d=U_{av}$，则可得到各种电抗标幺值的计算公式。

(1) 电力系统的电抗标幺值。

电力系统的电抗标幺值根据系统提供的短路容量 S_k 来进行计算。若电力系统短路容量 S_k 未知，则可由电力系统变电站高压馈电线路的出口断路器的断路容量 S_{oc} 代替，断路容量 S_{oc} 可由相关技术规范查得。电力系统的电抗标幺值

$$X_s^*=\frac{X_s}{X_d}=\frac{S_d}{S_{oc}} \tag{4.30}$$

(2) 电力变压器的电抗标幺值。

$$X_T^*=\frac{X_T}{X_d}=\frac{U_k\%}{100}\frac{U_N^2}{S_N}\bigg/\frac{U_d^2}{S_d}\approx\frac{U_k\%}{100}\ \frac{S_d}{S_N} \tag{4.31}$$

式中：S_N——电力变压器的额定容量(MV·A)；

$U_k\%$——电力变压器短路电压百分数。

(3) 电力线路的电抗标幺值。

$$X_{wl}^*=\frac{X_{wl}}{X_d}=X_0 l\frac{S_d}{U_d^2}=X_0 l\frac{S_d}{U_{av}^2} \tag{4.32}$$

式中：l——导线或电缆线路的长度(km)；

X_0——导线或电缆的单位长度电抗(Ω/km)。

(4) 电抗器的电抗标幺值。

$$X_R^*=\frac{X_R}{X_d}=\frac{X_R\%}{100}\frac{U_N}{\sqrt{3}I_N}\frac{S_d}{U_d^2}=\frac{X_R\%}{100}\frac{U_N}{\sqrt{3}I_N}\frac{S_d}{U_{av}^2} \tag{4.33}$$

式中：$X_R\%$——电抗器额定电抗百分数，其数据可从产品说明书查得。

短路电路中各主要元件的电抗标幺值求出以后，即可利用其等效电路图进行电路化简，计算其总电抗标幺值。由于各元件电抗均采用标幺值(相对值)，与短路计算点的电压无关，因此，无须进行电压换算，这也是标幺值法优于欧姆法的地方。

3）标幺值法短路计算公式

无限大容量系统发生三相短路时，其短路电流周期分量有效值的标幺值为：

$$I_{k}^{(3)*}=\frac{I_{k}^{(3)}}{I_{d}}=\frac{U_{av}}{\sqrt{3}X_{\Sigma}}\frac{\sqrt{3}U_{d}}{S_{d}}=\frac{U_{d}^{2}}{S_{d}}\frac{1}{X_{\Sigma}}=\frac{X_{d}}{X_{\Sigma}}=\frac{1}{X_{\Sigma}^{*}} \tag{4.34}$$

故无限大容量系统三相短路电流周期分量的有效值为：

$$I_{k}^{(3)}=I_{k}^{(3)}I_{d}=\frac{I_{d}}{X_{\Sigma}^{*}} \tag{4.35}$$

而三相短路容量

$$S_{k}^{(3)}=\sqrt{3}U_{av}I_{k}^{(3)}=\sqrt{3}U_{av}\frac{1}{X_{\Sigma}^{*}}\frac{S_{d}}{\sqrt{3}U_{d}}=\frac{S_{d}}{X_{\Sigma}^{*}} \tag{4.36}$$

求出 $I_{k}^{(3)}$ 后，即可利用前面的公式计算其他短路电流。

4）标幺值法短路计算步骤

(1) 绘制短路电路的计算电路图，确定短路计算点。

(2) 确定标幺值基准，取 $S_d=100$ MV · A 和 $U_d=U_{av}$（有几个电压等级就取几个 U_d），并求出所有短路计算点电压下的 I_d。

(3) 绘出短路电路等效图，并计算各元件的电抗标幺值，在图上标明。

(4) 根据不同的短路计算点分别求出各自的总电抗标幺值，再计算各短路电流和短路容量。

【例 2】 如图 4.5 所示为常州某供配电系统，试求 35 kV 母线上 $k-1$ 点短路和变压器低压母线上 $k-2$ 点短路的三相短路电流、冲击电流和短路容量。

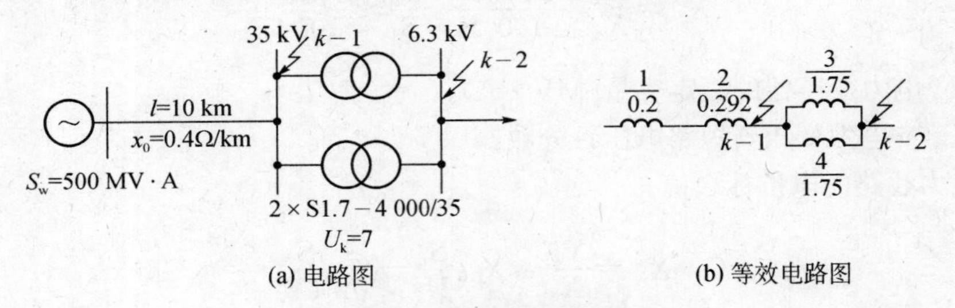

图 4.5 供配电系统图

分析：

① 确定基准值：选取 $S_d=100$ WV · A，$U_d=U_{av}$，即 $U_{d1}=37$ kV，$U_{d2}=6.3$ kV，则

$$I_{d1}=\frac{S_{d}}{\sqrt{3}U_{d1}}=\frac{100}{\sqrt{3}\times 37}\approx 1.56(\text{kA})$$

$$I_{d2}=\frac{S_{d}}{\sqrt{3}U_{d2}}=\frac{100}{\sqrt{3}\times 6.3}\approx 9.16(\text{kA})$$

② 绘制等效电路图：如图 4.5(b)所示，并计算系统各元件电抗的标幺值。

电力系统的电抗标幺值

$$X_{s}^{*}=\frac{S_{d}}{S_{oc}}=\frac{100}{500}=0.2$$

电力线路的电抗标幺值

$$X_{wl}^{*}=X_0 l\frac{S_d}{U_{av}^2}=0.4\times10\times\frac{100}{37^2}\approx0.292$$

变压器的电抗标幺值

$$X_T^{*}=\frac{U_k\%}{100}\times\frac{S_d}{S_N}=\frac{7}{100}\times\frac{100}{4}=1.75$$

③ 计算 $k-1$ 点短路时的等效电抗标幺值、三相短路电流周期分量及短路容量：

$k-1$ 点短路时的总电抗标幺值

$$X_{\Sigma1}^{*}=X_s^{*}+X_{wl}^{*}=0.2+0.292=0.492$$

$k-1$ 点短路时的三相短路电流和三相短路容量为

$$I^{(3)}{}_{k-1}^{*}=\frac{1}{X_{\Sigma1}^{*}}=\frac{1}{0.492}\approx2.03(\text{kA})$$

$$I_{k-1}^{(3)}=\frac{I_{d1}}{X_{\Sigma1}^{*}}=\frac{1.56}{0.492}\approx3.17(\text{kA})$$

$$I_p^{(3)}=I''^{(3)}=I_\infty^{(3)}=I_{k-1}^{(3)}\approx3.17(\text{kA})$$

$$i_{sh}^{(3)}=2.55I''^{(3)}=2.55\times3.17\approx8.08(\text{kA})$$

$$S_{k-1}^{(3)}=\frac{S_d}{X_{\Sigma1}^{*}}=\frac{100}{0.492}\approx203(\text{MV}\cdot\text{A})$$

④ 计算 $k-2$ 点短路时的等效电抗标幺值、三相短路电流周期分量及短路容量：

$$X_{\Sigma2}^{*}=X_s^{*}+X_{wl}^{*}+\frac{1}{2}X_T^{*}=0.2+0.292+\frac{1}{2}\times1.75=1.367$$

$$I_{k-2}^{(3)}{}^{*}=\frac{1}{X_{\Sigma2}^{*}}=\frac{1}{1.367}\approx0.732(\text{kA})$$

$$I_{k-2}^{(3)}=\frac{I_{d2}}{X_{\Sigma2}^{*}}=\frac{9.16}{1.367}\approx6.7(\text{kA})$$

$$I_p^{(3)}=I''^{(3)}=I_\infty^{(3)}=I_{k-2}^{(3)}\approx6.7(\text{kA})$$

$$i_{sh}^{(3)}=2.55I''^{(3)}=2.55\times6.7\approx17.1(\text{kA})$$

$$S_{k-2}^{(3)}=\frac{S_d}{X_{\Sigma2}^{*}}=\frac{100}{1.367}\approx73.2(\text{MV}\cdot\text{A})$$

根据以上分析：单看三相短路电流周期分量的大小，好像是 $k-2$ 点三相短路要比 $k-1$ 点严重。但实际进行分析时，应将短路电流归算至同一电压等级下，才能根据短路电流的大小比较其短路的后果。而采用标幺值法，不必进行电压等级换算，根据短路电流的标幺值直接进行比较即可。$I_{k-1}^{(3)}{}^{*}=2.03>I_{k-2}^{(3)}{}^{*}=0.732$，很显然，比较的结果是 $k-1$ 点短路要比 $k-2$点短路严重得多。

4.3.3 两相和单相短路电流的计算

1) 两相短路电流的计算

在无限大容量系统中发生两相短路时，其短路电流可由式(4.37)求得：

$$I_k^{(2)}=\frac{U_{av}}{2|Z_\Sigma|} \tag{4.37}$$

如果只计电抗，则短路电流为：

$$I_k^{(2)}=\frac{U_{av}}{2X_\Sigma}=\frac{\sqrt{3}}{2}\times\frac{U_{av}}{\sqrt{3}X_\Sigma} \tag{4.38}$$

将式(4.37)与式(4.38)对照，则两相短路电流可作如下计算：

$$I_k^{(2)}=\frac{\sqrt{3}}{2}\times I_k^{(3)}=0.866I_k^{(3)} \tag{4.39}$$

即，无限大容量系统中，同一地点的两相短路电流为三相短路电流的 0.866 倍。因此，无限大容量系统中的两相短路电流可由三相短路电流求出。

2) 单相短路电流的计算

在大电流接地系统或三相四线制系统中发生单相短路时，根据对称分量法可知单相短路电流为：

$$I_k^{(1)}=\frac{\sqrt{3}U_{av}}{Z_{1\Sigma}+Z_{2\Sigma}Z_{0\Sigma}} \tag{4.40}$$

式中：$Z_{1\Sigma}$、$Z_{2\Sigma}$、$Z_{0\Sigma}$——单相回路的正序、负序、零序总阻抗(Ω)。

在工程设计中，经常按下式计算低压配电系统的单相短路电流(kA)：

$$I_k^{(1)}=\frac{U_\varphi}{|Z_{\varphi-0}|} \tag{4.41}$$

$$I_k^{(1)}=\frac{U_\varphi}{|Z_{\varphi-PE}|} \tag{4.42}$$

$$I_k^{(1)}=\frac{U_\varphi}{|Z_{\varphi-PEN}|} \tag{4.43}$$

式中：U_φ——线路的相电压(kV)；

$Z_{\varphi-0}$——相线与 N 线(或大地)短路回路的阻抗(Ω)；

$Z_{\varphi-PE}$——相线与 PE 线短路回路的阻抗(Ω)；

$Z_{\varphi-PEN}$——相线与 PEN 线短路回路的阻抗(Ω)。

在无限大容量系统中或远离发电机处短路时，两相短路电流和单相短路电流均较三相短路电流小，因此，用于选择电气设备和导体短路稳定性校验的短路电流，应采用三相短路电流。

系统的运行方式可分为最大运行方式和最小运行方式。系统最大运行方式是指整个系统的总的短路阻抗最小，短路电流最大，系统的短路容量最大。此时，系统中投入的发电机组最多，双回输电线路和并联的变压器全部投入。最小运行方式是指整个系统的总的回路阻抗最大，短路电流最小，系统的短路容量最小。

【例3】（1）针对继电保护系统参数如图4.6所示，试求短路点的最大的三相短路电流和最小的两相短路电流。

（2）某供配电系统参数如图4.6所示，试求短路点的最大的三相短路电流和最小的两相短路电流。

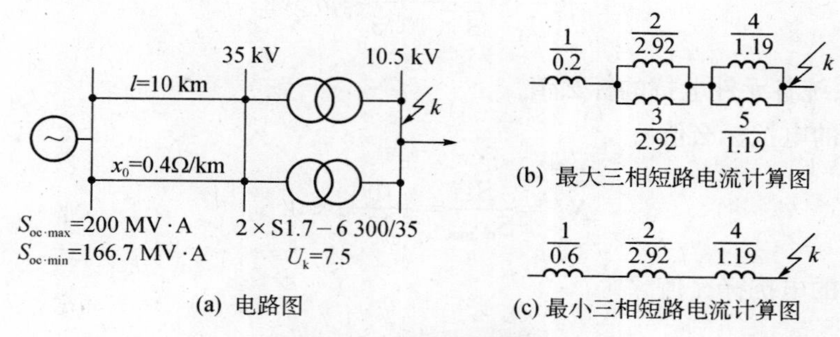

图4.6　供配电系统图

分析：（1）计算短路点最大三相短路电流。系统工作在最大运行方式下，取 $S_{oc.max}=200$ MV·A，线路采用双回供电，变压器两台都投入运行，其等效电路如图4.6(b)所示。

① 确定基准值：选取 $S_d=100$ MV·A，$U_d=U_{av}$，即 $U_d=10.5$ kV 则

$$I_d=\frac{S_d}{\sqrt{3}U_d}=\frac{100}{\sqrt{3}\times 10.5}=5.5(\text{kA})$$

② 计算系统各元件电抗的标幺值。

电力系统的电抗标幺值

$$X_s^*=\frac{S_d}{S_{oc.max}}=\frac{100}{200}=0.5$$

电力线路的电抗标幺值

$$X_{wl}^*=X_0 l\frac{S_d}{U_{avl}^2}=0.4\times 100\times\frac{100}{37^2}\approx 2.92$$

变压器的电抗标幺值

$$X_T^*=\frac{U_k\%}{100}\times\frac{S_d}{S_N}=\frac{7.5}{100}\times\frac{100}{6.3}\approx 1.19$$

③ 计算 k 点三相短路时的等效电抗标幺值、三相短路电流周期分量。

k 点短路时的总电抗标幺值

$$X_\Sigma^*=X_s^*+\frac{1}{2}X_{wl}^*+\frac{1}{2}X_T^*=0.5+\frac{1}{2}\times 2.92+\frac{1}{2}\times 1.19=2.555$$

k 点短路时，短路点的最大三相短路电流为：

$$I_k^{(3)} = \frac{I_d}{X_\Sigma^*} = \frac{5.5}{2.555} \approx 2.15(\text{kA})$$

$$I_p^{(3)} = I_k^{(3)} = 2.15(\text{kA})$$

(2) 计算短路点最小两相短路电流。取,线路采用单回供电,变压器只有一台投入运行,使系统工作在最小运行方式下。其等效电路如图 4.6(c)所示。

① 确定基准值:

$$I = \frac{S_d}{\sqrt{3}U_d} = \frac{100}{\sqrt{3} \times 10.5} \approx 5.5(\text{kA})$$

② 计算系统各元件电抗的标幺值。

电力系统的电抗标幺值

$$X_s^* = \frac{S_d}{S_{oc.min}} = \frac{100}{166.7} \approx 0.6$$

电力线路的电抗标幺值

$$X_{wl}^* = X_0 l \frac{S_d}{U_{av1}^2} = 0.4 \times 100 \times \frac{100}{37^2} \approx 2.92$$

变压器的电抗标幺值

$$X_T^* = \frac{U_k\%}{100} \times \frac{S_d}{S_N} = \frac{7.5}{100} \times \frac{100}{6.3} \approx 1.19$$

③ 计算 k 点三相短路时的等效电抗标幺值、三相短路电流周期分量。

k 点短路时的总电抗标幺值

$$X_\Sigma^* = X_s^* + X_{wl}^* + X_T^* = 0.6 + 2.92 + 1.19 = 4.71$$

k 点短路时,短路点的最小三相短路电流为:

$$I_k^{(3)} = \frac{I_d}{X_\Sigma^*} = \frac{5.5}{4.71} \approx 1.17(\text{kA})$$

④ k 点的最小两相短路电流为:

$$I_k^{(2)} = 0.866 I_k^{(3)} \approx 1.01(\text{kA})$$

4.3.4 大容量电动机的短路电流计算

当短路点附近接有大容量电动机时,应把电动机作为附加电源考虑,电动机会向短路点反馈短路电流。短路时,电动机受到迅速制动,反馈电流衰减的非常快,因此,该反馈电流仅影响短路冲击电流,而且仅当单台电动机或电动机组容量大于 100 kW 时才考虑其影响。

由电动机提供的短路冲击电流可按式(4.44)计算

$$i_{sh.M} = CK_{sh.M} I_{N.M} \tag{4.44}$$

式中:C——电动机反馈冲击倍数(感应电动机取 6.5,同步电动机取 7.8,同步补偿机取

10.6，综合性负荷数取3.2）；

$K_{sh.M}$——电动机短路电流冲击系数（对高压电动机可取1.4～1.7，对低压电动机可取1）；

$I_{N.M}$——电动机额定电流。

计入电动机反馈冲击的影响后，短路点总短路冲击电流为：

$$i_{sh\Sigma} = i_{sh} + i_{sh.M} \tag{4.45}$$

4.4　电路短路的热效应和电动效应

通过短路计算可知，供电系统发生短路时，短路电流是相当大的。如此大的短路电流通过电器和导体，一方面要产生很高的温度，即热效应；另一方面要产生很大的电动力，即电动效应。这两类短路效应，对电器和导体的安全运行威胁很大，必须充分注意。

4.4.1　短路电流的热效应

1）短路时导体的发热过程与发热计算

当电力线路发生短路时，极大的短路电流通过导体。由于短路后线路的继电保护装置很快动作，将故障线路切除，所以短路电流通过导体的时间很短（一般不会超过2～3 s）。但是由于短路电流骤增很大，其发出的热量来不及向周围介质散发，因此，可以认为全部热量都用于使导体的温度升高。

根据导体的允许发热条件，要注意导体在正常负荷和短路时最高允许温度。如果导体和电器短路时的发热温度不超过允许温度，则认为其短路热稳定性满足要求。

一般采用短路稳态电流来等效计算实际短路电流所产生的热量。由于通过导体的实际短路电流并不是短路稳态电流，因此，需要假定一个时间，在此时间内，假定导体通过短路稳态电流时所产生的热量，恰好与实际短路电流在实际短路时间内所产生的热量相等。这一假想时间称为短路发热的假想时间，用 t_{ima} 表示。

短路发热假想时间 t_{ima} 是一个等效的概念，可用式（4.46）近似地计算：

$$\begin{aligned} t_{ima} &= t_k + 0.05 \\ t_k &= t_{op} + t_{oc} \end{aligned} \tag{4.46}$$

式中：t_k——短路电流持续时间（s）；

t_{op}——短路保护装置最长的动作时间（s）；

t_{oc}——断路器的短路时间，包括断路器的固有分闸时间和灭弧时间。对一般高压断路器，可取 $t_{oc}=0.2$ s；对高速断路器（如真空断路器），可取 $t_{oc}=0.1\sim0.15$ s。

当 $t_k \geqslant 1$ s时，可以认为 $t_{ima}=t_k$。

实际短路电流通过导体在短路时间内所产生的热量为：

$$Q_k = I_\infty^2 R t_{ima} \tag{4.47}$$

2）短路热稳定性的校验

热稳定性校验就是校验电器设备及载流导体在短路电流流过时间内的最高发热温度是否超过其允许温度。

(1) 对于一般电器

电器设备一般在出厂前都要经过试验，规定设备在 t 时间内允许通过的热稳定电流 I_t 的数值。一般电器的热稳定性按式(4.48)进行校验

$$I_t^2 t \geqslant I_\infty^{(3)2} t_{ima} \tag{4.48}$$

式中：I_t——电器的热稳定试验电流(有效值)；

t——电器的热稳定试验时间。

常用电器设备的热稳定电流和热稳定时间的技术数据要注意符合规范要求。

(2) 对于母线及绝缘导线和电缆等导体

$$S \geqslant S_{min} = \frac{I_\infty^{(3)}}{C} \sqrt{t_{min}} \tag{4.49}$$

式中：S——母线、绝缘导线和电缆等导体的截面积(mm^2)；

C——导体的短路热稳定系数；

S_{min}——导体的最小热稳定截面积(mm^2)。

【例 4】 已知某车间变电所 380 V 采用 80 mm×10 mm 铝母线，其三相短路稳态电流为 36.5 kA，短路保护动作时间为 0.5 s，低压断路器的断路时间为 0.05 s，试校验此母线的热稳定性。

分析：根据相关技术规范，$C=87$，

因为

$$t_{ima} = t_k + 0.05 = t_{op} + t_{oc} + 0.05 = 0.5 + 0.05 + 0.05 = 0.6(\text{s})$$

所以有

$$S_{min} = \frac{I_\infty^{(3)}}{C} \sqrt{t_{min}} = \frac{36\,500}{87} \times \sqrt{0.6} \approx 325(\text{mm}^2)$$

由于母线的实际截面积 $S=80\text{ mm}\times 10\text{ mm}=800\text{ mm}^2$，大于 $S_{min}=325\text{ mm}^2$，因此，该母线满足短路热稳定性的要求。

4.4.2 短路电流的电动力效应

供电系统短路时，短路电流特别是短路冲击电流将使相邻导体之间产生很大的电动力，有可能使电器和载流导体遭受严重破坏。为此，要使电路元件能承受短路时最大电动力的作用，电路元件必须具有足够的电动稳定性。

1）短路时的最大电动力

在短路电流中，三相短路冲击电流 $i_{sh}^{(3)}$ 为最大。可以证明三相短路时，$i_{sh}^{(3)}$ 在导体中间相产生的电动力最大，其电动力 $F^{(3)}$ 可用式(4.50)表示。

$$F^{(3)}=\sqrt{3}\times i_{sh}^{(3)2}\times\frac{L}{a}\times10^{-7} \tag{4.50}$$

式中：$F^{(3)}$——$i_{sh}^{(3)}$在导体中间相产生的电动力(N)；

L——导体两支撑点间的距离，即挡距(m)；

a——两导体间的轴线距离(m)；

$i_{sh}^{(3)}$——通过母线的三相短路冲击电流(kA)。

校验电器和载流导体的动稳定性时，通常采用$i_{sh}^{(3)}$和$F^{(3)}$。

2）短路动稳定性的校验

电器和导体的动稳定性的校验，需根据校验对象的不同而采用不同的校验条件。

(1) 对于一般电器

$$i_{max}\geqslant i_{sh}^{(3)} \tag{4.51}$$

或

$$I_{max}\geqslant I_{sh}^{(3)} \tag{4.52}$$

式中：i_{max}、I_{max}——电器通过极限电流的峰值、有效值(可查产品说明书)。

(2) 对于绝缘子

$$F_{al}=F_{c}^{(3)} \tag{4.53}$$

式中：F_{al}——绝缘子的最大允许载荷，可通过产品说明书查得。

$F_{c}^{(3)}$——短路时作用于绝缘子上的计算力。如图 4.7 所示，母线在绝缘子上平放，则$F_{c}^{(3)}=F^{(3)}$；母线在绝缘子上竖放，则$F_{c}^{(3)}=1.4F^{(3)}$。

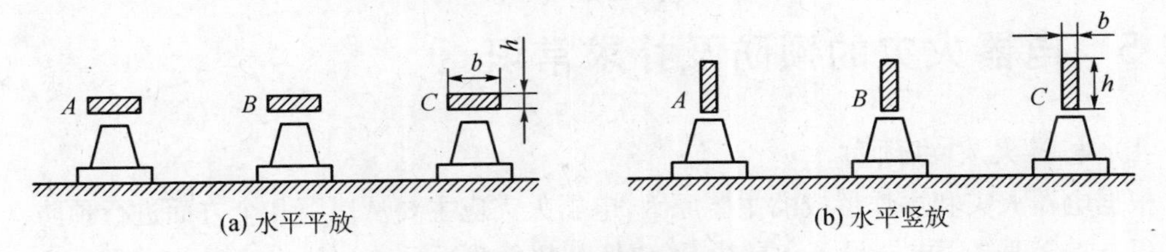

图 4.7　母线的放置方式

(3) 对于母线等硬导体

$$\begin{aligned}\sigma_{al}&\geqslant\sigma_{c}\\ \sigma_{c}&=M/W\\ W&=b^{2}h/6\end{aligned} \tag{4.54}$$

式中：σ_{al}——母线材料的最大允许应力(Pa)。硬铜母线为 140 MPa，硬铝母线为 70 MPa；

σ_{c}——母线通过$i_{sh}^{(3)}$时所受的最大计算应力(Pa)；

M——母线通过三相短路冲击电流时所受的弯曲力矩(N·m)，当母线的挡数小于 2 时，$M=F^{(3)}L/8$；当母线的挡数大于 2 时，$M=F^{(3)}L/10$。其中L为导线的挡距(m)；

W——母线截面系数(m^{3})；

b——母线在绝缘子上平放或竖放时的宽度(m)；

h——母线在绝缘子上平放或竖放时的高度(m)。

对于电缆，因其机械强度较高，可不必校验其短路动稳定性。

【例 5】 某车间变电所 380 V 侧采用 80 mm×10 mm 铝母线，水平平放，相邻两母线间的轴线距离为 $a=0.2$ m，挡距为 $L=0.9$ m，挡数大于 2，它上面接有一台 500 kW 的同步电动机，$\cos\varphi=1$ 时，$\eta=94\%$，母线的三相短路冲击电流为 67.2 kA。试校验此母线的动稳定性。

分析：计算电动机的反馈冲击电流，$C=7.8$，而 $K_{\mathrm{sh.M}}=1$，则

$$i_{\mathrm{sh.M}}=CK_{\mathrm{sh.M}}I_{\mathrm{N.M}}=7.8\times1\times\frac{500}{\sqrt{3}\times1\times0.94\times380}\approx6.3(\mathrm{kA})$$

母线在三相短路时承受的最大电动力为：

$$F^{(3)}=\sqrt{3}\times(i_{\mathrm{sh}}^{(3)}+i_{\mathrm{sh.M}})^{2}\times\frac{L}{a}\times10^{-7}$$

$$=\sqrt{3}\times(67.2+6.3)^{2}\times\frac{0.9}{0.2}\times10^{-7}\approx4\,210.5(\mathrm{N})$$

母线在 $F^{(3)}$ 作用下的弯曲力矩

$$M=F^{(3)}L/10=4\,210.5\times0.9/10\approx379(\mathrm{N\cdot m})$$

计算截面系数：$W=b^{2}h/6=0.08^{2}\times0.01/6\approx1.07\times10^{-5}(\mathrm{m}^{3})$

计算应力：$\sigma_{\mathrm{c}}=M/W=379/(1.07\times10^{-5})\approx35.4(\mathrm{MPa})$

铝母线的允许应力为 $\sigma_{\mathrm{al}}=70\ \mathrm{MPa}>\sigma_{\mathrm{c}}$，所以该母线满足动稳定性的要求。

4.5　电器火灾的预防及扑求常识

1）电器火灾的预防

根据电器火灾和爆炸形成的主要原因，电器火灾应主要从以下几个方面进行预防：

(1) 要合理选用电器设备和导线，不要使其超负载运行。

(2) 在安装开关、熔断器时，应避开易燃物，与易燃物保持必要的防火间距。

(3) 保持电器设备的正常运行状态，特别注意线路或设备连接处的接触，以避免因连接不牢或接触不良，使设备过热。

(4) 要定期清扫电器设备，保持设备清洁。

(5) 加强对设备的运行管理。要定期检修、试验，防止绝缘损坏等造成短路。

(6) 电器设备的金属外壳应可靠接地或接零。

(7) 要保证电器设备的通风良好，散热效果要好。

2）电器火灾的扑救常识

扑救电器火灾必须根据现场火灾情况，采取适当的方法，以保证灭火人员的安全。

电器设备发生火灾或引燃周围可燃物时，首先应设法切断电源，必须注意以下事项：

(1) 处于火灾区的电器设备因受潮或烟熏，绝缘能力降低，所以拉开关断电时，要使用

绝缘工具。

(2) 剪断电线时,不同相电线应错位剪断,防止线路发生短路。

(3) 应在电源侧的电线支持点附近剪断电线,防止电线剪断后跌落在地上,造成电击或短路。

(4) 如果火势已威胁邻近电器设备时,应迅速拉开相应的开关。

(5) 夜间发生电器火灾,切断电源时,要考虑临时照明问题,以利扑救。如需要供电部门切断电源时,应及时联系。

带电灭火如果无法及时切断电源,而需要带电灭火时,要注意以下几点:

(1) 应选用不导电的灭火器材灭火,如干粉、二氧化碳灭火器,不得使用泡沫灭火器带电灭火。

(2) 要保持人及所使用的导电消防器材与带电体之间有足够的安全距离,扑救人员应带绝缘手套。

5 功率因数补偿技术

功率因数是用电户的一项重要电气指标。提高负荷的功率因数可以使发、变电设备和输电线路的供电能力得到充分的发挥，并能降低各级线路和供电变压器的功率损失和电压损失，因而具有重要的意义。目前用户高压配电网主要采用并联电力电容器组来提高负荷功率因数，即所谓集中补偿法，部分用户已采用自动投切电容补偿装置；在低压电网中已推广应用功率因数自动补偿装置。对于大中型绕线式异步电动机，利用自励式进相机进行单机就地补偿来提高功率因数，节电效果显著。

5.1 功率因数概论

5.1.1 功率因数的定义

在交流电路中，有功功率与视在功率的比值称为功率因数，用 $\cos\varphi$ 表示。交流电路中由于存在电感和电容，故建立电感的磁场和电容的电场都需要电源多供给一部分不作机械功的电流，这部分电流叫做无功电流。无功电流的大小与有功负荷(即机械负荷)无关，相位与有功电流相差 90°。

三相交流电路功率因数的数学表达式为：

$$\cos\varphi=\frac{P}{S}=\frac{P}{\sqrt{P^2+Q^2}}=\frac{P}{\sqrt{3}UI} \tag{5.1}$$

式中：P—— 有功功率(kW)；

Q—— 无功功率(kvar)；

S—— 视在功率(kV・A)；

U—— 线电压有效值(kV)；

I—— 线电流有效值(A)。

随着电路的性质不同，$\cos\varphi$ 的数值在 0～1 之间变化，其大小取决于电路中电感、电容及有功负荷的大小。当 $\cos\varphi=1$ 时，表示电源发出的视在功率全为有功功率，即 $S=P$，$Q=0$；当 $\cos\varphi=0$ 时，则 $P=0$，表示电源发出的功率全为无功功率，即 $S=Q$。所以负荷的功率因数越接近 1 越好。

5.1.2 企业供电系统的功率因数

1) 瞬时功率因数

瞬时功率因数由功率因数表(相位表)直接读出，或分别由功率表、电压表和电流表读

得功率、电压、电流并按式(5.1)求出，即

$$\cos\varphi=\frac{P}{\sqrt{3}UI}$$

式中：P——功率表读出的三相功率读数(kW)；

U——电压表读得的线电压读数(kV)；

I——电流表读得的电流读数(A)。

瞬时功率因数只用来了解和分析工厂或设备在生产过程中无功功率的变化情况，以便采取适当的补偿措施。

2）平均功率因数

平均功率因数指某一规定时间内功率因数的平均值，也称加权平均功率因数。平均功率因数的计算式为：

$$\cos\varphi=\frac{A_P}{\sqrt{A_P^2+A_Q^2}}=\frac{1}{\sqrt{1+\left(\frac{A_Q}{A_P}\right)^2}} \tag{5.2}$$

式中：A_P——某一时间内消耗的有功电能(kW·h)；

A_Q——某一时间内消耗的无功电能(kvar·h)。

我国电力部门每月向企业收取电费，就规定电费要按每月平均功率因数的高低来调整。

5.1.3　提高负荷功率因数的意义

由于一般企业采用了大量的感应电动机和变压器等用电设备，特别是近年来大功率电力电子拖动设备的应用，企业供电系统除要供给有功功率外，还需要供给大量无功功率，使发电和输电设备的能力不能充分利用，并增加输电线路的功率损耗和电压损失，故提高用户的功率因数有重大意义。

1）提高电力系统的供电能力

在发电和输、配电设备的安装容量一定时，提高用户的功率因数会相应的减少无功功率的供给，则在同样的设备条件下，电力系统输出的有功功率可以增加。

2）降低网络中的功率损耗

输电线路的有功功率损耗计算公式为

$$\Delta P=\frac{RP^2}{\cos^2\varphi U_N^2}\times 10^{-3}$$

由该式可知，当线路额定电压 U_N 和线路传输的有功功率 P 及线路电阻 R 恒定时，则线路中的有功功率损耗与功率因数的平方成反比。故功率因数提高，可降低有功功率损耗。

3）减少网络中的电压损失，提高供电质量

由于用户功率因数的提高，使网络中的电流减少，因此，网络的电压损失减少，网络末端用电设备的电压质量提高。

4）降低电能成本

从发电厂发出的电能有一定的总成本。提高功率因数可减少网络和变压器中的电能损耗。在发电设备容量不变的情况下，供给用户的电能就相应增多了，每千瓦时电的总成本就会降低。

5.1.4 供电部门对用户功率因数的要求

国家与电力部门对用户的功率因数有明确的规定，要求高压供电（6 kV 及以上）的工业及装有带负荷调整电压设备的用户功率因数应为 0.9 以上，要求其他电力用户的功率因数应为 0.85 以上，农业用户要求为 0.8 以上。供电部门将根据用户对这个规定的执行情况，在收取电费时分别作出奖、罚处理。

一般重要的用电大户，在设计和实际运行中都使其总降压变电所 6～10 kV 母线上的功率因数达 0.95 以上，使加上变压器与电源线路的功率损耗后，仍能保证在上级变电所测得的平均功率因数大于 0.9。

5.2 提高功率因数的方法

提高功率因数的关键是尽量减少电力系统中各个设备所需要的无功功率，特别是减少负荷从电网中取用的无功功率，使电网在输送有功功率时，少输送或不输送无功功率。

5.2.1 正确选择电气设备

（1）选择气隙小、磁阻 R_a 小的电气设备。如选电动机时，若没有调速和启动条件的限制，应尽量选择鼠笼式电动机。

（2）同容量下选择磁路体积小的电气设备。如高速开启式电动机，在同容量下，体积小于低速封闭和隔爆型电动机。

（3）电动机、变压器的容量选择要合适，尽量避免轻载运行。

（4）对不需调速、持续运行的大容量电动机，如主扇、压风机等，有条件时尽量选用同步电动机。同步电动机过激磁运行时，可以提供容性无功，提高供电系统的功率因数。

5.2.2 电气设备的合理运行

（1）消除严重轻载运行的电动机和变压器，对于负荷小于 40%额定功率的感应电动机，在能满足启动、工作稳定性等要求的条件下，应以小容量电动机更换或将原为三角形接法的绕组改为星形接法，降低激磁电压。对于变压器，当其平均负荷小于额定容量的 30%时，应更换变压器或调整负荷。

（2）合理调度安排生产工艺流程，限制电气设备空载运行。

（3）提高维护、检修质量，保证电动机的电磁特性符合标准。

（4）进行技术改造，降低总的无功消耗。如改造电磁开关使之无压运行，即电磁开关吸合后，电磁铁合闸电源切除仍能维持开关合闸状态，减少运行中无功消耗，以及绕线式感应电动机同步化，使之提供容性无功功率等。

5.2.3 人工补偿提高功率因数

人工补偿提高功率因数的做法就是采用供应无功功率的设备来就地补偿用电设备所需要的无功功率,以减少线路中的无功输送。当用户在采用了各种“自身提高”措施后仍达不到规定的功率因数时,就要考虑增设人工补偿装置。人工补偿提高功率因数一般有四种方法。

1) 并联电力电容器组

利用电容器产生的无功功率与电感负载产生的无功功率进行交换,从而减少负载向电网吸取无功功率。并联电容器补偿法具有投资省、有功功率损耗小、运行维护方便、故障范围小、无振动与噪声、安装地点较为灵活的优点;缺点是只有有级调节而不能随负载无功功率需要量的变化进行连续平滑的自动调节。

2) 采用同步调相机

同步调相机实际上就是一个大容量的空载运行的同步电动机,其功率大都在 5 000 kW 以上,在过励磁时,它相当于一个无功发电机。其显著的优点是可以无级调节无功功率,但也有造价高、功损耗大、需要专人进行维护等缺点。因而它主要用于电力系统的大型枢纽变电所,来调整区域电网的功率因数。

3) 采用可控硅静止无功补偿器

这是一种性能比较优越的动态无功补偿装置,由移相电容器、饱和电抗器、可控硅励磁调节器及滤波器等组成。其特点是将可控的饱和电抗器与移相电容器并联,电容器可补偿设备产生的冲击无功功率的全部或大部分;当无冲击无功功率时,则利用由饱和电抗器所构成的可调感性负荷将电容器的过剩无功吸收,从而使功率因数保持在要求的水平上。滤波器可以吸收冲击负荷产生的高次谐波,保证电压质量,这种补偿方式的优点是动态补偿反应迅速、损耗小,特别适合对功率因数变化剧烈的大型负荷进行单独补偿,如用于矿山提升机的大功率可控硅整流装置供电的直流电动机拖动机组等。其缺点是投资较大、设备体积大,因而占地面积也较大。

4) 采用进相机改善功率因数

进相机也叫转子自励相位补偿机,是一种新型的感性无功功率设备,只适用于对绕线式异步电动机进行单独补偿,电动机容量一般为 95～1 000 kW。进相机的外形与电动机相似,没有定子及绕组,仅有和直流电动机相似的电枢转子,并由单独的、容量为 1.1～4.5 kW的辅助异步电动机拖动。其补偿原理如下:工作时进相机与绕线式异步电动机的转子绕组串联运行,主电动机转子电流在进相机绕组上产生一个转速为 $n_2=3\,000/p$ (p 为极对数)的旋转磁场;进相机由辅助电动机拖动,顺着该旋转磁场的方向旋转;当进相机转速大于 n_2 时,其电枢上产生相位超前于主电动机转子电流 90°的感应电动势 E_{in} 并叠加到转子电动势 E_2 上,改变了转子电流的相位,从而改变了主电动机定子电流的相位,调整 E_{in} 可以使主电动机在 $\cos\varphi=1$ 的条件下运行。

这种补偿方法的优点是投资少,补偿效果彻底,还可以降低主电动机的负荷电流,节电效果显著。其缺点是进相机本身是一旋转机构,还要由一辅助电机拖动,故增加了维护和检修的负担;另外它只适宜负荷变动不大的大容量绕线转子式电动机,故应用范围受到一定的限制。

5.3 并联电力电容器组提高功率因数

5.3.1 电容器并联补偿的工作原理

在工厂中，大部分是电感性和电阻性的负载，因此总的电流 $\dot{I}$ 将滞后电压一个角度 φ。如果装设电容器，并与负载并联，则电容器的电流 $\dot{I}_C$ 将抵消一部分电感电流 $\dot{I}_L$，从而使无功电流由 $\dot{I}_L$ 减小到 $\dot{I}'_L$，总的电流由 $\dot{I}$ 减小到 $\dot{I}'$，功率因数则由 $\cos\varphi$ 提高到 $\cos\varphi'$，如图 5.1 所示。

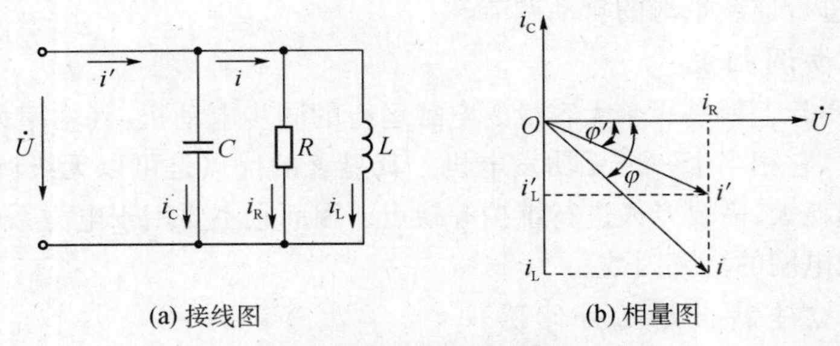

图 5.1　并联电容器的补偿原理

从图 5.1(b)所示相量图可以看出，由于增装并联电容器，使功率因数角发生了变化，所以该并联电容器又称移相电容器。如果电容器容量选择得当，可使 φ 减小到 0 而 $\cos\varphi$ 提高到 1。这就是电容器并联补偿的工作原理。

5.3.2 电容器并联补偿的电容器组的设置

在供电系统中采用并联电力电容器组或其他无功补偿装置来提高功率因数时，需要考虑补偿装置的装设地点，不同的装设地点，其无功补偿区及补偿效益有所不同。对于用户供电系统，电力电容器组的设置有高压集中补偿、低压成组补偿和分散就地补偿三种方式。它们的装设地点与补偿区的分布如图 5.2 所示。

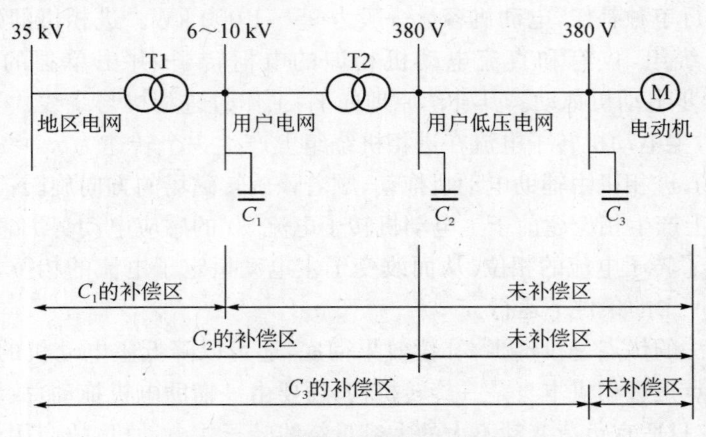

图 5.2　无功补偿的装设地点与补偿区

1）高压集中补偿

这种方式是在地面变电所 6～10 kV 母线上集中装设移相电容器组，如图 5.2 中的 C_1。高压集中补偿一般设有专门的电容器室，并要求通风良好及配有可靠的放电设备。它只能补偿 6～10 kV 母线前（电源方向）所有向该母线供电的线路上的无功功率，而该母线后（负荷方向）的用户电网并没有得到无功补偿，因而经济效果较差（针对用户）。

高压集中补偿的初期投资较低，由于用户在 6～10 kV 母线上无功功率变化比较平稳，因而便于运行管理和调节，而且利用率高，还可提高供电变压器的负荷能力。它虽然对提升本企业的技术经济效益较差，但从全局上看还是改善了地区电网，甚至提高了区域大电网的功率因数，所以至今仍是城市及大中型工矿企业的主要无功补偿方式。

2）低压成组补偿

这种方式是把低压电容器组或无功功率自动补偿装置装设在车间动力变压器的低压母线上，如图 5.2 中的 C_2。它能补偿低压母线前的用户高压电网、地区电网和整个电力系统的无功功率，补偿区大于高压集中补偿，用户本身亦获得相当好的经济效益。低压成组补偿投资不大，通常电容器安装在低压配电室内，运行维护及管理也很方便，因而正在逐渐成为无功补偿的主要方式。

3）分散就地补偿

这种方式是将电容器组分别装设在各组用电设备或单独的大容量电动机处，如图 5.2 中的 C_3。它与用电设备的停、运相一致，但不能与之共用一套控制设备。为了避免送电时的大电流冲击和切断电源时的过电压，要求电容器投运时迟于用电设备，而停运时先于用电设备，并应设有可靠的放电装置。

分散就地补偿从效果上看是比较理想的，除控制开关到用电设备的一小段导线外，其余直到系统电源都是它的补偿区。但是，分散就地补偿总的投资较大，其原因主要有二：一是分散就地补偿多用于低压，而低压电容器的价格要比同等补偿容量的高压电容器高；二是要增加开关控制设备。此外，分散就地补偿也增加了管理上的不便，而且利用率较低，所以它仅适用于个别容量较大且位置单独的负荷的无功补偿。

对负荷较稳定的 6～10 kV 高压绕线式异步电动机最理想的分散就地补偿措施是在电动机处就地安装进相机，其补偿区从电动机起一直覆盖到电源，功率因数可补偿到 1，节电效果显著，一般数月就能收回增置设备的全部费用，是一种很有发展前途的补偿方式。

5.3.3 补偿电容器组的接线方式

补偿电容器组的基本接线有三角形和星形两种。在实际工程中，高压系统的补偿电容器组常按星形接线，主要原因如下：

(1) 三角形接线的电容器直接承受线间电压，任何一台电容器因故障被击穿时，就形成两相短路，故障电流很大，如果故障不能迅速切除，故障电流和电弧将使绝缘介质分解产生气体，使油箱爆炸，并波及邻近的电容器。而星形接线的电容器组发生同样故障时，只是非故障相电容器承受的电压由相电压升高为线电压，故障电流仅为正常电容电流的 3 倍，远小于短路电流。

(2) 星形接线的电容器组可以选择多种保护方式。少数电容器故障击穿短路后，单台的保护熔断器可以将故障电容器迅速切除，不致造成电容器爆炸。

(3) 星形接线的电容器组结构比较简单、清晰，建设费用经济，当应用到更高电压等级时，这种接线更为有利。

采用三角形接线可以充分发挥电容器的补偿能力。电容器的补偿容量与加在其两端的电压有关，即

$$Q_C = UI = U^2/X_C = \omega CU^2 \text{(kvar)} \tag{5.3}$$

电容器采用三角形接线时，每相电容器承受线电压，而采用星形接线时，每相电容器承受相电压，所以有

$$Q_{CY} = \omega C(U/\sqrt{3})^2 = \omega CU^2/3 = Q_{C\Delta}/3 \text{(kvar)} \tag{5.4}$$

式(5.4)表明，具有相同电容量的三个单相电容器组，采用三角形接法时的补偿容量是采用星形接线的3倍。因此，补偿用低压电容器或电容器组一般采用三角形接线方式。

5.4 高压集中补偿提高功率因数的计算

1) 确定用户6～10 kV母线上的自然功率因数

在设计阶段，自然功率因数 $\cos\varphi_1$ 的计算式为：

$$\cos\varphi_1 = P_{ca.6}/S_{ca.6} \tag{5.5}$$

式中：$P_{ca.6}$——用户6～10 kV母线上的计算有功功率(kW)；

$S_{ca.6}$——用户6～10 kV母线上的计算视在功率(kV·A)。

在已正常生产的用户中，$\cos\varphi_1$ 的计算式为：

$$\cos\varphi_1 = \frac{A_P}{\sqrt{A_P^2 + A_Q^2}} \tag{5.6}$$

式中：A_P——用户月(年)的有功耗电量(kW·h)；

A_Q——用户月(年)的无功耗电量(kvar·h)。

2) 计算使功率因数从 $\cos\varphi_1$ 提高到 $\cos\varphi_2$ 所需的补偿容量

$$Q_C = K_{t_0} P_{ca}(\tan\varphi_1 - \tan\varphi_2) \tag{5.7}$$

式中：Q_C——所需电容器组的总补偿容量(kvar)；

K_{t_0}——平均负荷系数，计算时取0.7～0.85；

P_{ca}——用户6～10 kV母线上的计算有功负荷(kW)；

$\tan\varphi_1$、$\tan\varphi_2$——补偿前、后功率因数的正切值。

3) 计算三相所需电容器的总台数 N 和每相电容器台数 n

查表5.1选择补偿电容器型号和单台容量。

在三相系统中，当单个电容器的额定电压与电网电压相同时，电容器应按三角形接线，当低于电网电压时，应将若干单个电容器串联后接成三角形。如图5.3所示为电容器接入

电网的示意图。

按三角形接线时，单相电容器总台数 N 为：

$$N=\frac{Q_C}{q_C\left(\frac{U}{U_{N.C}}\right)^2} \quad (5.8)$$

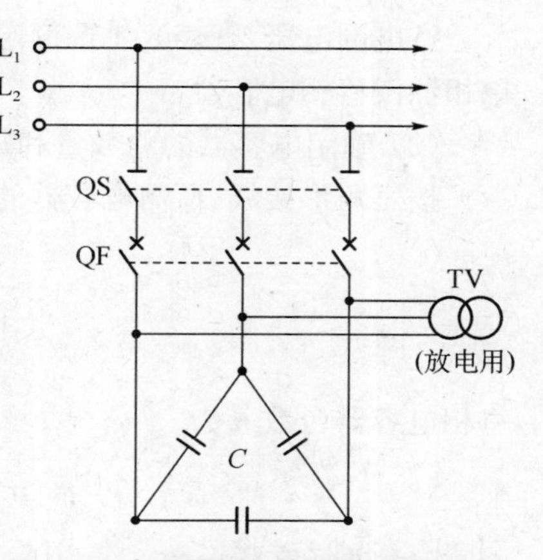

图 5.3　电容器接入电网的示意图

式中：Q_C——三相所需总电容器容量(kvar)；

q_C 一单台(柜)电容器容量(kvar)；

U——电网工作电压(电容器安装处的实际电压)(V)；

$U_{N.C}$——电容器额定电压(V)。

每相电容器的台数为：

$$n=N/3 \quad (5.9)$$

表 5.1　常用电力电容器技术数据

型　号	额定电压(kV)	标称容量(kvar)	标称电容(μF)	相　数	重量(t)
rY0.4-12-1	0.4	12	240	1	21
rY0.4-24-1	0.4	24	480	1	40
rY0.4-12-3	0.4	12	240	3	21
rY0.4-24-3	0.4	24	480	3	40
rY6.3-12-1	6.3	12	0.962	1	21
rY6.3-24-1	6.3	24	1.924	1	40
rY10.5-12-1	10.5	12	0.347	1	21
rY10.5-24-1	10.5	24	0.694	1	40

注：第一个字母 r 表示电“容”器，第二个字母 Y 表示矿物“油”浸渍。

4) 选择实际台数

算出 N 值后，考虑高压为单相电容器，故实际取值应为 3 的倍数(6～10 kV 接线为单母线不分段)，对于 6～10 kV 为单母线分段的变电所，由于电容器组应分两组安装在各段母线上，故每相电容器台数应取双数，所以单相电容器的实际总台数 N' 应为 6 的整数倍。

【例】 常州变电所 6 kV 母线月有功耗电量为 4×10^6 kW·h，月无功耗电量为 3×10^6 kvar·h，半小时有功最大负荷 $P_{30}=1\times10^4$ kW，平均负荷率为 0.8。试分析把功率因数提高到 0.95 所需电容器的容量及电容器的数目。

分析：(1) 按式(5.6)求全矿的自然功率因数

$$\cos\varphi_1=\frac{A_P}{\sqrt{A_P^2+A_Q^2}}=\frac{4\times10^6}{\sqrt{(4\times10^6)^2+(3\times10^6)^2}}=0.8$$

(2) 计算所需电容器的容量：

将功率因数由 0.8 提高到 0.95 所需电容器的容量可由式(5.7)求得：

$$Q_C=K_{t_0}P_{30}(\tan\varphi_1-\tan\varphi_2)=0.8\times1\times10^4\times(0.75-0.33)=3\,360(\text{kvar})$$

式中：$\cos\varphi_1=0.8$，$\tan\varphi_1=0.75$，$\cos\varphi_2=0.95$，$\tan\varphi_2=0.33$。

按电网电压，查表5.1选额定电压为6.3 kV、额定容量为12 kvar的YY6.3-12-1型单相油浸移相电容器。

(3) 确定电容器的总数量和每相电容器数：

按三角形接线，所需电容器的总台数N，按式(5.8)计算得：

$$N=\frac{Q_C}{q_C\left(\frac{U}{U_{N.C}}\right)^2}=\frac{3\,360}{12\times\left(\frac{6}{6.3}\right)^2}\approx 310(\text{台})$$

每相电容器台数n为

$$n=N/3=310/3=103.3(\text{台})$$

(4) 选择实际台数：

考虑大型用户变电所6 kV均为单母线分段，故取实际每相电容器数为$n'=104$个，则实际电容器的台数取为$N=312$台。

在工程实际中，常将多台电容器按相按组并按三角形接线装在一起，构成电容器柜，如GR-1C系列高压电容器柜及放电柜，其技术参数如表5.2所示。选用电容器柜时，式(5.8)中的q_C就是单柜的补偿容量。

表5.2　高压电容器柜及放电柜技术参数

型号规格	电压(kV)	每柜容量(kvar)	接法	重量(t)	外形尺寸：宽(m)×厚(m)×高(m)
GR-1C-07	6，10	12×18=216	△	0.7	1.0×1.2×2.8
GR-1C-08	6.10	15×18=270	△	0.7	1.0×1.2×2.8
GR-1C-03	6，10	(放电柜)		0.7	0.8×1.2×2.8

GR-1C系列电容器柜用于工矿企业3～10 kV变、配电所，作为改善电网功率因数的户内成套装置，由电容器柜、测量及放电柜两种柜型组成。

GR-1C系列电容器柜为横差保护型，即当柜内某一电容器发生过流时，依靠接成横差线路的电流互感器驱动主电路开关跳闸。其中一次方案为07的放电器内装BW10.5-18型电容器12台，一次方案为08的放电器内装电容器15台，补偿容量分别为216 kvar和270 kvar；一次方案为03的放电柜，内装JDZ-10/100 V电压互感器两台，电压表、转换开关各一个，信号灯三个。

6 供电系统的保护

6.1 继电保护装置

6.1.1 继电保护装置的作用和任务

在工厂供电系统中发生故障时，必须有相应的保护装置尽快地将故障设备切离电源，以防故障蔓延。当发生对用户和用电设备有危害性的不正常工作状态时，应及时发出信号通知值班人员，消除不正常状态，以保证电气设备正常、可靠地运行。继电保护装置就是指反映供电系统中电气元件发生故障或不正常运行状态，并使断路器跳闸或发出信号的一种自动装置。它的基本任务是：

① 当发生故障时，自动、迅速、有选择性地将故障元件从供电系统中切除，使故障元件免除继续遭到破坏，保障其他无故障部分迅速恢复正常运行。

② 当出现不正常工作状态时，继电保护装置动作发出信号，减负荷或跳闸，以便引起运行人员注意，及时地处理，保证安全供电。

③ 继电保护装置还可以和供电系统的自动装置，如自动重合闸装置(ARD)、备用电源自动投入装置(ARD)等配合，大大缩短停电时间，从而提高供电系统运行的可靠性。

6.1.2 继电保护装置的原理和组成

在供电系统中，发生短路故障之后，总是伴随有电流的增大、电压的降低、线路始端测量阻抗的减少，以及电流电压之间相位角等的变化。因此，利用这些基本参数的变化，可以构成不同原理的继电保护，如由于电流增大而动作的过电流保护，由于电压降低而动作的低电压保护等。

一般情况下，整套保护装置由测量部分、逻辑部分和执行部分组成，如6.1所示。

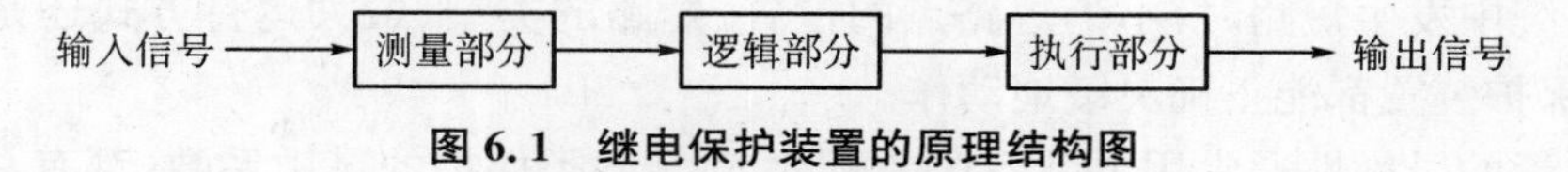

图6.1 继电保护装置的原理结构图

1）测量部分

测量从被保护对象输入的有关电气量，如电流、电压等，并与已给定的整定值进行比较，输出比较结果，从而判断是否应该动作。

2）逻辑部分

根据测量部分输出的检测量和输出的逻辑关系，进行逻辑判断，确定是否应该使断路器跳闸或发出信号，并将有关命令传给执行部分。

3）执行部分

根据逻辑部分传送的信号，最后完成保护装置所担负的任务，如跳闸、发出信号等操作。

上述这一整套保护装置通常是由触点式继电器组合而成的。继电器的类型很多，按其反映的物理量分为电量继电器和非电量继电器。

非电量继电器主要有瓦斯继电器、温度继电器和压力继电器等。

电量继电器常有下列 3 种分类方法：

（1）按动作原理，分为电磁型、感应型、整流型和电子型等；

（2）按反映的物理量，分为电流继电器、电压继电器、功率方向继电器、阻抗继电器等；

（3）按继电器的作用，分为中间继电器、时间继电器、信号继电器等。

6.1.3　对继电保护装置的基本要求

1）选择性

继电保护动作的选择性是指供电系统中发生故障时，应是靠近电源侧，距故障点最近的保护装置动作，将故障元件切除，使停电范围最小，保证非故障部分继续安全运行。如图 6.2 所示，在 k 点发生短路，首先应该是 QF_4 动作跳闸，而其他断路器都不应该动作，只有 QF_4 拒绝动作，如触点焊接打不开等情况，作为一级保护的 QF_2 才能动作，切除故障。

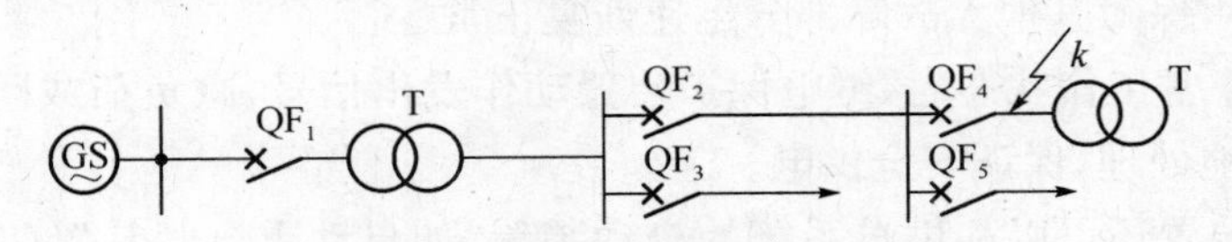

图 6.2　保护装置选择性动作

2）速动性

快速地切除故障可以缩小故障元件的损坏程度，减小因故障带来的损失，减小用户在故障时低压下的工作时间。

为了保证选择性，保护装置应带有一定时限，这就是选择性和速动性出现冲突，对工业企业继电保护系统来说，应在保证选择性的前提下，力求速动性。

3）灵敏性

保护装置的灵敏性，是指对被保护电气设备可能发生的故障和不正常运行方式的反应能力。在系统中发生短路时，不论短路点的位置、短路的类型、最大运行方式还是最小运行方式，要求保护装置都能正确灵敏地动作。

保护装置的灵敏性通常用灵敏系数来衡量，对于各类保护的灵敏系数，都有具体的技术规定，这将在以后各节中分别讨论。

4）可靠性

保护装置的可靠性是指该保护区内发生短路或出现不正常状态时，它应该准确灵敏地动作，而在其他任何地方发生故障或无故障时，不应该动作。

6.1.4 继电保护的发展和现状

继电保护是随着电力系统的发展而发展起来的，19 世纪后期，熔断器作为最早、最简单的保护装置已经开始使用。但随着电力系统的发展，电网结构日趋复杂，熔断器早已不能满足选择性和快速性的要求；到 20 世纪初，出现了作用于断路器的电磁型继电保护装置；20 世纪 50 年代，由于半导体晶体管的发展，开始出现了晶体管式继电保护装置；随着电子工业向集成电路技术的发展，80 年代后期，集成电路继电保护装置已逐步取代晶体管继电保护装置。

随着大规模集成电路技术的飞速发展，微处理机和微型计算机的普遍使用，微机保护在硬件结构和软件技术方面已经成熟，现已得到广泛应用。微机保护具有强大的计算、分析和逻辑判断能力，有存储记忆功能，因而可以实现任何性能完善且复杂的保护原理，目前的发展趋势是进一步实现其智能化。

6.2 继电保护装置的工作电源

高压断路器的合闸、跳闸回路，继电保护装置中的操作回路、控制回路、信号回路和保护回路等所需的电源为操作电源。操作电源是保护装置最重要的组成部分之一，在任何情况下，都应保护供电的可靠性。

操作电源分交流和直流两种，具体来说有下列三种：

(1) 由蓄电池组成的直流操作电源；

(2) 整流操作电源；

(3) 由所有变压器或电压互感器供电的交流操作电源。

6.2.1 蓄电池组直流操作电源

蓄电池组是独立可靠的操作电源，它不受交流电源的影响，即使在全所停电及母线短路的情况下，仍能保证连续可靠地工作。

蓄电池电压平稳、容量大，它既适用于各种比较复杂的继电保护和自动装置，也适用于各类断路器的传动，故大型企业变电所通常用蓄电池组作操作电源。但蓄电池组操作电源需要许多辅助设备和专用房间，且存在投资大、寿命短、建造时间长、运行复杂、维护工作量大等缺点，所以在中小型变电所一般不采用蓄电池组作操作电源，而多采用整流型直流操作电源或交流操作电源。

6.2.2 整流型直流操作电源

整流型直流操作电源由于取消了蓄电池，大大节省了投资，使直流供电系统简化，建造安装速度快，运行维护方便。但当系统发生故障时，交流电压大大降低，使整流后的直流电压很低，继电保护装置无法动作，并失去事故照明，为此要求至少由两个独立电源给整流器供电，其中之一最好采用与本变电所无直接联系的电源，如附近独立的低压网络，若不具备这种条件，可采用如下方式：

(1) 将一台变压器接在电源进线断路器外侧，并能分别投向两路电源线，另一台变压器接在 6～10 kV 电压侧，如图 6.3(a)所示。

(2) 对于有两条以上进线且分列运行的变电所，可以采用如图 6.3(b)所示的互为备用的运行方式。正常时，可一台运行另一台备用，也可两台同时运行，并分别接至不同整流器组；一旦某台出现故障，则可由自动合闸装置将故障台的负荷转由另一台供电。

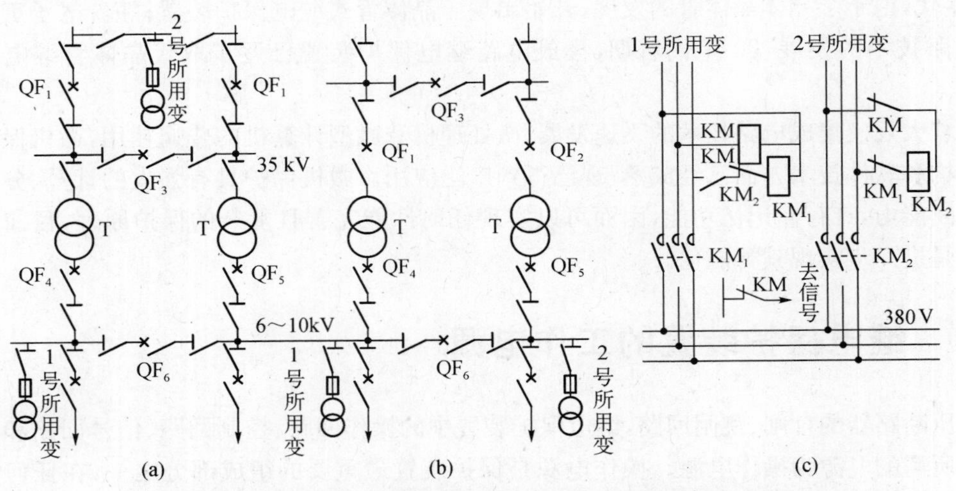

图 6.3　变电所自用电变压器接线方式与低压侧自动投入电路图

为了保证继电保护装置和自动合闸装置能正确地动作使断路器可靠地跳闸，常采取的补救措施有：

(1) 利用电容器正常时所储能量，在故障时向控制回路、信号回路以及断路器跳闸线圈回路放电，使故障元件的断路器可靠地跳闸；

(2) 利用浮充的镉镍蓄电池在故障时向保护装置和断路器的跳闸线圈供电，保证可靠动作和跳闸；

(3) 利用短路电流本身的能量为保护装置和断路器的跳闸线圈提供能源。

1) 装设补偿电容器的硅整流直流系统

装设补偿电容器的硅整流直流系统，主要由交流电源硅整流器和补偿电容器组成，如图 6.4所示。该系统一般设两组硅整流装置，一组用于合闸回路，供给断路器合闸电源，也兼向控制回路供电，由于合闸功率大，整流器 U_1 采用三相桥式整流；另一组整流装置仅用于控制信号和保护回路，容量小，采用单相桥式整流。两组整流装置 U_1 和 U_2 之间用电阻 R_1 和二极管 VD_1 隔开，VD_1 作为逆止元件，阻止控制母线上电流流向合闸母线；R_1 作为限流电阻，限制控制母线侧发生短路时流过整流二极管 VD_1 的电流；R 与操作回路流过最大负荷电流时压降不超过 15%，在 220 V 系统中，一般选 10 Ω，VD_1 可选 20 A。

补偿电容器分两组装设，并在通向控制母线 WC 侧装设逆止元件 V_2 和 V_3，防止电容器经控制母线向其他回路放电。两组储能电容器 C_1 和 C_2 所储电能，只是用于事故情况下直流母线电能下降时，馈送给直流母线。一组 C_1 供电给 6～10 kV 馈线的保护装置和断路器跳闸回路；另一组 C_2 供电给主变压器的保护装置及断路器跳闸回路。

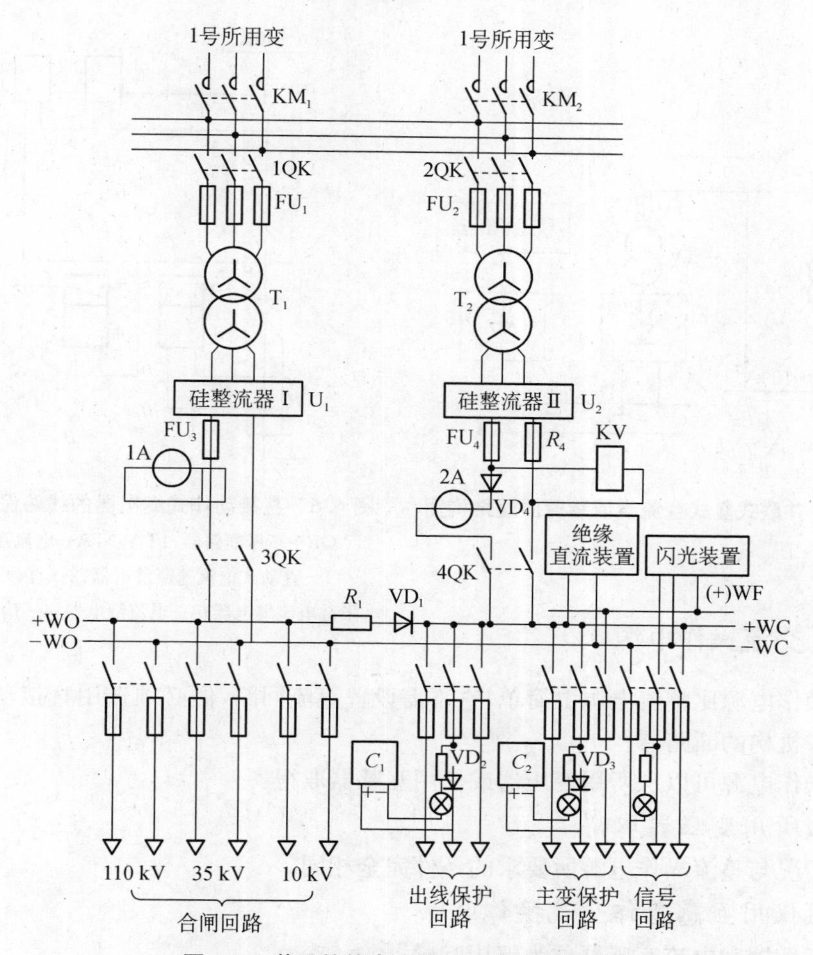

图 6.4　装设补偿电容器的硅整流直流系统

2）带镉镍蓄电池组的硅整流直流系统

带镉镍蓄电池组的硅整流直流系统，是以镉镍蓄电池代替储能电容器，所构成的一种整流型直流操作电源。它较带补偿电容器的直流电源可靠，兼有整流直流系统和蓄电池直流电源系统的优点，而且又不需要专门的蓄电池室和充电机室，所以运行、维护都比较方便，深受用户欢迎。

3）复式整流直流操作电源

复式整流的电源不仅由所用变压器或电压互感器的电压源供电，而且还由反映故障电流的电流互感器电源供电，其原理及接线如图 6.5 所示。

在正常运行时由交流电压源整流系统获得直流操作电源，当主电路发生短路时，一次系统电压降低，此时由电流源经稳压器和整流装置获得稳定的直流操作电源，以满足变电所在正常和故障情况下的继电保护、信号以及断路器的跳闸需要。

运行经验表明，复式整流直流系统电源电压不稳定，损失大，噪声大，一旦全所停电，则操作电源也随之消失，无法应急操作，故目前已很少使用。

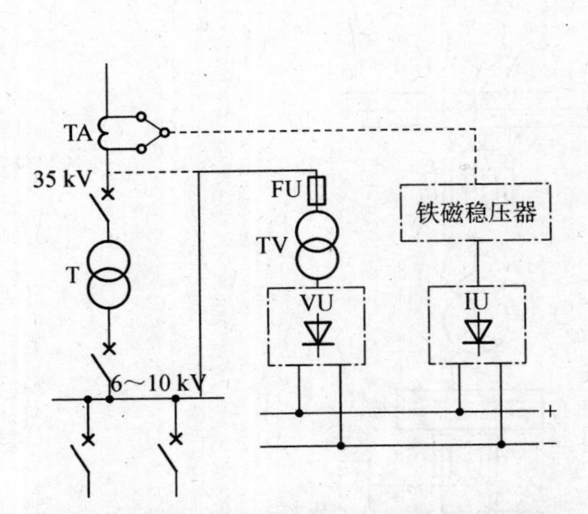

图 6.5　并联式复式整流直流装置原理结构图

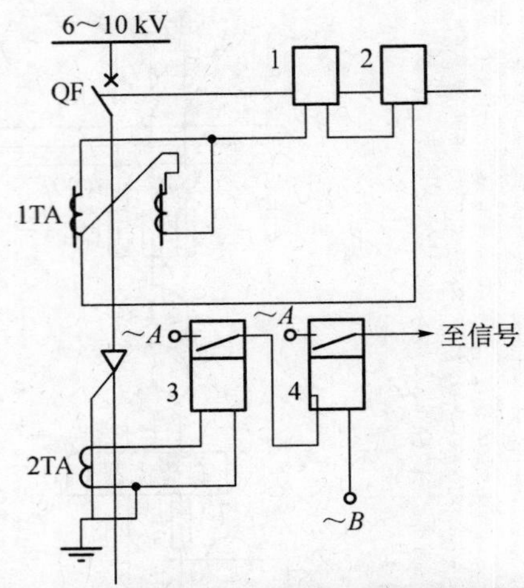

图 6.6　直接动作式继电器的线路保护接线图

QF—高压断路器；1TA，2TA—电流互感器；1—直动式电流速断继电器；2—直动式反时限过电流继电器；3—电流继电器；4—信号继电器

6.2.3　交流操作电源

交流操作电源比整流电源更简单，它不需设置直流回路，但必须选用直接动作式继电器和交流操作机构的断路器。

交流操作电源可以从所用变压器或仪用互感器取得：

1）扫所用变压器取得

这种情况与整流操作电源所要求的条件完全相同。

2）用仪用互感器作交流操作电源

电压互感器和电流互感器称为仪用互感器。

当采用电压互感器时，由于系统故障电压的降低和 110 kV 以下电压互感器的容量较小，限制了应用范围；相反，电流互感器对短路故障及过负荷都非常灵敏，能有效地实现交流操作电源的过电流保护。

图 6.6 为采用直接动作式继电器的线路保护接线。

交流操作电源可以简化二次接线，省去昂贵的蓄电池，工作可靠，便于维护，但不能构成比较复杂的保护用电源，同时，在操作时可能使互感器的误差不满足要求，因而只在小型变电所手动合闸的断路器上使用。

6.3　电流互感器的连接方式及误差曲线

6.3.1　电流互感器的误差

电流互感器在工作时，由于本身存在励磁损耗和磁饱和的影响，使一次实际电流 $\dot{I}_1$ 与测出的一次电流 $K_i\dot{I}_1$ 在数值和相位上均有差异，这种误差通常用电流误差和相位差表示。

电流误差 f_1 为二次电流的测量值 I_2 乘以额定电流比 k_i 所得 $k_i I_2$ 与实际一次电流 I_1 之差占后者的百分数，即

$$f_1=\frac{k_i I_2-I_1}{I_1}\times 100\% \tag{6.1}$$

相位差为旋转 180°后的二次电流相量 $\dot{I}_2$ 与电流相量 $\dot{I}_1$ 之间的夹角 δ_1，并规定 $-\dot{I}_2$ 超前 $\dot{I}_1$ 时，相位差 δ_1 为正值，反之为负值。

电流互感器在不同的使用场合，对测量的误差有不同的要求，因此电流互感器根据测量时误差的大小划分为不同的准度级。目前，国内生产的电流互感器的准度级主要有 0.1、0.2、0.5、1、3、B 级和 D 级，以及 5 P、10 P 级等。0.1 级的电流测量误差为±0.1%，0.2 级的电流测量误差为±0.2%，以此类推；B 级用于过流保护，D 级用于差动保护，5 P、10 P 也用于保护。供电保护用的电流互感器的误差一般需按 10%误差曲线来校验。

6.3.2　电流互感器的 10%误差曲线

我国规程规定，用于继电保护的电流互感器的电流误差不得大于±10%，相位差不得大于 7°。一个电流互感器的输出电流幅值、相角和输入量的相对误差与接到其二次侧的负荷阻抗之和 Z_2 密切相关，如果 Z_2 大，则允许的一次电流倍数 $m=I_1/I_{N1}$（即一次侧实际电流与电流互感器额定电流的比值）就较小；反之，Z_2 小，则允许的 I_1/I_{N1} 就大。

所谓电流互感器的 10%误差曲线，是指互感器的电流误差最大不超过 10%，一次电流倍数 $m=I_1/I_{N1}$ 与二次侧负荷阻抗 Z_2 的关系曲线如图 6.7 所示，曲线通常是按电流互感器接入位置的最大三相短路电流来确定其 $I_K^{(3)}/I_{N1}$ 值，从相应型号互感器 10%曲线中找出横坐标上允许的阻抗欧姆数，使接入二次侧的总阻抗不超过 Z_2 的值，则互感器的电流误差保证在 10%以内，当然 Z_2 与接线方式有关。

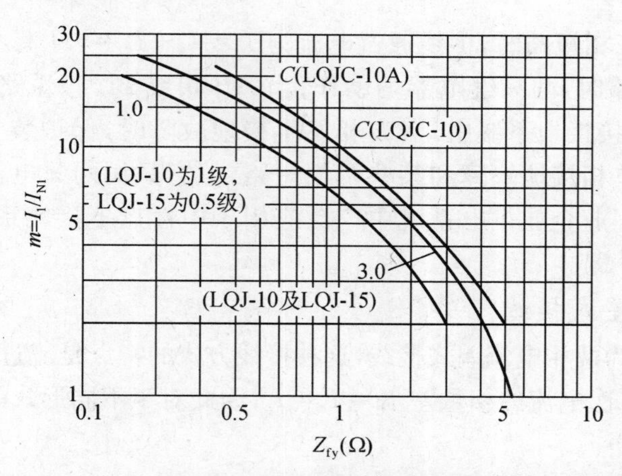

图 6.7　LQJ-10、LQJC-10 型电流互感器的 10%误差曲线

6.3.3　电流互感器的接线方式

电流互感器的接线方式是指互感器与电流继电器之间的连接方式。

为了表达流过继电器线圈的电流 I_K 与电流互感器的二次侧电流 I_{N2} 的关系，引入一个

接线系数 K_W，

$$K_W=\frac{I_K}{I_{N2}} \tag{6.2}$$

1）三相式完全星形接线

这种三相式接线采用三只电流互感器和三只电流继电器，电流互感器的二次绕组和继电器线圈分别接成星形接线，并彼此用导线相连，如图 6.8 所示。其中，$K_W=1$。

这种接线方式对各种故障都起作用，当故障电流相同时，对所有故障都同样灵敏，对相间短路动作可靠，至少有两个继电器动作，但它需要三只电流互感器和三只继电器以及四根联接导线，投资大，多适用于大接地电流系统中作相间短路和单相接地短路保护，在工业企业供电系统中应用较少。

2）两相不完全星形接线

这种两相式接线，由两只电流互感器和两只电流继电器构成。两只电流互感器接成不完全星形接线，两只电流继电器接在相线上，如图 6.9 所示。

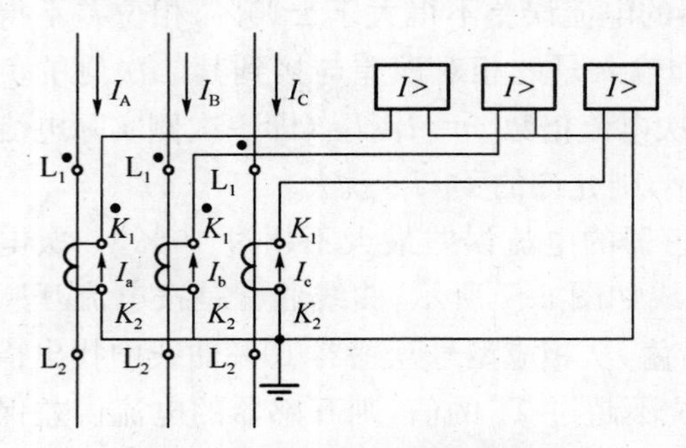

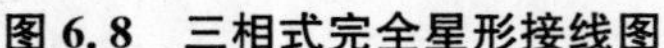
图 6.8　三相式完全星形接线图

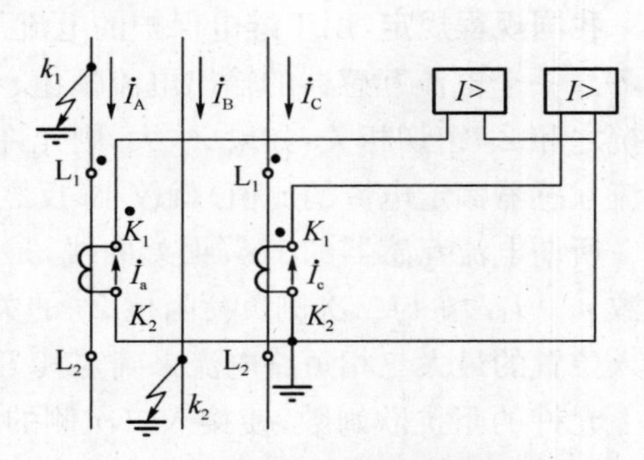

图 6.9　两相式不完全星形接线图

在正常运行及三相短路时，中线通过电流为 $\dot{I}_0=\dot{I}_a+\dot{I}_c=-\dot{I}_b$。如两只互感器接于 A 相和 C 相，AC 相短路时，两只继电器均动作；当 AB 相或 BC 相短路时，只有一个继电器动作；而在中性点直接接地系统中，当 B 相发生接地故障时，保护装置不动作。所以这种接线保护不了所有单相接地故障和某些两相短路，但它只用两只电流互感器和两只电流继电器，较经济，在工业企业供电系统中广泛应用于中性点不接地系统，作为相间短路保护用。

3）两相电流差式接线

如图 6.10 所示为两相电流差式接线，这种接线方式的特点是流过电流继电器的电流是两只电流互感器的二次电流的相量差 $\dot{I}_R=\dot{I}_a-\dot{I}_c$，因此对于不同形式的故障，流过继电器的电流不同。

在正常运行及三相短路时，流经电流继电器的电流是电流互感器二次绕线组电流的 $\sqrt{3}$ 倍，此时接线系数 $K_W=\sqrt{3}$；

当装有电流互感器的 A、C 两相短路时，流经电流继电器的电流为电流互感器二次绕组的 2 倍，此时接线系数 $K_W=2$；

当装有电流互感器的一相（A 或 C 相）与未装电流互感器的 B 相短路时，则流经电流继电器的电流等于电流互感器二次绕组的电流，此时接线系数 $K_W=1$；

当未装电流互感器的一相发生单相接地短路或某种两相接地（K_1 与 K_2 点）短路时，继电器不能反映其故障电流，因此不动作。

这种接线比较经济，但对不同形式短路故障，其灵敏度不同。所以适用于中性点不接地系统中的变压器、电动机及线路的时间保护。

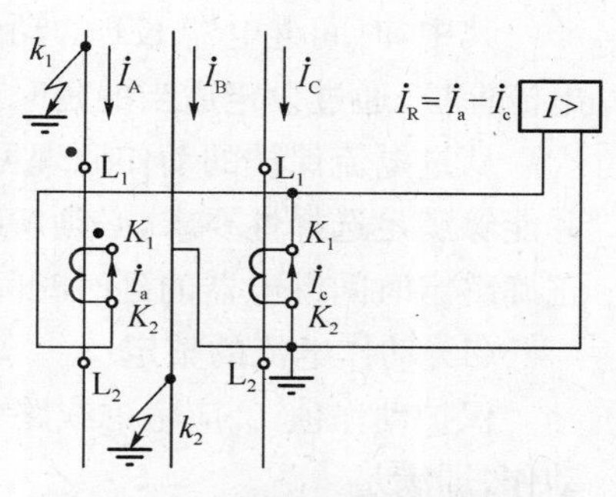

图 6.10 两相电流差式接线图

6.4 单端供电网络的保护

一般 6～10 kV 的中小型工厂供电线路都是单端供电网络。这类工厂由于厂区范围不大，线路的保护也不复杂，常设的保护装置有速断保护、过电流保护、低电压保护、中性点不接地系统的单相保护，以及由双电源供电时的功率方向保护等。

6.4.1 过电流保护

当流过被保护元件的电流超过预先设定的某个数值时就使断路器跳闸或给出报警信号的装置称为过电流保护装置，它有定时限和反时限两种。

1）定时限过电流保护装置

定时限过电流保护装置主要由电流继电器和时间继电器组成，如图 6.11 所示。

在正常工作情况下，断路器 QF 闭合，保持正常供电，线路中流过正常工作电流，过流继电器 KA_1、KA_2 均不启动。

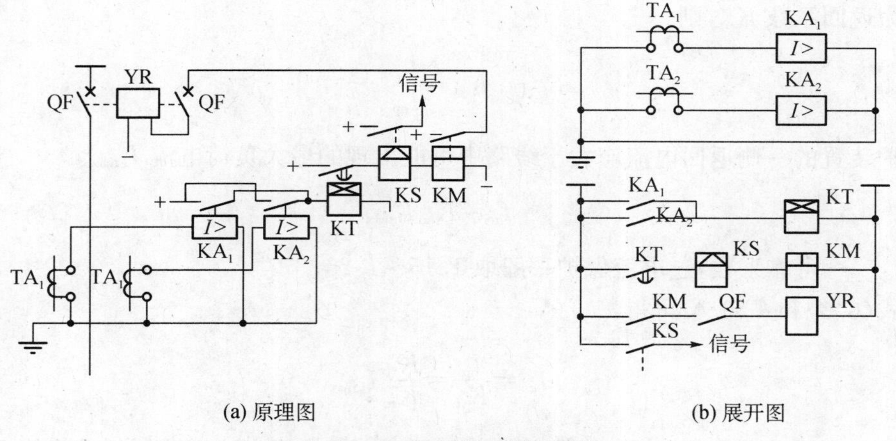

(a) 原理图　　(b) 展开图

图 6.11 定时限过电流保护

当被保护线路中发生短路事故时，线路中流过的电流激增，经电流互感器感应使电流继电器 KA 回路电流达到 KA_1 或 KA_2 的整定值，其动合触点闭合，启动时间继电器 KT，经预定延时后，KT 的触点闭合，启动信号继电器 KS，信号牌掉下，并接通灯光或音响信号 D，同时，中间继电器 KM 线圈得电，触点闭合，将断路器 QF 的跳闸线圈接通，QF 跳闸。

其中,时间继电器 KT 的动作是预先设定的,与过电流的大小无关,所以称为定时限过电流保护,通过设定适当的延时,可以保证保护装置动作的选择性。

从过电流保护的动作原理可以看出,要使定时限过电流保护装置满足动作可靠、灵敏,并能够满足选择性要求,必须解决两个问题:一是正确整定过电流继电器的动作电流;二是正确整定时间继电器的延时时间。

(1) 动作电流的整定

保护动作值 I_{op} 应考虑线路中流过的最大负荷 I_{Lmax}。电流流过时,保护装置不应引起误动作,即满足

$$I_{op} > I_{Lmax}$$

当本保护区外发生故障时,将由下级保护按保护的选择性切除故障,而此时有上述故障时,电流元件可能已经启动,则故障切除后,应保证保护装置能可靠地返回。如图 6.12 所示,当 k 点发生故障时,短路电流同时通过 KA_1 和 KA_2。它们同时启动,按照选择性,此时应该跳开 QF_2,切除故障。故障消失后,已启动的电流继电器 KA_1 应自动返回它的原始位置。

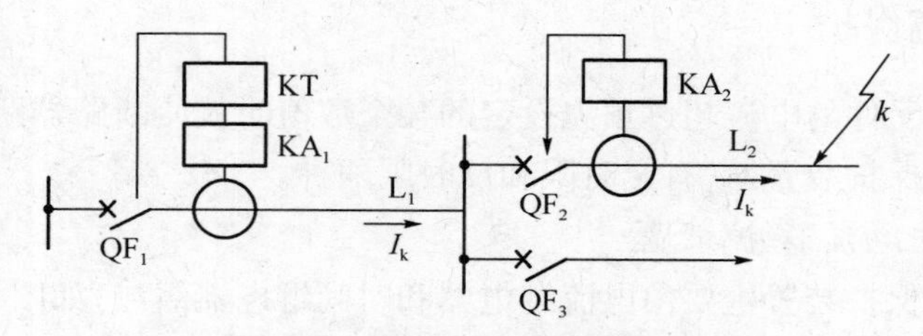

图 6.12 过电流保护启动示意图

使保护装置返回原来位置的最大电流称为返回电流,用 I_{re} 表示,返回电流与动作电流之比称为返回系数 K_{re},则

$$K_{re} = \frac{I_{re}}{I_{op}} \tag{6.3}$$

保护装置的一侧返回电流应大于线路中可能出现的最大负荷电流 I_{Lmax}。

$$I_{re} = K_{co} I_{Lmax} \tag{6.4}$$

式中:K_{co}——可靠系数,过电流保护一般取 1.15~1.25。

由式(6.3)和式(6.4)可得:

$$I_{op} = \frac{I_{re}}{K_{re}} = \frac{K_{co}}{K_{re}} I_{Lmax} \tag{6.5}$$

通过电流互感器变比 K_1 和接线系数 K_W 可求出保护用电流互感器的动作值 I_{op2}。

$$I_{op2} = \frac{I_{op}}{K_1} K_W = \frac{K_{co} K_W}{K_{re} K_1} I_{Lmax} \tag{6.6}$$

(2) 动作时间的整定

定时限过电流保护装置的动作时限的整定必须按照阶梯原则进行,即从线路最末端被

保护设备开始，按阶梯特性进行整定，每一级的动作时限比前一级保护的动作时限高一个级差 Δt，从而保证动作的选择性，如图 6.13 所示。一般 Δt 的取值范围在 0.5～0.7 s 之间，当然 Δt 的确定在保证保护选择性的前提下尽可能小，以利于快速切除故障，提高保护的速动性。

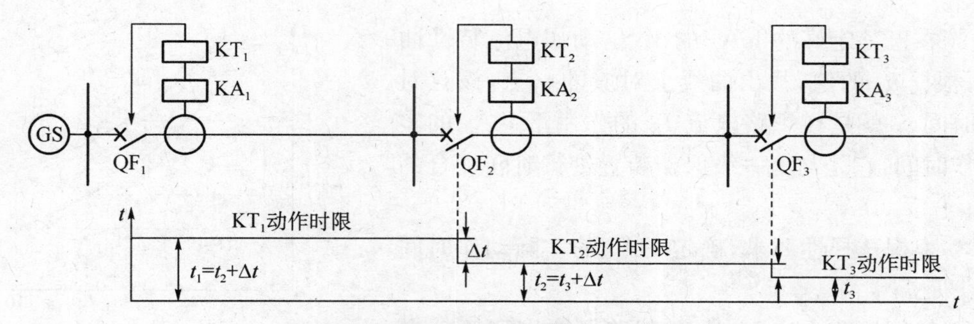

图 6.13　定时限过电流保护的时间整定

2）反时限过电流保护装置

图 6.14 所示是一个交流操作的反时限过电流保护装置原理图和展开图。

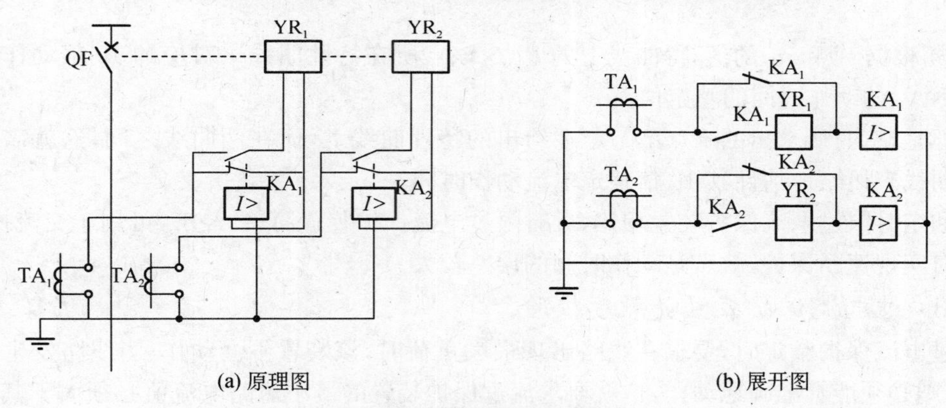

图 6.14　反时限过电流保护

图中 KA_1、KA_2 为 GL 型感应式带有瞬时动作元件的反时限过电流继电器，继电器本身动作带有时限，并有动作指示掉牌信号，所以回路不需接时间继电器和信号继电器。

当线路出现故障时，继电器 KA_1、KA_2 动作，经过一定时限后，其动合触点闭合，动断触点断开，这时断路器的交流操作跳闸线圈 YR_1、YR_2 去掉了短接分流支路而通电动作，断路器跳闸，切除故障。在继电器去分流的同时，其信号牌自动掉下，指示保护装置已经动作，故障切除后，继电器返回，但其信号牌需手动复归。

反时限过电流保护动作电流的整定与定时限过电流保护完全一样，动作时间的整定必须遵循阶梯原则。但是，由于具有反时限特性的过电流继电器动作时间不是固定的，它随电流的增大而减小，因而动作时间的整定比较复杂一些。

事实上，反时限过电流保护的动作时间是按 10 倍动作电流曲线整定的，如图 6.16 所示，因为 GL 型电流继电器的时限调整机构是按 10 倍动作电流的动作时间标度的，具体整定步骤为：

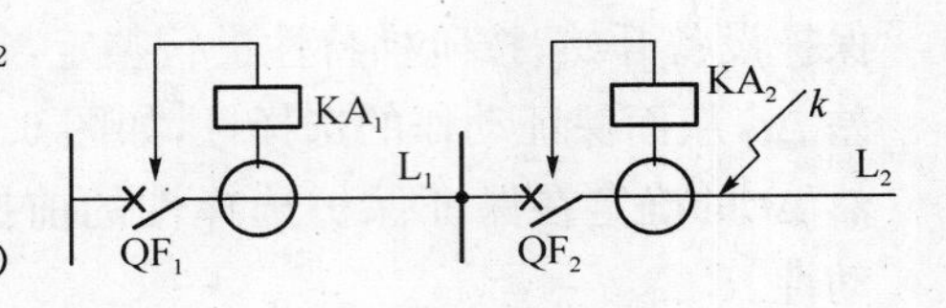

① 计算线路 L_2 首端短路电流 I_K 及继电器 KA_2 启动电流的动作电流倍数

$$n_2=\frac{I_K}{I_{op2}} \tag{6.7}$$

② 在已整定好的 KA_2 的 10 倍动作电流特性曲线上，根据 n_2 的值，找出曲线上对应的 a 点，该点对应的时间 t_2' 就是在短路电流 I_K 的作用下 KA_2 的实际动作时间，它是与上一级保护装置进行时间配合的依据；

③ 根据选择性要求，确定 KA_1 的实际动作时间 $t_1'=t_2'+\Delta t$；

④ 计算短路电流 I_K 对 L_1 线路保护装置 KA_1 启动电流的动作电流倍数

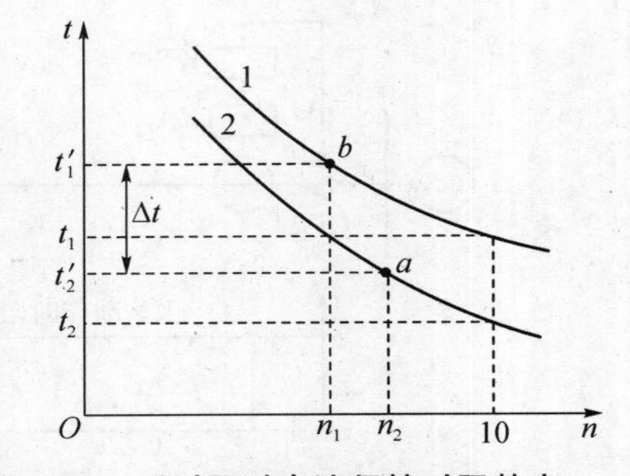

图 6.16　反时限过电流保护时限整定

$$n_1=\frac{I_K}{I_{op1}} \tag{6.8}$$

⑤ 根据 t_1' 和 n_1 的值，得曲线上的 b 点，该点所在特性曲线 1 对应的 10 倍动作时间 t_1 即为 KA_1 的动作时间的整定值。

但是，有时所求出的 b 点不一定在给出的特性曲线上，而在两曲线之间，这就需从上下两条曲线来概略地估计其 10 倍整定电流动作时间。

和定时限过电流保护装置相比，反时限过电流保护装置简单、经济，可用于交流操作，且能同时实现速断保护，缺点是动作时间的误差较大。

3）过电流保护装置灵敏度校验

过电流保护整定时，要求在线路出现最大负荷时，该装置不会动作；当线路发生短路故障时，则必须能够准确地动作，这就要求流过保护装置的最小短路电流值必须大于其动作电流值，通常需要对保护装置进行灵敏度校验。

必须指出，各种接线方式在不同的相间短路时，其灵敏度不一样，因此必须考虑接线系数。

(1) 三相短路时，各种接线的灵敏度

$$K_S^{(3)}\approx\frac{I_{Kmin}^{(3)}}{I_{op}^{(3)}} \tag{6.9}$$

(2) 三相式和两相式接线，在两相短路时的灵敏度

$$K_S^{(2)}=\frac{I_{Kmin}^{(2)}}{I_{op}^{(2)}}=\frac{I_{Kmin}^{(2)}}{\dfrac{I_{op}^{(3)}K_W^{(3)}}{K_W^{(2)}}}=\frac{\sqrt{3}}{2}\frac{I_{Kmin}^{(3)}}{I_{op}^{(3)}} \tag{6.10}$$

(3) 两相差式接线，在 A、C 相短路时的灵敏度

$$K_S^{(2)}=\frac{I_{Kmin}^{(2)}\frac{\sqrt{3}}{2}I_{Kmin}^{(3)}}{I_{op}^{(2)}\frac{\sqrt{3}}{2}I_{op}^{(3)}}-\frac{I_{Kmin}^{(3)}}{I_{op}^{(3)}} \tag{6.11}$$

两相差式接线，在 A、B 或 B、C 两相短路时的灵敏度

$$K_S^{(2)}=\frac{I_{Kmin}^{(2)}}{I_{op}^{(2)}}=\frac{\frac{\sqrt{3}}{2}I_{Kmin}^{(3)}}{\sqrt{3}\,I_{op}^{(3)}}=\frac{1}{2}\frac{I_{Kmin}^{(3)}}{I_{op}^{(3)}} \tag{6.12}$$

为了保证保护装置具有足够的反映故障能力，必须校验其最小灵敏度 K_{Smin}，要求 $K_{Smin}^{(2)}\geqslant 1.5$。

6.4.2 电流速断保护

在过电流保护的时限整定中，过电流保护越靠近电源的线路，其动作时限越长，而其短路电流越大，则危害也越大，显然这不符合保护速动性的原则。因此，一般当电流保护时限大于 1 s 时，要求装设速断保护。

速断保护是一种不带时限的过电流保护，其动作原理相当于取消了时间继电器的定时限过电流保护。速断保护的选择性是由动作电流的整定来保证的，其动作电流要求避开下一级线路首端最大三相短路电流，以保证不产生误动作。

如图 6.16 所示，KA_1 应该按照 K_1 在最大短路电流时整定，即

$$I_{op}=K_{co}I_K^{(3)} \tag{6.13}$$

相应的继电器动作电流为

$$I_{op2}=\frac{K_W K_{co}}{K_1}I_K^{(3)} \tag{6.14}$$

式中：$I_K^{(3)}$——被保护线路末端最大短路电流；

K_{co}——可靠系数，DL 型继电器取 1.2～1.3，GL 型继电器取 1.5～1.6。

由速断保护动作电流的整定过程可见，速断保护不能保护线路的全长，在线路末端会出现一段不能保护的“死区”，这无法满足可靠性的原则。因此，速断保护往往与带时限的过电流保护配合使用。

速断保护灵敏度用系数最小运行方式下保护装置安装处的两相短路电流进行校验，

$$K_{Smin}=\frac{K_W I_K^{(2)}}{K_1 I_{op2}}\geqslant 1.5 \tag{6.15}$$

6.4.3 中性点不接地系统的单相接地保护

1）绝缘监视装置

在工厂变电所常设三只绕组单相电压互感器或者一台三相五柱式电压互感器组成绝缘监视装置，如图 6.17，在其二次侧星形接法的绕组上接有三只电压表，以测量各相对电压，另

一个二次绕组接成开口三角形，接入电压继电器。

正常运行时，三相电压对称，没有零序电压，过电压继电器不动作，无信号发出，三只电压表读数均为相电压。

当三相系统任一相发生完全接地时，接地相对地电压为零，其他两相对地电压升高，同时在开口三角上出现近 100 V 的零序电压，使电压继电器动作，发出故障信号。

此时，运行人员根据三只电压表上的电压指示，判断出故障相，但还不能判断是哪一条线路，可依据逐一短时断开线路来寻找。这种方法只适用于引出线不多，又允许短时停电的中小型变电所。

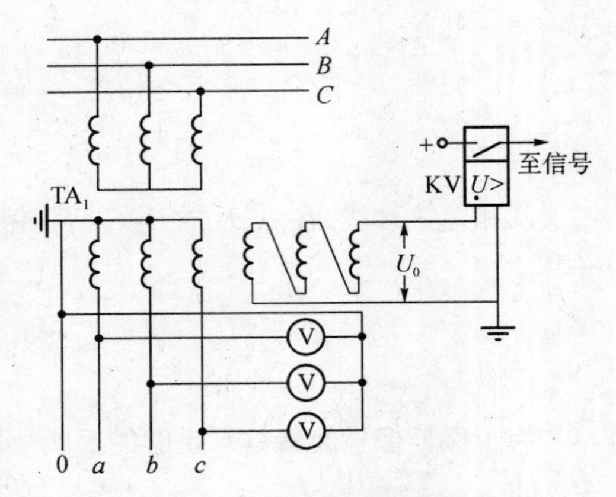

图 6.17　绝缘监视接线图

2）单相接地保护

单相接地保护是利用系统发生单相接地时所产生的零序电流来实现的。

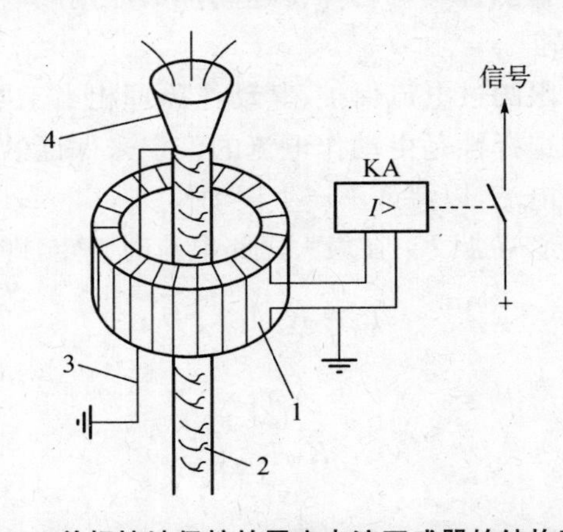

图 6.18　单相接地保护的零序电流互感器的结构和接线

1—零序电流互感器（其环形铁芯上绕二次绕组，环氧浇注）

2—电缆；3—接地线；4—电缆头；KA—电流继电器

架空线路的单相接地保护，一般采用由三个单相电流互感器同极性并联构成的零序电流过滤器。对于电缆，为了减少正常运行时的不平衡电流，都采用专门的零序电流互感器套在电缆头处。如图 6.18 所示，当三相对称时，由于三相电流之和为零，在零序电流互感器二次侧不会感应出电流，继电器不动作。当出现单相接地时，产生零序电流，从电缆头接地线流经电流互感器。在互感器二次侧产生感应电势及电流，使继电器 KA 动作，发出信号。应注意的是，电缆头的接地线在装设时，必须穿过零序电流互感器铁芯后接地，否则保护不起作用。

【例】　如图 6.19 所示，某 35 kV 供电网路，拟在保护 1 和保护 2 上分别安装三段式电流保护。保护均采用两相式接线，线路 L_1 保护用电流互感器的变比 $K_{TA}=\frac{300}{5}$，线路 L_1 中的最大负荷电流 $I_{Lmax}=210$ A。线路 $k_1k_2k_3$ 点在系统最大和最小运行方式下的三相短路电

流值分别为 $I_{k1max}^{(3)}=3\ 820$ A，$I_{k1min}^{(3)}=3\ 200$ A；$I_{k2max}^{(3)}=1\ 350$ A，$I_{k2min}^{(3)}=1\ 150$ A；$I_{k3max}^{(3)}=500$ A，$I_{k3min}^{(3)}=400$ A。试对线路 L_1 的三段式电流保护进行整定计算（保护 2 的定时限过流保护的动作时间按阶梯原则确定为 1.3 s）。

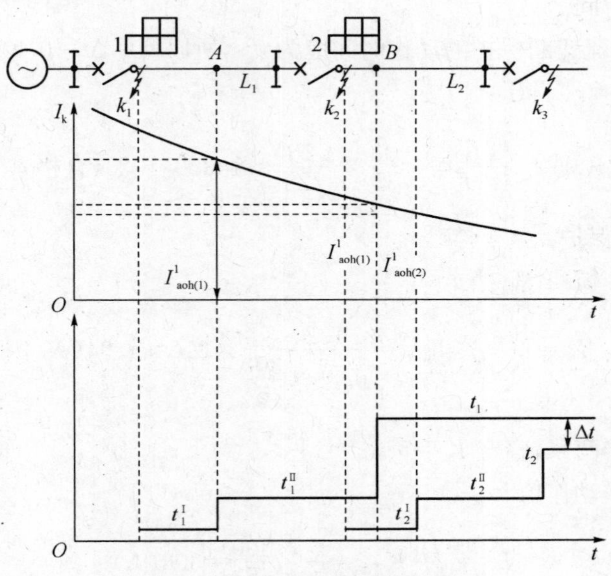

图 6.19　三段式电流保护例图

分析：(1) 无时限电流速断保护的整定计算

① 继电器动作值的确定

$$I_{ac}^{I}=\frac{K_{co}K_W}{K_{ta}}I_{k2max}^{(3)}=\frac{1.3\times1}{\frac{300}{5}}\times1\ 350\approx29.25(\text{A})$$

取 DL－11/50 继电器两只，整定 $I_{ac}^{I}=30$ A。

② 保护装置一次动作值

$$I_{ac1}^{I}=\frac{I_{ac}^{I}}{K_W}K_{ta}=\frac{30}{1}\times\frac{300}{5}=1\ 800(\text{A})$$

③ 保护的灵敏度校验

$$K_{Smin}=\frac{\sqrt{3}}{2}\frac{I_{k1min}^{(3)}}{I_{ac1}^{I}}=\frac{\sqrt{3}}{2}\times\frac{3\ 200}{1\ 800}=1.54>1.5(\text{合格})$$

(2) 带时限的电流速断保护

① 保护装置一次侧的动作值

$$I_{ac1}^{II}=K_{co}I_{ac1(2)}^{I}=1.1\times1.3\times I_{k3max}^{(3)}=1.1\times1.3\times500=715(\text{A})$$

② 继电器的动作值

$$I_{ac}^{II}=\frac{I_{ac1}^{II}}{K_{TA}}K_W=\frac{715}{\frac{300}{5}}\times1=11.9(\text{A})$$

取 DL－11/20 继电器两只，整定 $I''_{ac}=12$ A，而此时实际对应的保护装置一次侧的动作值应为 $I''_{ac1}=\frac{I''_{ac}}{K_W}K_{1A}=\frac{12}{1}\times\frac{300}{5}=720(A)$。

③ 保护的动作时间 t''_1

因为保护 2 的电流速断保护的动作时间应为 0 s，所以 $t''_1=\Delta t=0.5$ s。

④ 灵敏度校验

$$K_{sttun}=\frac{\sqrt{3}}{2}\frac{I^{(3)}_{k2min}}{I''_{ac1}}=\frac{\sqrt{3}}{2}\times\frac{1\,150}{720}\approx1.38>1.25(\text{合格})$$

(3) 定时限过流保护

① 继电器的动作值

$$I_{ac}=\frac{K_{co}K_W}{K_{re}K_{ta}}I_{Lmax}=\frac{1.2\times1}{0.85\times\frac{300}{5}}\times210\approx4.94(A)$$

取 DL－11/10 继电器两只，整定 $I_{ac}=5$ A。

② 保护装置一次动作值

$$I_{ac1}=\frac{I_{ac}}{K_W}K_{TA}=\frac{5}{1}\times\frac{300}{5}=300(A)$$

③ 保护的动作时间 t_1

$$t_1=t_2+\Delta t=1.3+0.5=1.8(s)$$

④ 灵敏度校验

$$K_{sttun}=\frac{\sqrt{3}}{2}\frac{I^{(3)}_{K2min}}{I_{ac1}}=\frac{\sqrt{3}}{2}\times\frac{1\,150}{300}\approx3.3>1.5(\text{合格})$$

6.5 变压器的保护

变压器是供电系统中十分重要的供电元件，它的故障将对供电系统的正常运行带来严重的影响，同时大容量的变压器也是十分贵重的元件，因此，必须根据变压器的容量和重要程度考虑装设性能良好、工作可靠的继电保护装置。

变压器内部故障主要有绕组的相间短路、绕组匝间短路和单相接地短路等；变压器的外部故障最常见的是引出线上绝缘套管的故障而导致引出线的相间短路或接地短路故障。变压器非正常工作状态有：由于外部短路和过负荷而引起的过电流、油面的过度降低、油温的升高等。

根据上述类型的故障和非正常运行状态，对中小型工厂变压器装设的保护如表 6.1 所示。

表 6.1 中小型变压器保护选择表

<table>
<tr><th rowspan="2">变压器容量(kV·A)</th><th colspan="5">保护装置</th><th rowspan="2">备 注</th></tr>
<tr><th>过电流保护</th><th>电流速断保护</th><th>瓦斯保护</th><th>单相接地保护</th><th>温度信号</th></tr>
<tr><td><400</td><td>—</td><td>—</td><td>—</td><td>—</td><td>—</td><td>一般采用 FU 保护</td></tr>
<tr><td>400～750</td><td rowspan="2">一次侧采用断路器时装设</td><td rowspan="2">一次侧采用断路器，且过电流保护时限大于 0.5 s 时装设</td><td>车间内变压器装设</td><td rowspan="2">低压侧干线 $Y/Y_0 12$ 接线变压器装设</td><td>—</td><td rowspan="2">一般用 GL 型过电流继电器</td></tr>
<tr><td>800</td><td>装设</td><td>装设</td></tr>
<tr><td>1 000～1 800</td><td>装设</td><td>过电流保护时限大于 0.5 s 时装设</td><td>装设</td><td>—</td><td>装设</td><td></td></tr>
</table>

对于大容量总降变压器一般还装设纵差保护作为主保护。

6.5.1 变压器的过电流、速断和过负荷保护

1）过电流保护

变压器的过电流保护主要是对变压器外部故障进行保护，也可作为变压器内部故障的后备保护，400 kV·A 以下的变压器多采用带时限过电流保护，其动作电流和动作时限的整定与线路保护完全一样。

$$I_{op2}=\frac{K_W K_{co}}{K_1 K_{re}} I_{tin} \tag{6.16}$$

式中：I_{tin}——变压器一次侧额定电流。

变压器过电流保护常用的接线形式有：

(1) 两相差式。这种方式当未装电流互感器的中间相低压单相接地时，其他两相高压侧有$\frac{1}{3}I'_K$的故障电流流过，继电保护虽能反映，但其灵敏度低。

(2) 两相三继电器非全星形接线。

(3) 低压侧中间相短路时，流过第三个继电器的电流为非故障继电器相电流之和，灵敏度提高了一倍。

2）电流速断保护

电流速断保护主要是对变压器的内部短路故障进行保护。

因为内部故障十分危险，可能会引起爆炸，变压器速断保护原理与线路保护相同，其动作电流按下式整定：

$$I_{op2}=\frac{K_{co} K_W}{K_1} I_{Kmax} \tag{6.17}$$

式中：I_{Kmax}——变压器二次侧三相短路电流换算到一次侧值。

变压器速断保护的灵敏度 $K_{Smin} \geqslant 2$。

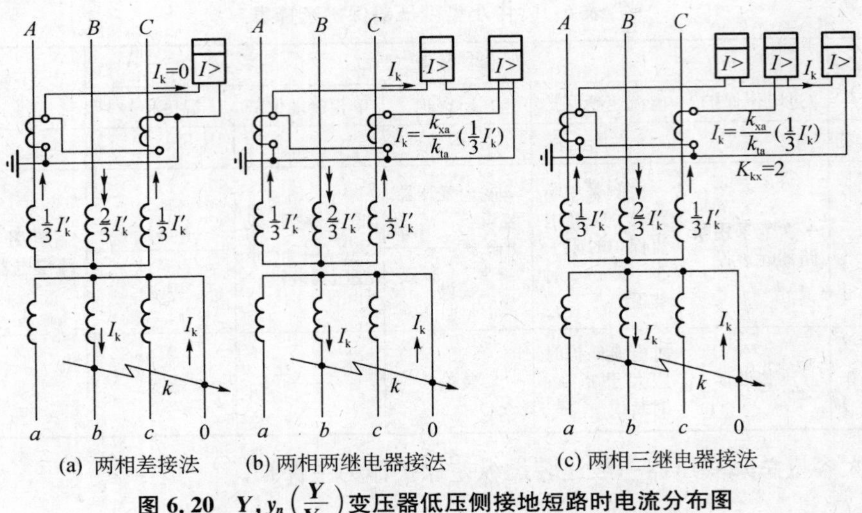

(a) 两相差接法　(b) 两相两继电器接法　(c) 两相三继电器接法

图 6.20　$Y,y_n\left(\frac{Y}{Y_0}\right)$变压器低压侧接地短路时电流分布图

6.5.2　瓦斯保护原理

变压器的瓦斯保护主要用来监视变压器油箱内的故障。当变压器内发生故障时，在电弧的作用下，将使变压器中的油和其他绝缘材料分解产生气体，瓦斯保护就是利用这种气体来实现保护的装置。

瓦斯保护的主要元件是瓦斯继电器，装设在变压器油枕与油箱之间的连通管上，如图 6.21 所示。瓦斯继电器内具有两对触点，分别反映变压器内的故障和事故，并作用于信号或跳闸。当变压器内发生故障时，电流产生的电弧使附近的油气化，产生少量气体并逐渐上升，使联通管及瓦斯继电器内的油面下降，继电器上面一对触点接通，发出报警信号。

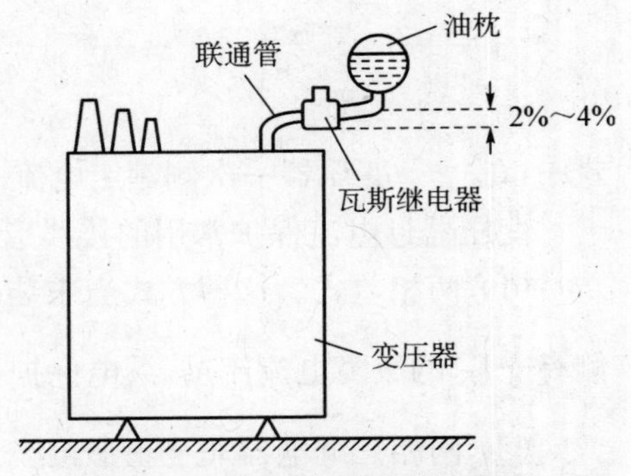

图 6.21　瓦斯继电器安装示意图

6.6　高压电动机过电流保护

高压电动机在运行过程中，可能会发生各种短路故障或不正常运行状态。如定子绕组相间短路，单相接地故障，供电网电压和频率的降低而使电动机转速下降等，这些故障或不正常运行状态，若不及时发现并加以处理，会引起电动机严重损坏，并使供电回路电压显著降低。因此，必须装设相应的保护装置。

规程规定，对容量为 2 000 kW 以上的电动机，或容量小于 2 000 kW 但有 6 个引出线的重要电动机，应装设纵差保护；对一般电动机，应装设两相或电流速断保护，以便尽快切除故障电动机。

6.6.1　电动机的过负荷保护及相间短路保护

1）电动机的电流速断保护

电动机的相间短路是电动机最严重的故障，它会使电动机严重烧损，因此必须无时限迅速切除故障。容量在 2 000 kW 以下的电动机广泛采用电流速断作为电动机相间短路的主保护。电动机的电流速断保护常采用两相差式接线，如图 6.22(b)所示。当灵敏系数要求较高时，可采用两相不完全星形接线。

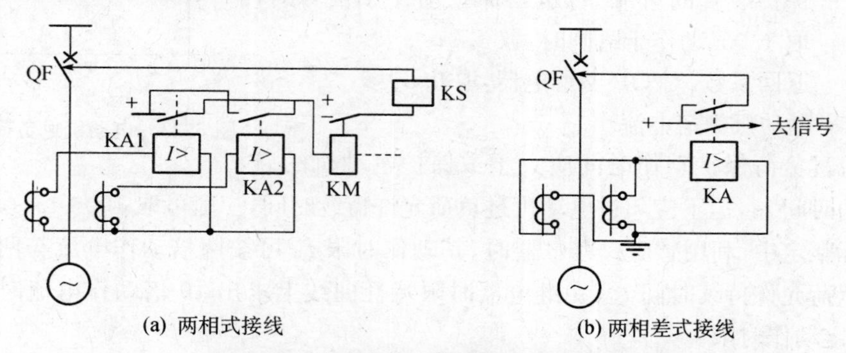

图 6.22　电动机电流速断保护原理接线图

电动机电流速断保护的动作电流应躲开高压电动机的最大启动电流，其整定应满足下式：

$$I_{\mathrm{op}}=K_{\mathrm{co}}I_{\mathrm{Slmax}}=K_{\mathrm{co}}K_{\mathrm{Sl}}I_{\mathrm{nm}} \tag{6.18}$$

保护装置的动作电流

$$I_{\mathrm{op2}}=\frac{K_{\mathrm{W}}}{K_{1}}I_{\mathrm{op}} \tag{6.19}$$

式中：I_{Slmax}，K_{Sl}——电动机的最大启动电流和启动系数；

K_{co}——可靠系数，GL 型继电器取 1.8～2；DL 型继电器取 1.4～1.6；

I_{nm}——高压电动机额定电流；

K_{W}——接线系数；

K_{1}——电流互感器变比。

电动机电流速断保护上网灵敏度可按下式校验：

$$K_{\min}=\frac{I''^{(2)}_{\mathrm{Kmin}}}{I^{(2)}_{\mathrm{op2}}}=\frac{\frac{\sqrt{3}}{2}I''^{(3)}_{\mathrm{Kmin}}}{I^{(2)}_{\mathrm{op2}}}\geqslant 2 \tag{6.20}$$

式中：$I''^{(3)}_{\mathrm{Kmin}}$——在系统最小运行方式下，电动机端子上最小三相短路电流次暂态值。

2）电动机的过负荷保护

在容易发生过载的电动机以及在机械负载情况下，不允许启动或不允许自启动的电动机上均应装设过负荷保护。根据电动机允许过热条件，电动机的过负荷保护应当具有反时限特性，过负荷倍数越大，允许过负荷的时间越短。如图 6.23 所示，反时限动作特性曲线不超过电动机过负荷允许持续时间曲线。当出现过负荷时，经整定延时保护装置发出预告信号，以便及时减负荷或者将电动机从电源中切除。

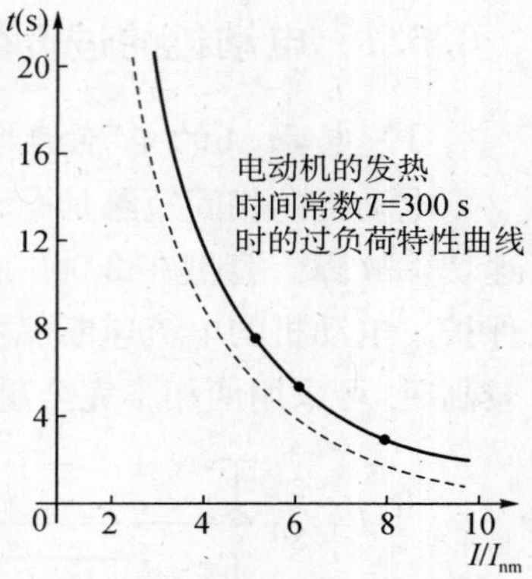

其动作电流的整定方法为

$$I_{op}=\frac{K_{co}K_W}{K_{re}K_I}I_{nm} \tag{6.23}$$

式中：K_{co}——保护装置的可靠系数，当保护动作于信号时，取 1.05，动作于跳闸时，取 1.2；

K_{re}——返回系数，对 GL 型继电器，取 0.8；

I_{nm}——电动机额定电流。

图 6.23　电动机过负荷特性曲线

电动机过负荷保护动作时间应大于被保护电动机的启动与自启动时间 t_{st}，但不应超过电动机过负荷允许持续时间，一般可取 10 ～15 s。

在实际整定中，利用感应式继电器时，其动作时限 t_{oL} 可按两倍动作电流与两倍动作电流时的过负荷允许持续时间 t_{st}，在继电器时限特性曲线上求出 10 倍动作电流时的动作时间，即为整定动作时限。

两倍动作电流时的过负荷允许持续时间 t_{oL} 可按下式计算：

$$t_{oL}=\frac{150}{\left(\frac{2I_{op2}K_1}{K_W I_{nm}}\right)^2-1} \tag{6.25}$$

6.6.2　高压电动机纵差保护

高压电动机的纵差保护多采用两相不完全星形接线，由两个 BCH－2 型差动继电器来保护，当电动机容量在 5 000 kW 以上时，采用三相星形接线，如图 6.24 所示。

电动机在启动时也会有励磁涌流产生，由此产生不平衡电流。对于采用 DL－11 型继电器构成的纵差保护，常用带 0.1 s 延时来躲过启动时励磁涌流的影响；对于由 BCH－2 型差动继电器构成的差动保护，可利用变流器及短路线圈的作用消除电动机启动时的励磁涌流的影响。

保护装置的动作电流应躲过电流互感器的二次回路断线时的最大负荷电流，按下式整定

$$I_o=\frac{K_{co}}{K_I}I_{nm} \tag{6.26}$$

式(6.26)中，K_{co}——可靠系数，对 BCH－2 型继电器取 1.3，对 DL 型电流继电器，取 1.5～2。

保护装置灵敏度系数按式(6.27)校验：

$$K_{Smin}=\frac{I_{Kmin}^{(2)}}{K_1\,\frac{I_o}{K_{co}}}\geqslant 2 \tag{6.27}$$

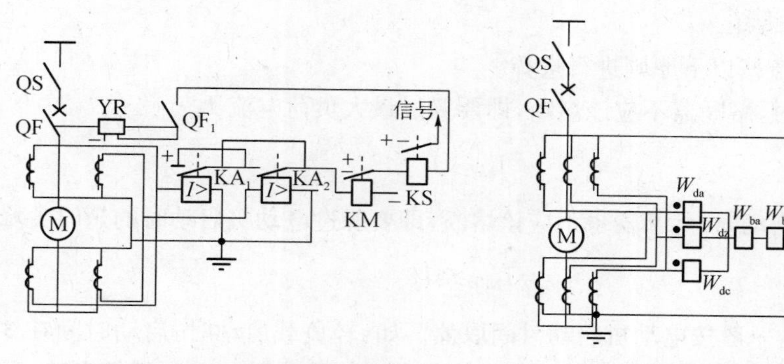

图 6.24 电动机纵差保护原理接线图

6.7 低压配电系统的保护

6.7.1 低压熔断器保护

熔断器,俗称保险器,主要对供电系统中的元件进行短路保护。当熔断器中流过短路电流时,其熔体熔断,切除故障,保证非故障元件继续正常运行。

熔断器熔体的熔断时间与流过的电流大小有关。如图 6.25 所示,电流越大,其熔断时间越短,反之就越长,我们称其为熔断器的安-秒特性曲线。

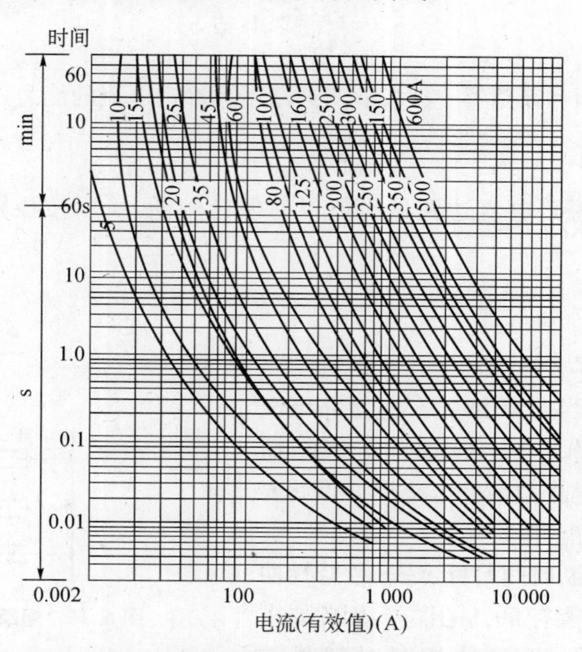

图 6.25 RM10 系列低压熔断器的安-秒特性曲线

1）熔断器的选择

熔断器熔体电流按以下原则进行选择。

(1) 正常工作时，熔断器不应该熔断，即要躲过最大负荷电流 I_{ca}

$$I_{NF} \geqslant I_{ca} \tag{6.28}$$

(2) 在电动机启动时，熔断器也不应该熔断，即要躲过电动机启动时的短时尖峰电流 I_{pc}

$$I_{NF} \geqslant kI_{pc} \tag{6.29}$$

K 为计算系数，一般按电动机启动时间取值。如：轻负载启动时，启动时间在 3 s 以下，K 取 0.25 ～0.4；重负载启动时，启动时间在 3～8 s，K 取 0. 35～0.5；频繁启动、反接制动、启动时间在 8 s 以上的重负荷启动，K 取 0. 5～0.6。

I_{PC}为电动机启动尖峰电流。单台电动机启动时，其尖峰电流为 $I_{PC}=I_{ST}=K_{ST}I_{NM}$；当配电干线上，多台电动机启动时，取最大一台的启动电流和其他 $n-1$ 台计算电流之和，$I_{PC}=I_{ao}+(K_{ST}-1)I_{NM}$，其中 K_{ST}为电动机启动电流倍数。

另外，为保证熔断器可靠工作，熔断器的额定电流必须大于熔体熔断电流，才能保证故障时熔体熔断而熔断器不被损坏。熔断器的额定电流还必须与导线允许载流能力相配合，才能有效保护线路，即

$$I_{d} \geqslant I_{FU} \geqslant I_{NF} \geqslant I_{30} \tag{6.30}$$

2）灵敏度和分断能力的校验

熔断器保护的灵敏度可按下式校验

$$K_0 = \frac{I_{Kmin}}{I_{NF}} \geqslant 4(\text{或 } 5) \tag{6.31}$$

对于普通熔断器，必须和断路器一样校验其开断最大冲击电流的能力，即

$$I_{OFF} \geqslant I_{sh}^{(3)} \tag{6.32}$$

对于限流熔断器，在短路电流达到最大值以前便已熔断，所以按极限开断周期分量值校验，即

$$I_{POFF} \geqslant I''^{(3)}_{K} \tag{6.33}$$

3）选择性的配合

如图 6.26 所示，当 k 发生短路时，短路电流 I_k 同时流过 FU_1 和 FU_2，FU_2 应该首先熔断，而 FU_1 不应该熔断，以缩小故障停电范围。因此要求有一个熔断时限的配合。

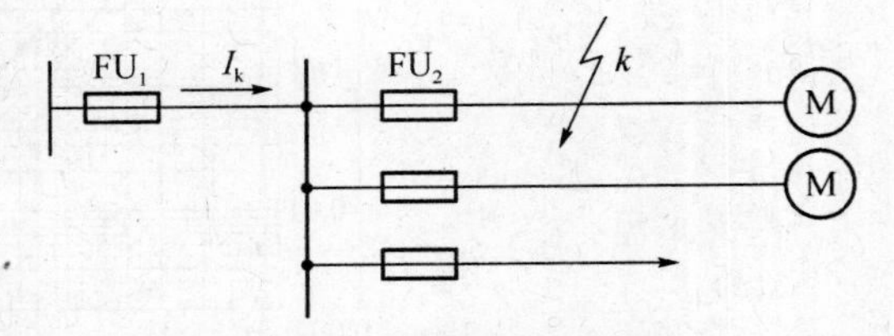

图 6.26 熔断器选择性配合

熔断器的实际熔断时间与标准安-秒特性曲线查得的熔断时间可能有 50％的误差，因此要求在前一级熔断器（如 FU_1）的熔断时间提前 50％，而后一级熔断器（如 FU_2）的熔断时间延迟 50％的情况下，仍能保证选择性的要求，即

$$t_1 > 3t_2 \tag{6.34}$$

前后两级熔断器的熔断时间相差两级以上。

6.7.2 低压断路器保护

1）低压断路器的原理

低压断路器又称为自动空气开关，主要用于配电线路和电气设备的过载、欠压、失压和短路保护。

低压断路器的结构原理如图 6.27 所示。当一次电路出现短路故障时，其过流脱扣器动作，使开关跳闸，如出现过负荷，串联在一次电路的加热电阻丝加热，双金属片弯曲，也使开关跳闸；当一次电路电压严重下降或失去电压时，其失压脱扣器动作，也会使开关跳闸；如按下按钮 9 或按钮 10，使失压脱扣器断电或使分励脱扣器通电，可使开关远离跳闸。

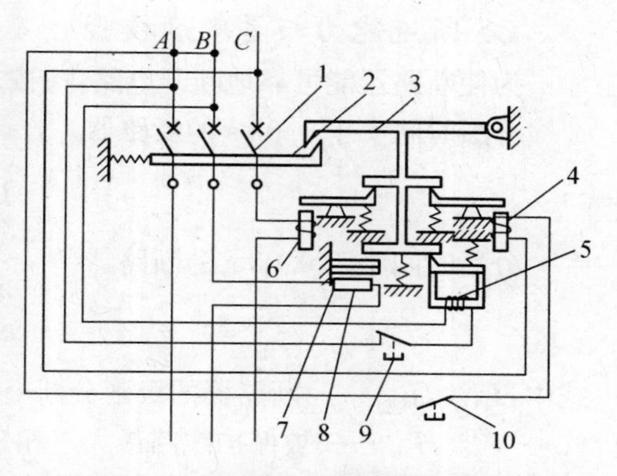

图 6.27 低压断路器的原理结构和接线

1—主触头；2—跳铸；3—锁扣；4—分励脱扣器
5—失压脱扣器；6—过流脱扣器；7—热脱扣器
8—加热电阻丝；9、10—脱扣按钮

2）低压断路器动作电流的整定

低压断路器具有分段保护特性，使保护具有选择性，可分两段式保护和三段式保护两种。

两段式保护具有过负荷长延时、短路瞬时或短路短延时三种动作特性，常用于电动机保护和照明线路的保护；具有过负荷长延时、短路短延时和短路延时三种动作特性的称为具有三段保护特性。如图 6.28 所示，常用于 200～4 000 A 的配电线路保护。

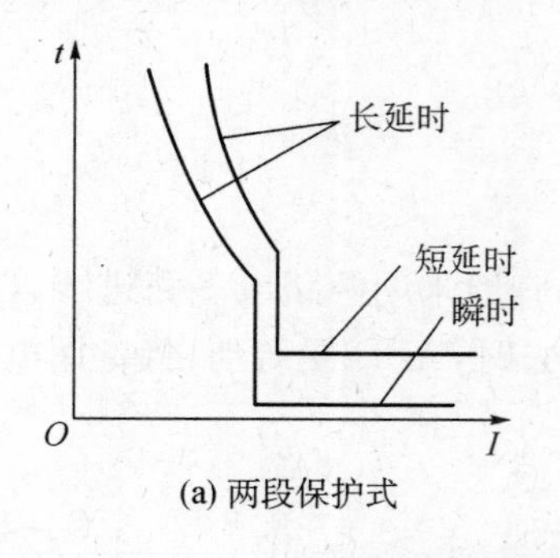

(a) 两段保护式

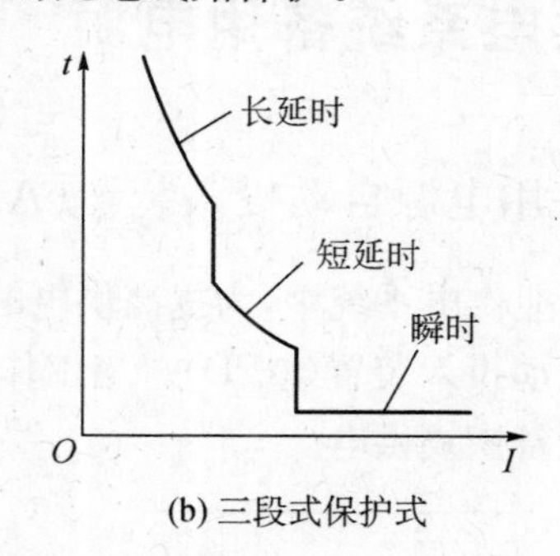

(b) 三段式保护式

图 6.28 选择型断路器的保护特性曲线

(1) 长延时过流脱扣器动作电流

长延时过流脱扣器，主要用于过负荷保护，其动作电流应按正常工作电流整定，即躲过最大负荷电流。

(2) 短延时或瞬时脱扣器动作电流

作线路保护的短延时或瞬时脱扣器动作电流，应躲过配电线路上的尖峰电流。

$$I_{AC1}=K_{CO}I_{re}=K_{CO}[I'_{srmax}+I_{30(N-1)}] \tag{6.36}$$

式中：I'_{srmax}——线路中工作负荷最大的一台电动机的全启动电流，它包括周期分量和非周期分量。其值可近似取该电动机启动电流 I_{srmax} 的 1.7 倍；

K_{CO}——可靠系数，通常取 1.2。

对于短延时脱扣器，其分断时间有 0.1 s、0.25 s、0.4 s、0.6 s 等几种。

另外，过电流脱扣器的整定电流应该与线路允许持续电流相配合，保证线路不致因过热而损坏。

3）断流能力与灵敏度校验

为使断路器能可靠地断开电路，应按短路电流校验其分断能力。

分断时间大于 0.02 s 的断路器，

$$I_{POFF}\geqslant I''^{(2)}_{K} \tag{6.37}$$

分断时间小于 0.02 s 的断路器，

$$I_{OFF}\geqslant I^{(3)}_{sh} \tag{6.38}$$

式中：I_{POFF}，I_{OFF}——断路器的极限分断交流电流周期分量有效值和开断全电流有效值；

$I''^{(2)}_{K}$，$I^{(3)}_{sh}$——被保护线路最大三相短路电流的次暂态值与冲击有效值。

低压断路器作过电流保护时，其灵敏度要求

$$K_{e}=\frac{I_{kmin}}{I_{cn}}\geqslant 1.5 \tag{6.39}$$

式中：I_{Kmin}——被保护线路最小运行方式下的短路电流。

6.8 供电系统备用电源

6.8.1 备用电源自动投入装置(APD)

在工业企业供电系统中，为提高供电的可靠性一般采用两路或多路进线，在变电所中装设备用电源自动投入装置(APD)。当工作电源失去时，APD 便启动，将备用电源自动投入，迅速对用电设备恢复供电。

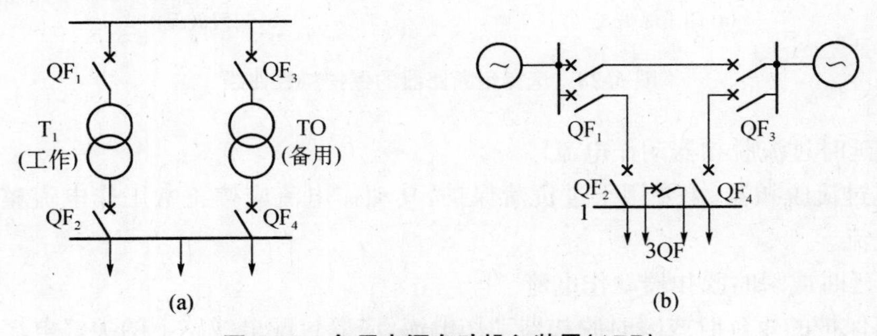

图 6.29　备用电源自动投入装置(ADP)

经常采用的 APD 有：

(1) 备用线路自动投入装置(明备用)。如图 6.29(a)所示，正常运行时，由工作线路供电。当工作线路因故障或误操作而断开时，APD 便启动，将备用线路自动投入。

(2) 分断断路器自动投入装置(暗备用)。如图 6.29(b)所示，正常运行时，一线带一变，两段母线分列运行。当任何一段母线因进线或变压器故障而使其电压降低时，APD 动作，将故障电源开关 QF_2 跳开，然后合上 QF_S 恢复供电。

1) 对备用自投装置的基本要求

① 工作电源不论因何种原因失压，APD 都应该可靠动作；

② 只有在工作电源失压、备用电源正常的情况下，APD 才可动作，并且必须先断开工作电源后，备用电源才可投入；

③ 备用电源自动投入的动作时间应尽量短；

④ 应保证 APD 装置只能动作一次，以免把备用电源合于故障母线上；

⑤ APD 装置不因电压互感器任一个熔断器熔断而误动作。

2) 备用电源自动投入装置的工作原理

现在以母线分段断路器装设的直流操作 APD(如图 6.30 所示)为例，来说明 APD 的动作原理。

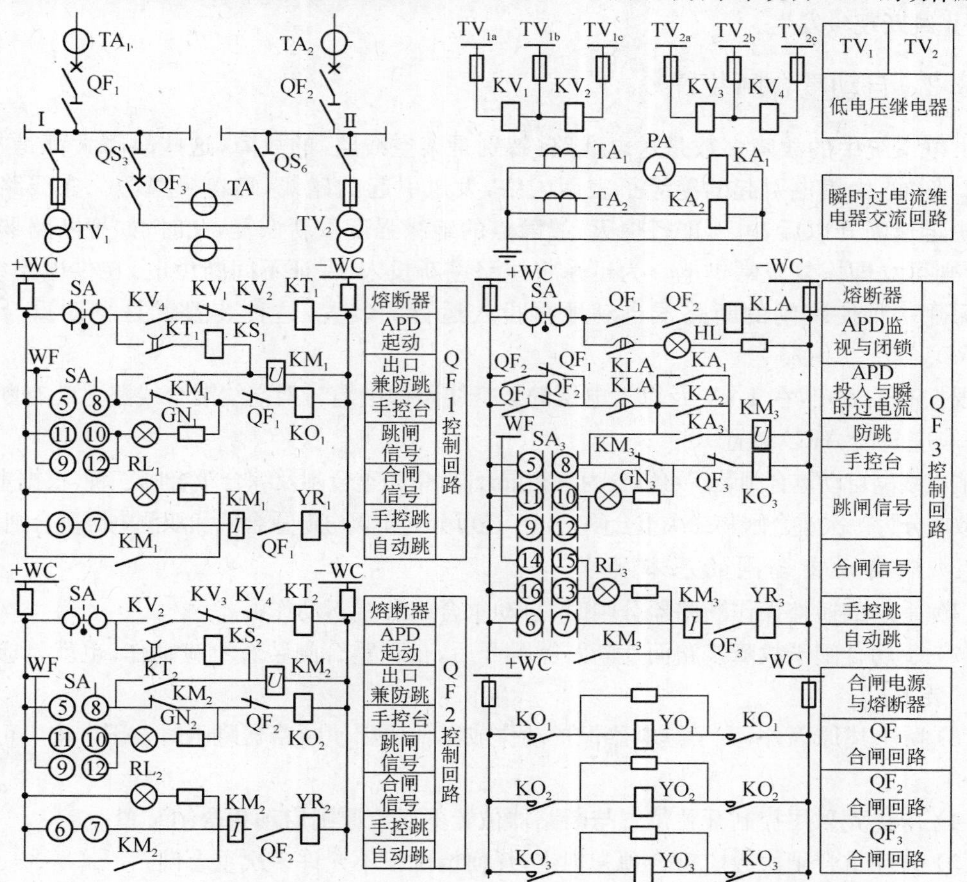

图 6.30 母线分段断路器装设的直流操作 APD 装置原理电路图

正常工作时，母线分段断路器 QF_3 是断开的，两条进线分别运行，QF_1、QF_2 处于合闸状态，其对应的动合辅助触点闭合，动断触点打开，因此，用锁继电器 KLA 经 QF_1、QF_2 的动合辅助触点，其延时复归触点闭合，灯 HL 亮，表明 APD 控制回路正常，并处于预备动作状态。

当一条进线故障，如Ⅰ号进线故障，Ⅰ段母线失压，则低压电压继电器 KV_1、KV_2 动作，其动断触点闭合，同时由于Ⅱ段备用母线正常，KV_4 线圈得电，其动合触点也闭合，此时满足 APD 启动条件。工作母线失压，备用电源正常，APD 启动，KT_1 线圈得电，经过一段延时，其触点闭合，接通中间继电器 KM_1 线圈，使其动合触点接通断路器 QF_3 的跳闸线圈，断路器跳闸。QF_1 跳开后，其动合辅助触点闭合，经 KLA 延时返回，接通 QF_3 的合闸接触器 KQ_3 线圈，合闸接触器触点闭合，接通了合闸线圈 YQ_3，断路器 QF_3 合上，投入备用电源。

如果此时 QF_3 合于故障母线，则电流互感器 TA 中检测到过电流，电流继电器 KA_1 或 KA_2 动作，其动合触点闭合，接通中间继电器 KM_3 线圈，KM_3 动合触点闭合，接通 QF_3 的跳闸线圈 YR_3，作用于断路器跳闸。同时，KM_3 动断触点打开，断开了合闸回路，KM_3 的电压线圈通过串联的一个动合触点实现自保持，直到 KLA 延时返回，以确保备自投只动作一次，防止跳跃现象发生。

6.8.2 自动重合闸装置

供电系统中的故障多数是送电线路（特别是架空线路）的故障，这些故障大都是“瞬时性”的，例如，由雷电引起的绝缘子表面闪络，大风引起的碰线，鸟兽碰撞等。在线路被继电保护迅速断开以后，电弧即行熄灭，故障点的绝缘强度重新恢复，此时，如把断路器重新合上，则可立即恢复正常供电。为迅速将线路重新投入，保证不间断供电，在供电系统中，通常采用一种使跳闸的断路器自动地再投入运行的装置，这种装置就是自动重合闸装置 ARD。

根据有关规定，在 1 kV 及以上电压的架空线路和电缆与架空线混合线路上装有断路器的，一般应装设 ARD 装置。

输电线路自动重合闸装置可以分为三相重合闸、单相重合闸及综合重合闸三种，根据重合闸的次数可分为一次重合闸和二次重合闸，另外，还可分为单侧电源重合闸和双侧电源重合闸。

1）对自动重合闸的基本要求

(1) 手动或遥控操作断路器分闸时，自动重合闸装置不动作；

(2) 手动合闸于故障线路而使断路器跳开后，自动重合闸装置不应动作，也就是应具有“防跳”装置；

(3) 除上述原因外，由于继电器保护动作或其他原因使断路器跳闸时，ARD 均应可靠地动作；

(4) 应优先采用控制开关位置与断路器位置不对应原则启动重合闸装置；

(5) 自动重合闸次数应符合预先规定，任何情况下不允许多次重合闸；

(6) 自动重合闸动作以后，应能自动复归准备好下一次动作；

(7) 应能和保护装置配合，使保护装置在 ARD 前或 ARD 后加速保护动作。

2）自动重合闸的基本原理

现以单侧电源线路三相一次自动重合闸为例，说明自动重合闸的基本工作原理。如图 6.31所示，正常运行时，断路器处于合闸状态，其动合辅助触点 QF_1 闭合，动断辅助触点 QF_2 打开，控制开关 SA 位置与断路器位置对应，SA 的 20、21 触点导通，自动重合闸控制转换开关 SA_1 导通，接通电容 C 的充电回路，经电阻 R_4 向电容器充电，同时指示灯亮，指示重合闸电源完好，电容正在充电。大约经 15～25 s 电容充电完毕，指示灯熄灭，自动重合闸已处于预备动作状态。

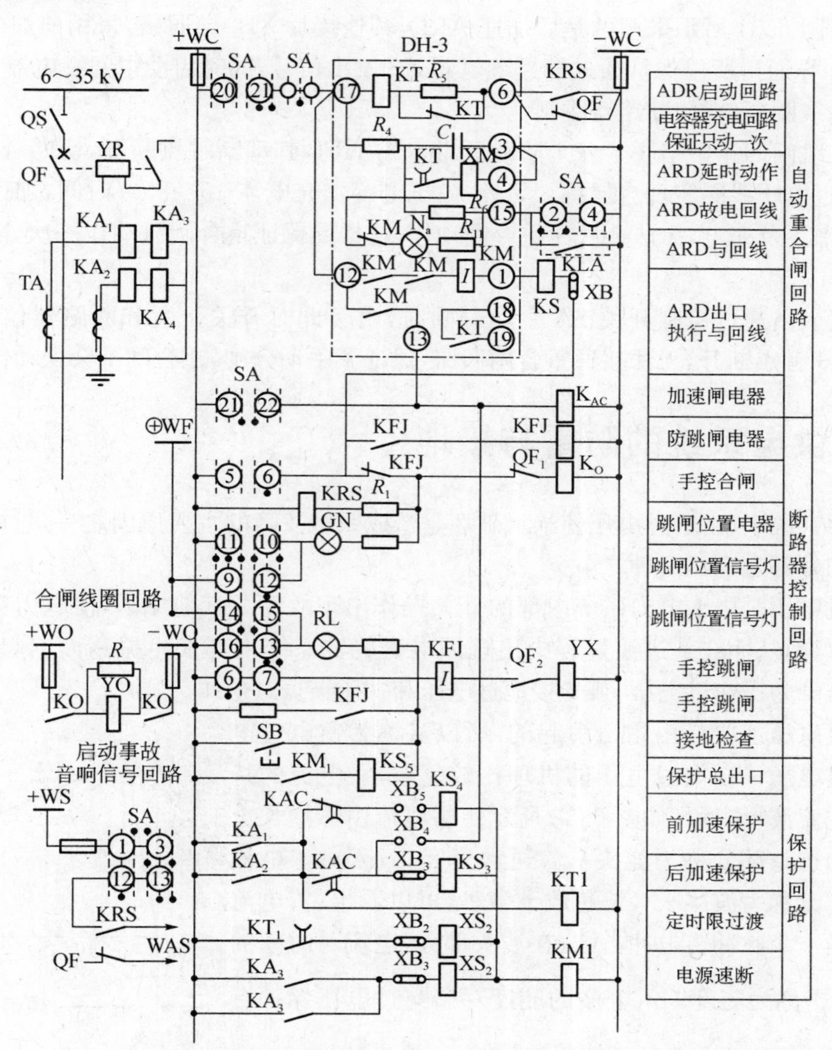

图 6.31 用 DH－2 型继电器组成的一次式 ARD 装置原理接线电路图

当线路上出现故障或其他原因使保护装置动作，断路器跳闸，其动断辅助触点 QF_1 闭合，此时，由于断路器位置与控制开关位置不对应，所以绿灯 GN 发闪光。同时，位置继电器线圈 KRS 经限流电阻 R_1→断路器辅助触点 QF_1→合闸继电器 K_0 形成回路，KRS 线圈得电，其动合触点闭合，使时间继电器 KT 动作。KT 触点延时闭合，使电容 C 对中间继电器 KM 电压线圈放电，KM 动合触点闭合，接通两条回路：一条是＋WC→SA 21、23 触点→SA_1

→DH－3 继电器的 17、12 触点→KM 的两个动合触点和 KM 电流线圈斗信号继电器 KS→连接片 XB→经防跳继电器 KFJ 动断触点和断路器动断辅助触点 QF_1 接触合闸接触器 KO，使断路器合闸；另一条回路是，接通 KAC 加速继电器，预备加速保护动作。

若此时线路上发生的是瞬时性故障，则自动重合闸合闸成功，开关位置与断路器位置一致，断路器动断触点 QF_1 打开，断路器合闸回路位置继电器失电，KRS 触点打开，时间继电器 KT 复位，电容器充电回路再次给电容充电，预备下一次动作。

若重合闸重合于永久性故障，则接于线路上的电流继电器 KA_1 和 KA_2 得电，其动合触点闭合。因图 6.31 所示采用的是后加速 ARD，其连接片 XB_3 导通（若采用前加速 ARD，则连接片 XB_5 导通），所以保护通过信号继电器 KS 发出信号，同时启动中间继电器 KM_1，接通断路器跳闸线圈，立即使断路器跳闸。

因为在跳闸回路中串联了一个防跳跃继电器 KFJ，其动断触点断开，切断合闸回路，触点闭合，通过电压线圈实现自保持。另外，由于电容器充电需 15～25 s 时间，加速保护动作以后，电容来不及充电，无法再次使重合闸动作，这样便保证重合闸只动作一次，防止跳跃现象发生。

当运行人员通过控制开关 SA 手动分闸时，由于此时开关位置和断路器位置一致，则 SA 的 21、23 触点断开，无法接通重合闸回路，保证了手动分闸，重合闸不会误动作。

6.9 供电系统的防雷与接地

在电力系统中，由于过电压使绝缘破坏是造成系统故障的主要原因之一，过电压包括内部过电压和外部过电压两种。

内部过电压是由于电力系统内部的开关操作出现故障或其他原因，使电力系统的工作状态突然改变，从而在其过渡过程中出现因电磁能在系统内部发生振荡而引起的过电压。内部过电压分为操作过电压、弧光接地过电压和铁磁谐振过电压。

外部过电压主要是由雷击引起的，所以又称为雷电过电压或大气过电压。雷电过电压的机理比较复杂，雷电流的特征常以雷电流波形表示，如图 6.32 所示。雷电流由零增长至最大幅值的这一部分称为波头 τ_{wh}，通常只有 1～4 μs。电流值下降的部分称为波尾 τ_{wl}，长达数十微秒，可以看出，雷电流（雷电压）是一个脉冲雷电冲击波，在波头部分，电流对时间的变化率 $\alpha=\dfrac{di}{dt}$称为陡度。雷电波的陡度对研究过电压保护有着重要意义。陡度越大，则产生的过电压$\left(U=L\dfrac{di}{dt}\right)$越高，对绝缘的破坏越严重。

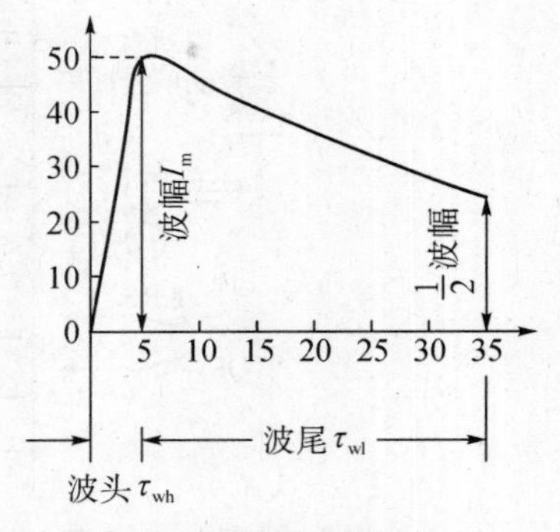

图 6.32 雷电流波形

为简化计算，在工程设计中也可采用斜角波头。这种波形与脉冲波形相比，在计算线路防雷时所得的结果是一致的。

6.9.1 雷电冲击波的基本特征

当输电线路受到雷击时，在输电线路上产生的冲击波向导线两侧流动和传播。雷电波在传导过程中用电晕及其他损耗的影响而畸变，当它到达变电所或其他结点时，还会产生折射和反射现象。现在，我们来分析雷电冲击波沿导线传播的基本规律。

1）冲击波沿导线传播的基本规律

为了简化问题，假设雷电波是沿着无损导线传播的，根据分析计算可得，线路导线的分布电感和导线对地的分布电容是冲击波传播的重要参数，并可以求出电压波和电流波幅值之比，即波阻抗

$$Z=\frac{U_m}{I_m}=\sqrt{\frac{L_0}{C_0}} \tag{6.40}$$

式中：L_0——架空导线的分布电感(H/m)；

C_0——架空导线的对地分布电容(F/m)。

波阻抗只决定于线路导线本身的参数 L_0、C_0，而与导线长度和线路终端负载的性质无关。

2）波的折射与反射

如图 6.33 所示，雷电冲击波在传播过程中遇到结点 A，由于结点两侧导线的分布参数不同，波阻抗改变，因而其电压波和电流波的幅值就会改变，产生波的折射与反射。根据分界能量守恒原则，在 A 点只能有一个电压和一个电流值。

$$U_{rw}=U_m+U_{ew} \tag{6.41}$$

$$i_{iw}=i_{in}+(-i_{ew}) \tag{6.42}$$

$$U_{in}=i_{in}Z_1 \tag{6.43}$$

$$U_{ew}=-i_{ew}Z_1 \tag{6.44}$$

$$U_{rw}=i_{rw}Z_2 \tag{6.45}$$

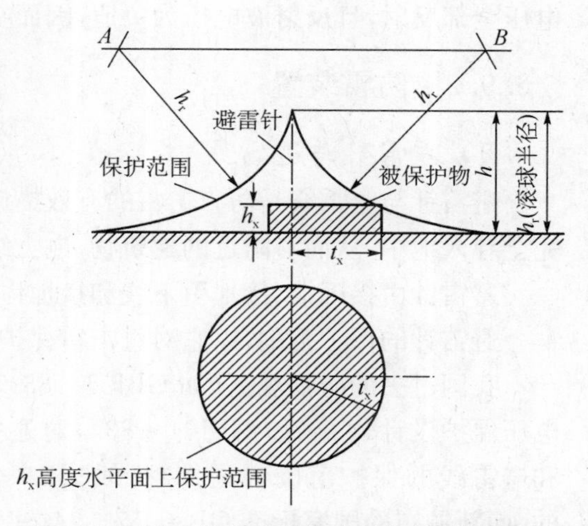

图 6.33 冲击波前进遇结点时的折射与反射

式中：U_m——侵入结点的入射波电压；

U_{rw}——结点上的折射波电压；

U_{ew}——由结点反射回去的反射波电压。

电流的正负规定为：侵入电流沿导线前进的为正，反行的电流为负。因此，由上述式子，可以得出：

$$U_m=U_{rw}+i_{ew}Z_1=i_{rw}Z_2+i_{ew}Z_1 \tag{6.46}$$

应用等值集中参数定理可以得到雷电击波的折射与反射原理的等值电路图，如图6.34所示。用等值电路来分析雷电波的传播，将十分方便。

$$2U_m=\frac{U_{rw}}{Z_2}(Z_1+Z_2) \tag{6.47}$$

$$U_{rw}=\frac{2Z_2}{Z_1+Z_2}U_{in}=2U_m \tag{6.48}$$

$$U_{ew}=U_{rw}-2U_{in}=U_m\left(\frac{2Z_2}{Z_1+Z_2}-1\right)$$

$$=\frac{Z_2-Z_1}{Z_1+Z_2}U_{in}=\beta U_{in} \tag{6.49}$$

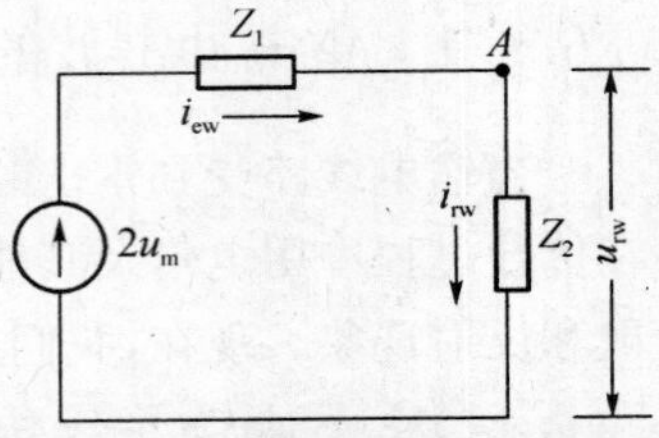

图 6.34 波投射到线路的结点 A 时计算用的等值电路

式中：α——冲击波的折射系数，$\alpha=\frac{2Z_2}{Z_1+Z_2}$；

β——冲击波的反射系数，$\beta=\frac{Z_2-Z_1}{Z_1+Z_2}$。

下面讨论几种特殊条件：

(1) 当 $Z_1=Z_2$ 时，$\alpha=1$、$\beta=0$，则 $U_{rw}=U_{in}$、$U_{ew}=0$，即经 A 点，行波仍按原来幅值前行；

(2) 当导线终端 A 点开路时，相当于 $Z_2=\infty$，此时 $\alpha=2$、$\beta=1$，则 $U_{rw}=2U_{in}$、$U_{ew}=U_{in}$，A 点电压增大到行电压的 2 倍，将严重威胁线路绝缘；

(3) 当导线 A 点短路时，相当于 $Z_2=0$，此时 $\alpha=0$、$\beta=-1$，$U_{rw}=0$、$U_{ew}=-U_{in}$，侵入波电压全部反射，且反射波电压为负值，因而在进线线路上的合成波电压为零。

6.9.2 防雷装置

1) 避雷针与避雷线

避雷针与避雷线是防直击雷的有效措施，它的作用是将雷电引向自身金属针(线)上，并完全导入地中，从而对附近的建筑物、电力线路和电气设备起保护作用。

避雷针由接闪器、接地引下线和接地体三部分组成。

避雷针的保护范围，以它对直击雷保护的空间来表示。

我国过去的防雷规范(如 GBJ57－83)和过电压保护设计规范(如 GBJ64－83)，对避雷针和避雷线的保护范围都是按“折线法”来确定的，而新颁布的国家标准 GB50057－94《建筑物防雷设计规范》则规定采用 IEC 推荐的“滚球法”来确定。

所谓滚球法，这种方法就是选择一个半径为 h_r(滚球半径)的球体，沿需要防护直击雷的部位滚动，如果球体只接触到接闪器或接闪器与地面，而不触及需要保护的部位，则该部位就在接闪器的保护范围之间，见图 6.35。

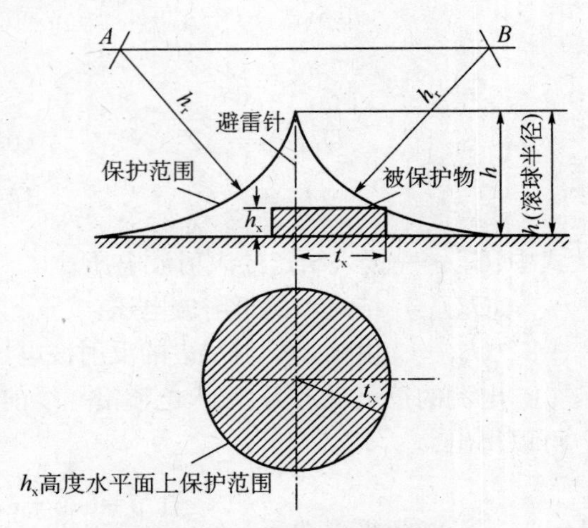

图 6.35 单支避雷针的保护范围

其具体的计算方法如下：

(1) 在距地面 h_r 处作一平行于地面的平行

线，滚球半径为 h_r，根据建筑物或被保护设备的防雷类别来确定，如表 6.2 所示。

表 6.2 滚球半径的确定

建筑物防雷类别	第一类	第二类	第三类
滚球半径 h_r(m)	30	45	60

(2) 以避雷针的针尖为圆心，h_r 为半径，作弧线交于上述平行线的 A、B 两点；

(3) 分别以 A、B 为圆心，h_r 为半径作弧线，均与针尖相交，并与地面相切，由此弧线起到地面止的整个锥形空间就是避雷针的保护范围。

(4) 在距被保护物高度 h_x 的水平面上的保护半径为：

$$r_x=\sqrt{h(2h_1-h)}-\sqrt{h_x(2h_r-h_x)}$$

以上是按避雷针高度 $h\leqslant h_r$ 的情况来计算的。如果针高 $h>h_r$，则应在避雷针上取高度为 h_r 的一点来代替避雷针针尖作圆心，其余同上。

避雷线的保护范围，其保护空间也可以用同样方法求得。

2) 避雷器

避雷器是防止雷电波侵入的主要保护设备，与被保护设备并联。当雷电冲击波侵入时，避雷器能及时放电，并将雷电波导入地中，使电气设备免遭雷击损坏。而过电压消失后，避雷器又能自动恢复到初始状态。同时，避雷器还能保护操作过电压。

避雷器可以分为管型避雷器、阀型避雷型以及金属氧化物避雷器等几种。

(1) 管型避雷器

这种避雷器实质上是一个具有灭弧能力的保护间隙，其原理结构如图 6.36 所示。

从图中可以看出，管型避雷器由外部火花间隙 S_2 和内部火花间隙 S_1 两个间隙串联组成。当高压雷电波侵入到管型避雷器内，其电压值超过火花间隙放电电压时，内外间隙同时击穿，使雷电波泄入大地，限制了电压的上升，对电气设备起到了保护的作用。

(2) 阀型避雷器

阀型避雷器是性能较好的一种避雷器。它的基本元件是装在密封磁套中的火花间隙和被称为阀片的非线性电阻，如图 6.37 所示。

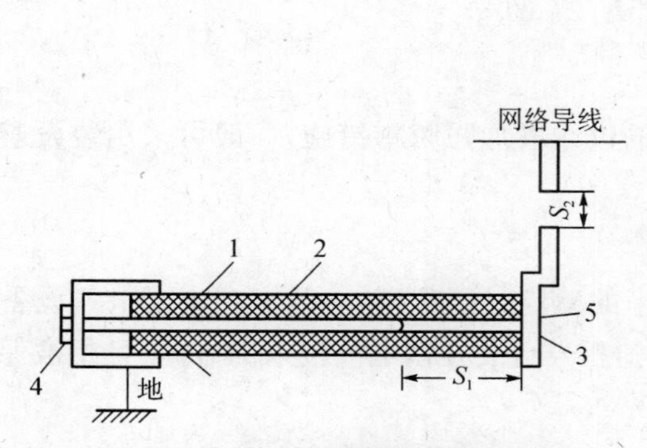

图 6.36 管型避雷器结构示意图

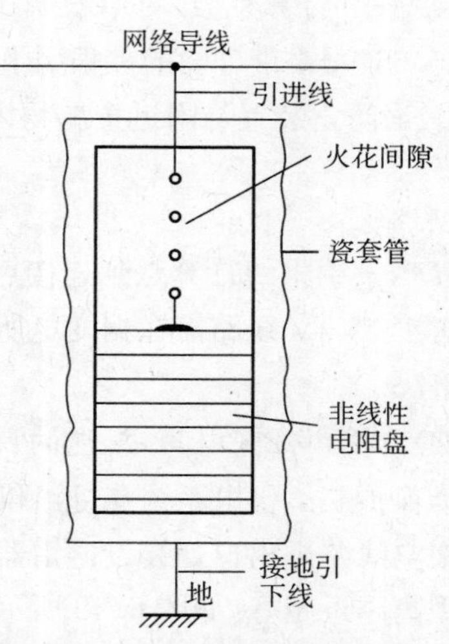

图 6.37 阀型避雷器结构示意图

阀片是金刚砂和结合剂在一定的温度下烧结而成的。阀片的电阻阻值随通过的电流值而变,当很大的雷电流通过阀片时,它将呈现很大的电导率。这样,避雷器上出现的电压不高;当阀片上加以电网电压时,它的电导率突然下降,而将工频续流限制到很小的数值,为火花间隙的断流创造了良好的条件。

(3) 金属氧化物避雷器

金属氧化物避雷器又称压敏避雷器,是一种新型避雷器,结构上无火花间隙,仅有以氧化锌或氧化铋等金属氧化物高温烧结而成的压敏电阻(阀片),它有较理想的伏安特性,阀片非线性系数很小,约为0.05。在工频电压下,阀片呈现极大的电阻,能迅速抑制工频续流,因此不需要串联火花间隙来熄灭工频续流引起的电弧。

金属氧化物避雷器具有无间隙、无续流、体积小和重量轻等优点,有取代其他各类避雷器的趋势。

6.9.3　工厂供电系统的防雷

1) 对直击雷的防护

根据运行经验表明,按规程规定装设避雷针或避雷线对直击雷进行防护,是非常可靠的。

设避雷针(线)应考虑两个方面:

(1) 应使所有被保护物处于避雷针(线)的保护范围之内;

(2) 应防止当雷电流沿引下线入地时,所产生的高电位对被保护对象发生反击现象,因而在防雷装置与被保护物之间,应保持足够的安全距离 S_k,它有两种情况:

① 当防雷装置与附近金属物体之间不连通时,安全距离 S_k 为:

$$S_k \geqslant 0.75K_c(0.4R_{sh}+0.1h)(\mathrm{m})$$

式中:R_{sh}——避雷装置冲击接地电阻(Ω);

h——引下线计算点到地面的高度(m);

K_c——计算系数,对单根引下线取1,两根引下线及接地未成闭环的多根引下线取0.66,避雷带(网)的多根引下线取0.44。

② 当防雷装置与附近金属物体之间相连时,安全距离 S_k 为:

$$S_k > 0.075K_cL(\mathrm{m})$$

式中:L——引下线计算点到连接点的长度(m)。

对于35 kV线路需在据变电所1～2 km的进线段加强防雷措施,一般可采用装设避雷线来解决。

2) 对侵入雷电冲击波的防护

为保护工厂供电系统免受沿供电线路传来的感应过压危害,一般应在主要电气设备附近和架空线路进出口处装设避雷器。原则上,避雷器应装在雷电波侵入的方向,且距被保护设备距离越近越好,如图6.38所示。

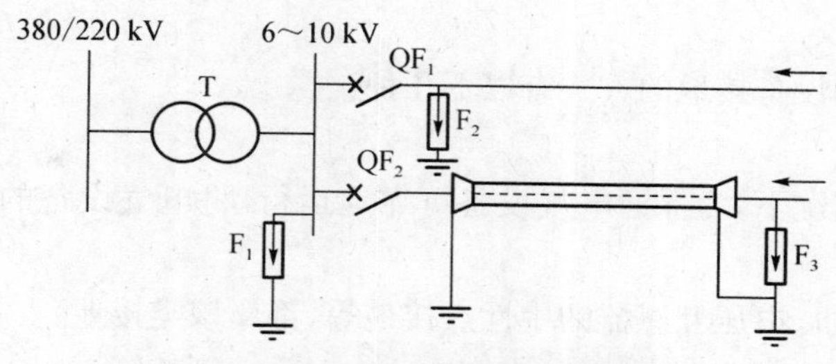

图 6.38 6～10 kV 变电所防雷保护

6.9.4 接地保护

1）接地的基本知识

电气设备的某部分与土壤间作良好的电气连接，称为接地。直接与大地接触的金属导体称为接地体，连接接地体和电气设备的导线称为接地线，接地体和接地线合称为接地装置。

当电气设备发生接地故障时，电流就通过接地体向大地作半球形散开，这一电流称为接地电流，用 I_K 表示。由于这半球形的球面在距接地体越远的地方作球面越大，所以距接地体越远的地方散流电阻越小，其电位分布如图 6.39 所示的曲线。

试验证明，在距单根接地体或接地故障点 20 m 左右的地方，实际上散流电阻已趋于零，也就是这里的电位已趋于零，这个电位为零的地方，称为电气上的“地”或“大地”。

电气设备的接地部分，如接地的外壳和接地体等，零电位的“大地”之间的电位差，就称为接地部分的外地电压，如图 6.40 中的 U_E。假如人站在 1 处触及设备外壳，人手电位为 U_E，而脚的电位为 U_1，加于人体上的电压称为接触电压 U_{lou}，此时 $U_{lou}=U_E-U_1$。对地电位分布曲线越陡，则接触电压越高。如人在接地体周围 20 m 的范围内走动，前后脚在地面电流方向的间距为 0.8 m 的电位差称为跨步电压，用 U_{step} 表示。

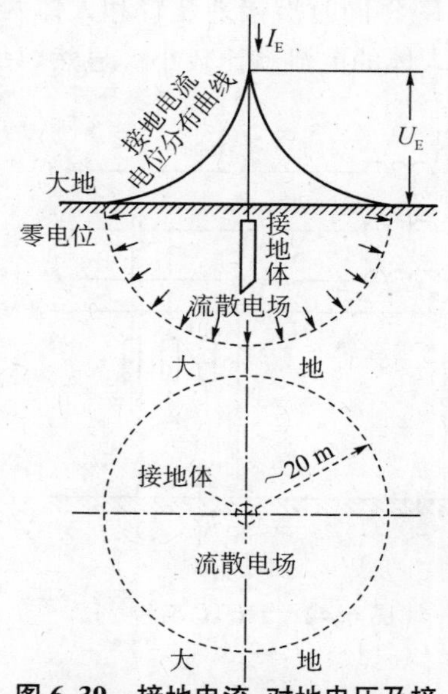

图 6.39 接地电流、对地电压及接地电流电位分布曲线

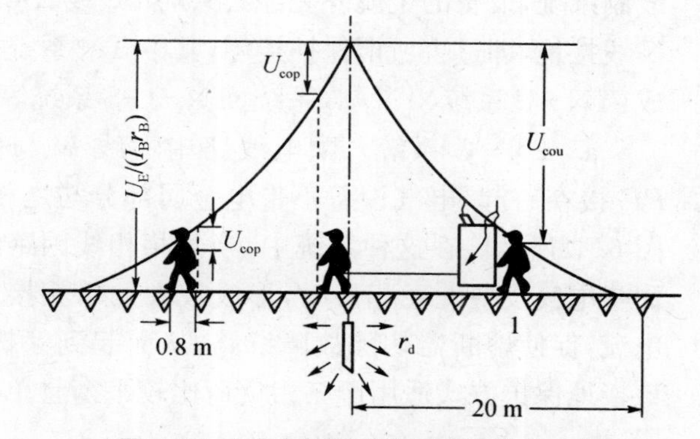

图 6.40 对地电压、接触电压、跨步电压

2）接地的类型

工厂供电系统和设备接地的方式有以下几种：

(1) 工作接地

在正常和事故情况下，为保证电气设备可靠地运行，将电气设备的某一部分进行接地，称为工作接地。

如变压器、发电机、电压互感器的中性点接地等，都属该类接地。

(2) 保护接地

电气设备的不带电金属外壳可能会由于绝缘损坏或其他难以预见原因带电，为防止外壳带电危及人身安全，常将它们的外壳可靠地接地，这种接地方式称为保护接地。

根据供电系统的中性点及电气设备的接地方式，保护接地可分为三种不同类型，即 IT 系统、TN 系统和 TT 系统。

① IT 系统

在中性点不接地的三相三线制供电系统中，将电气设备在正常情况下不带电的金属外壳及其框架等与接地体经各自的 PE 线，分别直接相连，称为 IT 系统，如图 6.41 所示。

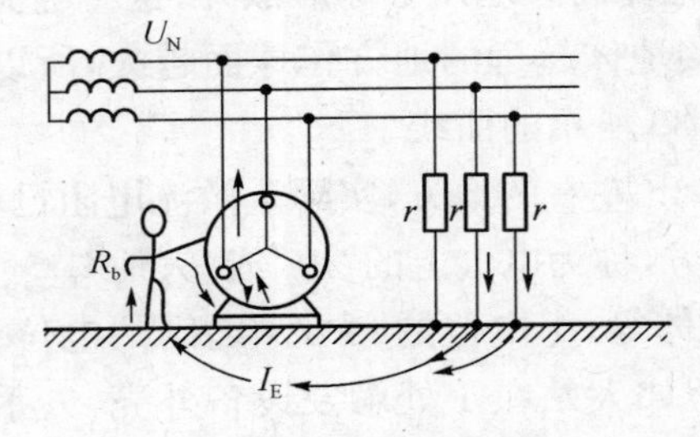

(a) 无保护接地时的电流通路

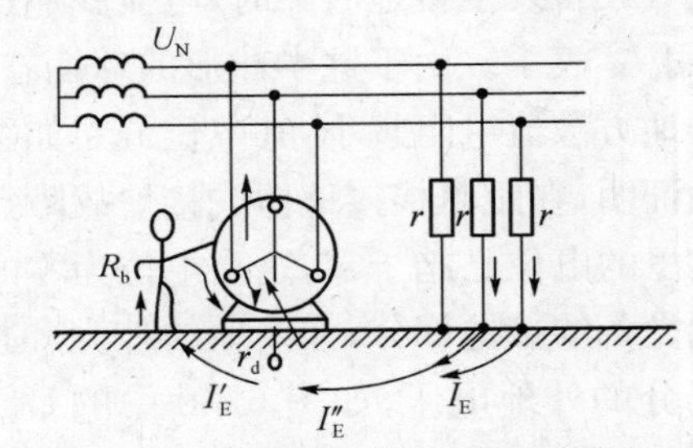

(b) 有保护接地(IT系统)时的电流通路

图 6.41　中点不接地的三相三线制供电系统无接地与有接地的触电情况

在 IT 系统中，如绝缘损坏碰壳使外壳带电，则接地电流 I_E 将同时沿接地装置和人体两条通路流通。人体电阻 R_b 比接地电阻 R_E 大得多，所以流经人体的电流就比较小。显然，只要按规程要求选择接地电阻，就不会有危险。

② TN 系统和 TT 系统

这两种系统都适用于电源大电流接地低压三相四线制系统，设备的金属外壳经公共的 PE 线、PEN 线或 N 线接地，即过去所谓保护接零，其中 TN 系统又可分成：TN－C 系统、TN－S 系统、TN－C-S 系统等几种。

a. TN－C 系统。配电线路中性线 N 与保护线 PE 接在一起，电气设备不带电金属部分与之相连，如图 6.42所示。在这种系统中，当某相相线因绝缘损坏而与电气设备外壳相碰时，形成较大的单相接地短路电流，促使熔断器切除故障线路，从而起到保护作用。该接地保护方式适用于三相负荷比较平衡且单相负荷

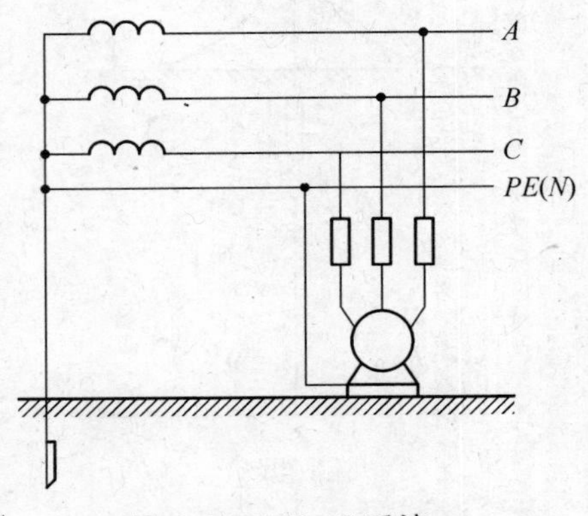

图 6.42　TN－C 系统

不大的场所。

b. TN－S系统。配电线路中性线 N 与保护线 PE 分开，电气设备的金属外壳接在保护线 PE 上，如图 6.43所示。在正常情况下，PE 线上没有电流流过，不会对接在 PE 线上的其他设备产生电磁干扰。适用于环境条件差，对安全可靠性要求较高以及设备对电磁干扰要求较严的场所。

c. TN－C－S系统。如图 6.44 所示，该系统是 TN－C 与 TN－S 系统的综合，兼有两个系统的特点，适用于配电系统局部环境条件较差或数据处理、精密检测装置等场所。

③ 重复接地

在中性点直接接地系统中，为了进一步提高安全性，除采用保护接零外，还须在零线的一处或多处再次接地，称为重复接地。其作用是当系统中发生碰壳或接地短路时，可以降低零线的对地电压；当零线一旦断线时，可使故障程度减轻。

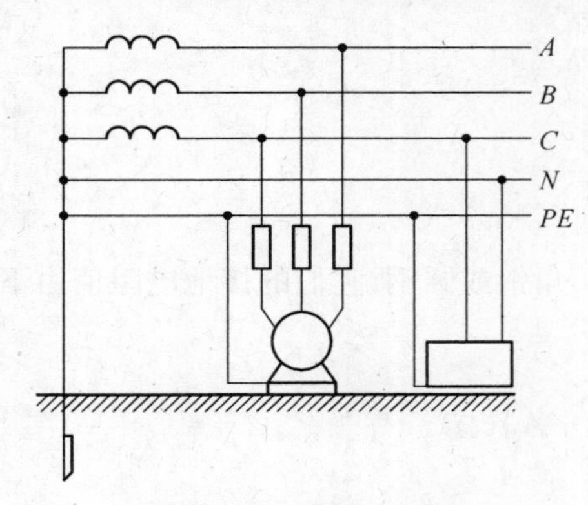

图 6.43 TN－S系统

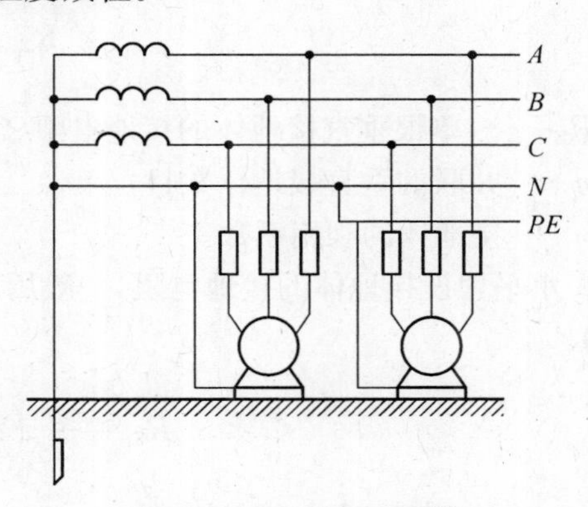

图 6.44 TN－C－S系统

3）接地装置的选择

在设计和装设接地装置时，首先应充分利用自然接地体，以节约投资。如果实地测量所利用的自然接地体电阻已能满足要求，而且这些自然接地体又满足热稳定条件时，就不必再装设人工接地装置，否则应装设人工接地装置作为补充。

可以作为自然接地体的有：建筑物的钢结构和钢筋、行车的钢轨、埋地的金属管道（可燃液体和易燃易爆气体的管道除外）以及敷设于地下面数量不少于两根的电缆金属外皮等，利用自然接地体，一定要保证良好的电气连接。

电气设备的人工接地装置的布置，应使接地装置附近的电位分布尽可能均匀，以降低接触电压和跨步电压，保证人身安全。

4）人工接地电阻的计算

（1）接地电阻的允许值

从以上分析可知，接地电阻越小，则流过人体的电流越小，越安全。但接地电阻要求越小，则工程投资将会增大，且有时在土壤电阻率较高的地区很难将电阻值降低。尽管如此，在设计和施工中要求接地装置的接地电阻决不允许超过允许值。

（2）人工接地电阻的计算

接地电阻的计算，通常忽略接地线的电阻值，而只计算在一定土质条件下接地体的接地

电阻,具体计算步骤如下:

① 垂直埋设管型接地体的接地电阻

$$R_{EV}=\frac{\rho}{2\pi l}\ln\frac{4l}{d}(\Omega)$$

式中:ρ——土壤电阻率(Ω·cm);

l——接地体的长度(cm),常取 2～2.5 cm;

d——接地钢管直径(mm),常取 50 mm。

垂直接地体如果是角钢或扁钢,可以近似等效成管钢计算。等边角钢等效直径为 $d=0.84b$,扁钢为 $d=0.5b$,其中 b 为等边角钢或扁钢的宽度。

当多根垂直接地体并联时,其总接地电阻为

$$R_{\Sigma}=\frac{R_{EV}}{n\eta} \tag{6.53}$$

式中:R_{EV}——单根垂直接地体的接地电阻(Ω);

n——并联的垂直接地体数目;

η——接地体的利用系数。

② 水平埋设接地体的接地电阻,一般用扁钢、角钢或圆钢,它们的接地电阻值由下式进行计算

$$R_{Eh}=\frac{\rho}{2\pi l}\left(\ln\frac{L^2}{dh}+A\right)(\Omega)$$

式中:L——水平接地体总长度(cm);

h——接地体埋深(cm),一般为 0.5 m 以下;

A——水平接地体的结构型式修正系数。

7 供电系统的信息化

在供电系统的变电所中，目前二次部分都采用的是机电式继电保护装置，仪表屏，操作台及中央信号系统等对供电系统的运行状态进行监控。这样的配置，结构复杂，信息采样重复，资源不能共享，维护工作量大。在供电系统中，正常操作、故障判断和事故处理是变电所的主要工作，而素质仪表不具备数据处理功能，对运行设备出现的异常状态难以早期发现，更不便于和计算机联网、通信。随着计算机技术与控制技术的发展，电网改造的需求，变电所信息化已成为发展趋势。这里主要讨论变电所信息化。

所谓变电所的信息化就是将变电所的继电保护装置、控制装置、测量装置、信号装置综合为一体，以全微机化的新型的二次设备替代机电式的二次设备，用不同的模块化软件实现传统设备的各种功能，用计算机局部网络(LAN)通信代替大量的信号电缆链接，通过人机接口设备，实现变电所信息化管理、监视、测量、控制打印记录等所有功能。

变电所的信息化特点有如下几点：

1）功能信息化

变电所信息化是建立在计算机硬件技术、数据通信技术、模块化软件技术上发展起来的，它除了直流电源以外，综合了全部的二次设备为一体，即：监控装置综合了仪表屏、模拟屏，中央信号系统、操作屏和光子牌，微机保护代替了传统的电磁炉保护。

2）微机化结构

信息化系统内的主要插件全是微机化的分布式结构，网络总线将微机保护，数据采集控制环节的 CPU 构成一个整体，实现各种功能，一个系统往往有几十个 CPU 同时并行运行。

3）操作监视屏幕化

变电所值班人员完全面对屏幕显示器对变电所进行全方位监视与操作。屏幕数据显示代替了指针式仪表读数；CRT 屏幕上的实时接线画面取代了传统的模拟屏；在操作屏上进行的跳闸合闸操作被 CRT 屏幕上图标光操作取代；光字牌报警被 CRT 屏幕画面的动态显示和文字提示所取代。从计算机屏幕上可以监视到整个变电所的运行状态。

4）运行管理智能化

由于信息化系统本身所具有的自诊断功能，它不仅能监测供电系统的一次设备，还能够实现在线自检。相应开发的专家系统，如故障判断，负荷控制系统等能对变电所实现智能化运行管理。

7.1 变电所信息化的基本功能

供电系统中变电所信息化系统的基本功能主要取决于供电系统的实际需要，技术上实现的可能性以及经济上的合理性。图 7.1 是变电所信息化基本功能框图。

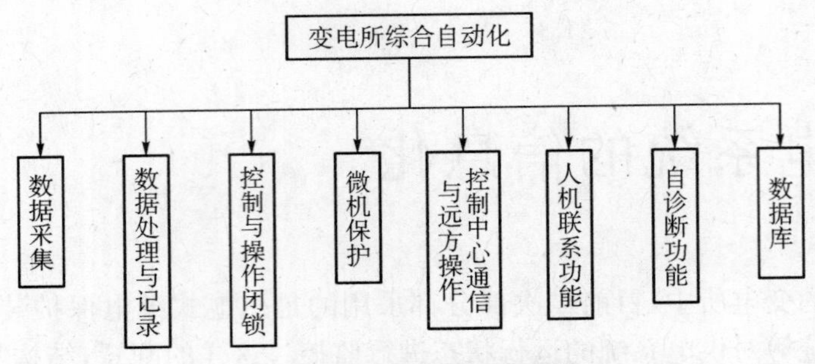

图 7.1 变电所功能信息化框图

归纳起来有如下几个方面：

数据采集

对供电系统运行参数进行在线实时采集是变电所信息化系统的基本功能之一。运行参数可归纳为模拟量、状态量和脉冲量。

(1) 模拟量

变电所中典型的模拟量有：进线电压、电流和功率值，各段母线的电压、电流，各馈电回路的电流功率，此外还有变压器的油温，电容器室的温度，直流电源电压等。

(2) 状态量

变电所中采集的状态量有：断路器与隔离开关的位置状态，一次设备运行状态及报警型号，变压器分接头位置信号，电容器的投切开关位置状态等，这些信号大部分采用光电离方式的开关量中断输入或扫描采样获得。

(3) 脉冲量

脉冲电度表输出的以脉冲信号表示的点度量。

数据处理与记录

对采集的数据定时记录，代替了值班电工复杂的抄表工作，主要有如下几种类型：

(1) 变电所运行参数的统计、分析和计算

包括变电所进线及各馈电回路的电压、电流、有功功率、无功功率、功率因数、有功电量、无功电量的统计计算；进线电压及母线电压，各次谐波电压畸变的分析，三相电压不平衡的计算；日负荷、月负荷的最大值、最小值、平均值的统计分析；各类负荷报表的生成及负荷曲线的绘制等。

(2) 变电所内各种事件的顺序记录并存档

如各开关在正常操作下的次数、发生的时间；继电保护装置和各种自动装置动作的类型、时间、内容等。

(3) 变电所内运行参数和设备的越线报警及记录

在给出声光报警的同时，记录下被检测的名称、限值、越限值、越限的百分数、越限的起止时间等。

控制与操作闭锁

可以通过变电所信息化系统 CRT 屏幕对变电所内各个开关进行操作，也可以对变压器的分接头进行调节控制，对电容器组进行投切。为了防止计数机系统故障时无法操作被控

设备，在设计上应保留人工直接跳合闸手段。

微机保护

主要包括线路保护、变压器保护、母线保护、电容器保护、备用电源的自动投入装置和自动重合合闸装置等。

与远方操作控制中心通信

本功能即常规的远动功能，在实现“四遥”（遥测、遥信、遥调、遥控）的基础上增加远方修改整定保护定值，当变电所的运行参数需要向电力部门传送时，可通过相应的接口和通道，按规定的通信规约向电力部门传送数据信息。

人机联系功能

变电所有人值班时，人机联系功能在当地监控系统的后台机（或称主机）上进行；变电所无人值班时，人机联系功能可在远方操作控制中心的主机或工作站上进行，操作人员面对的都是 CRT 屏幕，操作工具都是键盘或鼠标。

人机联系功能是用户面对变电所信息化的窗口，通过屏幕现实，可以使值班人员随时全面了解供电系统及变电所的运行状态，包括供电系统的主接线；实时运行参数；变电所内一次设备的运行状况；报警画面与提示信息；事件的顺序记录；事故记录；保护整定值；控制系统的配置显示；各种报表和负荷曲线。通过键盘可以修改保护的定值及保护类型的选定，报警的界限、设置与退出，手动与自动的设置，人工操作控制断路器及隔离开关等。

屏幕显示的优点是直观、灵活、容易更新，但是它是暂时的，不能够长期保存信息，而人机联系的另一种方式就是打印记录功能，因此屏幕显示和打印记录是变电所信息化系统进行人机联系不可缺少的互补措施。

打印通常分为定时打印、随即打印和召唤打印三种方式。定时打印一般用于系统的运行参数，每天的负荷报表及负荷曲线等。随即打印是用于系统发生异常运行状态的参数。开关变位，保护动作等情况，立即打印有关信息。召唤打印是根据值班人员的需要和指令，打印指定的内容。

自诊断功能

信息化系统的各单元模块应具有自诊断功能，自诊断信息也像数据采集一样周期性地运往后台操作控制中心。

信息化系统的数据库

它是用来存储整个供电系统所涉及的数据信息和资料信息。对整个供电系统而言，其数据库中的类型可分为基本类数据、对象类数据和归档类数据。

基本类数据是整个数据库的基础，它包括供电系统的运行参数和状态数据，如电压、电流、有功功率、无功功率开关位置、变压器的油温等等。

基本类数据实际上也就是将变电所中的部分一次设备和与其相关的基本数据结合，一起当作一个整体对待，便于其他系统的引用，如变压器数据包括分接头的位置、温度、一次侧电流和电压、二次侧电流和电压、有功及无功功率、分接头调节控制及相关的操作等。

归档类数据，主要存在于磁盘文件中，只有查看历史数据时才用到，它分两类，一类是变电所基本信息类数据，如变电所内一次、二次设备的型号、规格、技术参数等原始资料，另一类是反映变电所运行状态类型的数据，如日、月的平均，最大、最小负荷，事故报警历史记录等，这类数据一般都带有时标(即标记时间及相关参数发生的时刻)，以备查阅。

除了以上基本功能外，目前一些信息化系统已开发出了相应的智能分享模块软件，如事故的综合分析，自动寻找故障点，自动选出接地线路，变电所倒闸操作器的自动生成和打印等功能。

7.2　变电所信息化的结构和配置

7.2.1　变电所信息化系统的结构

在供电系统中，由于变电所的电压等级、容量大小、值班方式、投资能力的不同，所选用的变电所信息化系统的硬件结构也不尽相同，根据变电所在供电系统中的地位和作用，对变电所信息化系统的结构设计应考虑可靠、实用、先进的原则。

变电所信息化系统的结构模式可分为集中式、分布集中式和分布分散式三种类型。

1) 集中式信息化系统结构

图 7.2 所示为集中式信息化系统结构，这种系统结构的可靠性较低，功能有限，其系统的扩充性和维护性都较差。

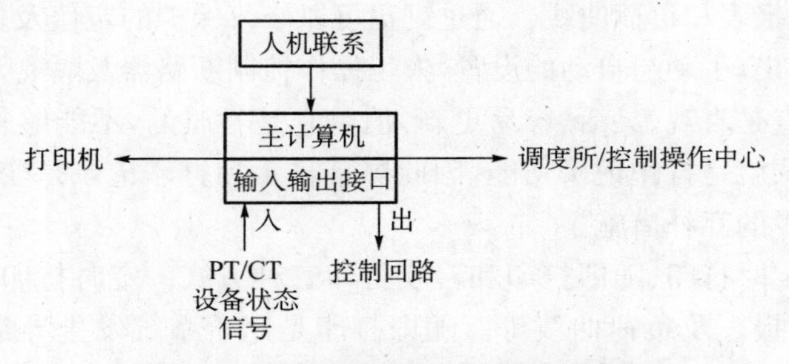

图 7.2　集中式信息化系统结构示意图

2) 分布集中式信息化系统结构

图 7.3 所示为分布集中式信息化系统结构模式，它是将变电所内各回路的数据采集单

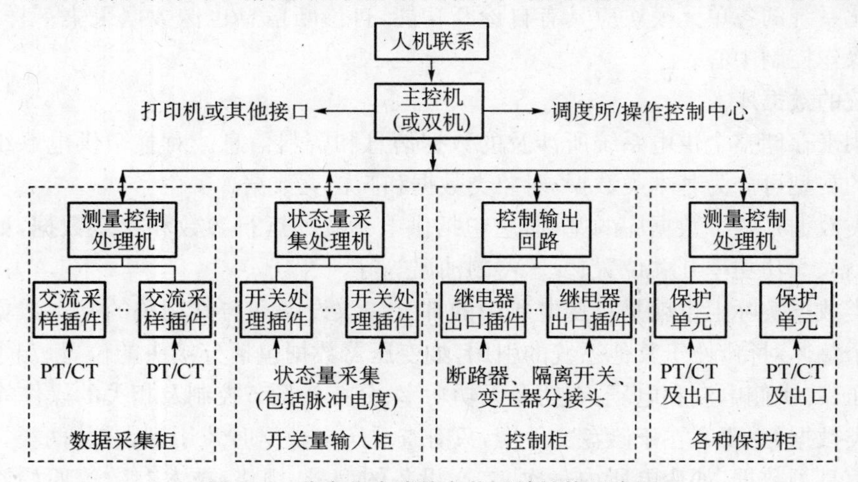

图 7.3　分布集中式信息化系统结构示意图

元、控制单元和保护单元分别集中安装在变电所控制室内的数据采集柜、控制柜和保护柜中，相互间通过网络与控制主机相连。

3）分布分散式信息化系统结构

图7.4所示为分布分散式信息化系统结构，它是将变电所内各回路的数据采集、微机保护及监控单元综合为一个装置，就地安装在数据源现场的开关柜中，每个回路对应一套装置，装置的设备相互独立，通过网络电缆连接，与变电所主控室的监控主机设备通信。

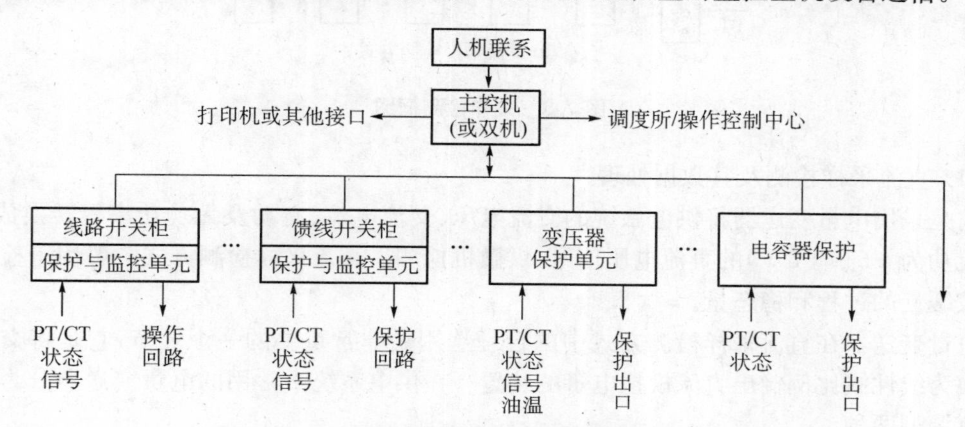

图7.4 分布分散式信息化系统结构示意图

这种分布分散式结构减少了所内的二次设备及信号电缆，避免了电缆传输信息时的电磁干扰，节省了投资，简化了维护，同时最大限度地压缩了二次设备的占地面积。由于装置的相互独立，系统中任一部分故障时，只影响局部，因此提高了整个系统的可靠性，也增加了系统的可扩展姓和运行的灵活性。

可见两种分布式结构，区别在于每个单元模块是对应一条回路，还是对应变电所内的一次设备进行配置，可以根据实际要求选择不同的结构。

7.2.2 变电所信息化系统的硬件配置

变电所信息化系统的硬件配置一般由数据采集与处理、中央处理机（包括打印机、监视器、通信借口等外围设备）、微机保护、操作与控制、故障滤波等各功能模块及变电所通信网络组成。

1）数据采集与处理

如前所述数据采集主要是模拟量与开关量数据的采集。

模拟量的检测一般有两种方式，直流采样检测和交流采样检测，两种检测方式的框图如图7.5所示。

其中：

ALF为模拟低通滤波器，主要目的是将电压、电流信号中的高频分量滤掉，这样可以降低采样频率，从而降低对系统的要求；

MUX为多路转换器；

S/H为采样保持器；

A/D为模/数转换器。

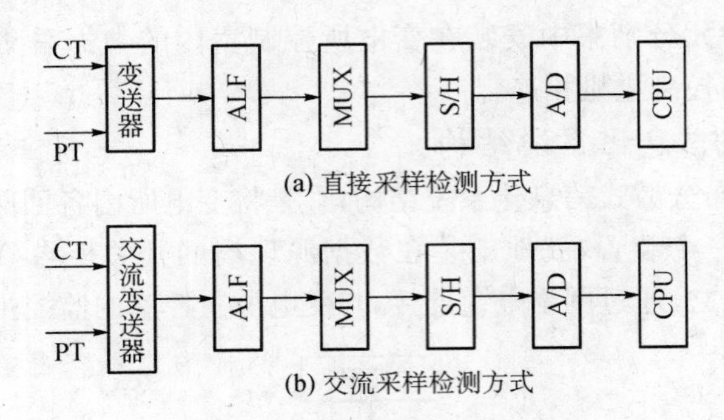

图 7.5　采样检测框图

(1) 直流采样检测及其数据处理

它是采用电量变送器将供电系统的交流电压、交流电流、有功及无功功率等转换成 0～5 V(无功为－5～＋5 V)的直流电压信号，供微机检测。直流采样检测方式一般用于检测速度比较缓慢的过程和稳态量。

电量变送器在直流采样检测方式中的合理选用是非常重要的一个环节，它是将交流电量转换为线性或比例输出直流模拟电量的装置。在供电系统中常用的电量变送器分为无源型和有源型两种。

无源型电量变送器主要有电流变送器与电压变送器两种，由于它不需要供电电源，从而使安装接线得以简化，价格较低，但无源型电量和变送器在小信号输入时，测量精度不易保证。目前在自动化系统中应用的大多为有源型电量变送器，它包括电压、电流、有功和无功电能、功率因数、相位变送器等，它们均为有源型，供电电量分为 AC110 V、AC220 V、DC24 V、DC48 V、DC110 V 等。

电量变送器的接线比较简单，基本上相同于一般计量仪表在系统中的接线，即电流变送器(BC)的输入端应串接在电流互感器的二次回路中，电压变送器(BU)的输入端应并接在电压回路上，如图 7.6 所示。

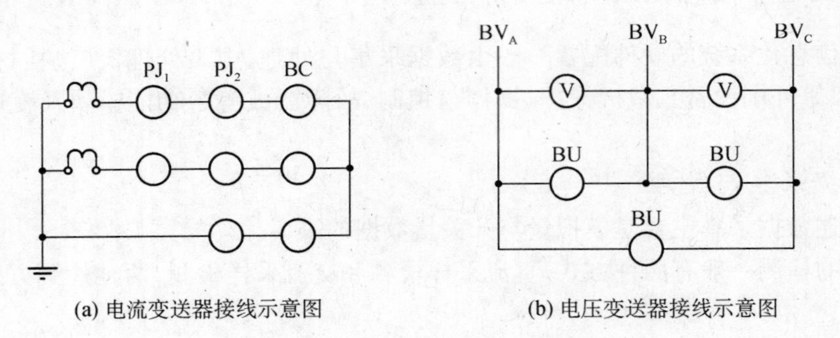

图 7.6　电量变送器的接线示意图

在直流采样检测中，某一模拟量经变送器、低通滤波、采样保持、A/D 转换被采集到内存后，还需要进行一系列的加工和处理，才能称为有用的数据，一般通过专用软件来实现下列处理：

① 采集到的数据排队，按通道集中存放；

② 数字滤波排除可能的随机干扰，数字滤波时通过一种算法来提高检测的精度，常用的算法有算术平均值法、中值滤波法以及惯性滤波法等；

③ 对数据进行合理性检查和越限检查；

④ 将采集到的数据乘以不同的系数，恢复到与原来一样的大小和单位，便于显示或打印出来，这一过程称为标度转换。

(2) 交流采样检测及其数据处理

交流采样检测是采用交流变送器将交流电压和交流电流转换成峰值为±5 V 的交流电压信号。这种方法的特点是结构简单、速度快、投资省、工作可靠，缺点是程序设计较繁琐，同时它要求 A/D 转换接口是双极性的，对转换速度要求较高。

由于交流采样所得到的信号是瞬间值，无法直接识别它的大小和传送方向(指功率)，这就需要通过一定的软件处理把信号的有效值计算出来。交流采样的算法较多，下面介绍两种算法：

① 亮点采集算法

该算法用于纯正弦波输入信号。

假设单个输入信号为

$$u=U_{\varepsilon}\sin\omega t \tag{7.1}$$

若相隔 90°采集两点

$$u_1=U_{\mathrm{m}}\sin\omega t$$

$$u_2=U_{\mathrm{m}}\sin(\omega t+90°)=U_{\mathrm{m}}\cos\omega t$$

则

$$u_1^2+u_2^2=U_{\mathrm{m}}^2\sin^2\omega t+U_{\mathrm{m}}^2\cos^2\omega t=U_{\mathrm{m}}^2=2U^2$$

所以该信号的有效值为：

$$U=\sqrt{\frac{u_1^2+u_2^2}{2}} \tag{7.2}$$

同理，对于电流有：

$$I=\sqrt{\frac{i_1^2+i_2^2}{2}} \tag{7.3}$$

如果输入信号为复合信号(如功率等)，即

$$u=U_{\mathrm{m}}\sin\omega t$$

$$i=I_{\mathrm{m}}\sin(\omega t+\varphi)$$

若相隔 90°的两组采样值为：

$$u_1=U_{\mathrm{m}}\sin\omega t$$

$$i_1=I_{\mathrm{m}}\sin(\omega t+\varphi)$$

$$u_2=U_m\sin(\omega t+90°)=U_m\cos\omega t$$

$$i_2=I_m\sin(\omega t+\varphi+90°)=I_m\cos(\omega t+\varphi)$$

进行如下运算，则

$$\begin{aligned}u_1i_1+u_2i_2&=U_m\sin\omega tI_m\sin(\omega t+\varphi)+U_m\cos\omega tI_m\cos(\omega t+\varphi)\\&=U_mI_m[\sin\omega t\sin(\omega t+\varphi)+\cos\omega t\cos(\omega t+\varphi)]\\&=U_mI_m\cos[\omega t-(\omega t+\varphi)]\\&=2UI\cos\varphi\\&=2P\end{aligned}$$

所以，

$$P=\frac{1}{2}(u_1i_1+u_2i_2) \tag{7.4}$$

利用 $u_2i_1-u_1i_2$ 可得

$$Q=\frac{1}{2}(u_2i_1-u_1i_2) \tag{7.5}$$

② 全周波的傅氏算法

该算法用于当输入信号含有高次谐波的畸变分量时。根据傅氏级数理论，当一个周期函数，满足狄里赫利条件时，就可以分解为傅里叶级数。这里只给出结果，推导过程略。

第 n 次谐波分量幅值的实部 a_n 和虚部 b_n 如下：

$$a_n=\frac{2}{T}\sum_{k=0}^{N-1}f_k\cos\left(\frac{2\pi}{N}kn\right)\frac{T}{N}=\frac{2}{N}\sum_{k=0}^{N-1}\frac{T}{N}=\frac{2}{N}\sum_{k=0}^{N-1}f\cos\left(\frac{2\pi}{N}kn\right)(n=0,1,\cdots,N-1)$$

$$b_n=\frac{2}{T}\sum_{k=0}^{N-1}f_k\sin\left(\frac{2\pi}{N}kn\right)\frac{T}{N}=\frac{2}{N}\sum_{k=0}^{N-1}\frac{T}{N}=\frac{2}{N}\sum_{k=0}^{N-1}f\sin\left(\frac{2\pi}{N}kn\right)(n=0,1,\cdots,N-1)$$

式中：f_k——第 k 个时间点的采样值；

n——谐波次数；

N——一个周期 T 中的采样点数。

例如：对于非正弦的周期函数 $u(t)$，若每个周期采样 12 个点，则基波分量的实部为

$$\begin{aligned}U_{E1}&=\frac{2}{12}\sum_{k-1}^{12}u_K\cos k\frac{2\pi}{12}\\&=\frac{1}{12}[2(u_{12}-u_6)+(u_2-u_4-u_8+u_{10})+\sqrt{3}(u_1-u_5-u_7+u_{11})]\end{aligned}$$

同理，基波分量的虚部为：

$$U_{X1}=\frac{1}{12}[2(u_3-u_9)+(u_1+u_7-u_5-u_{11})+\sqrt{3}(u_2-u_8+u_4-u_{10})]$$

$$P=\frac{1}{2}(U_RI_R+U_XI_X)$$

$$Q=\frac{1}{2}(U_X I_R-U_R I_X)$$

(3) 采样保持与多路转换器的配置

在变电所信息化系统中，数据采集往往要同时采集输入多个信号，在每一个采样周期中，要对多个通道输入信号全部采样一次，一般采用同时采样或顺序采样两种方式。图 7.7 为同时采样方式，图 7.8 为顺序采样方式。

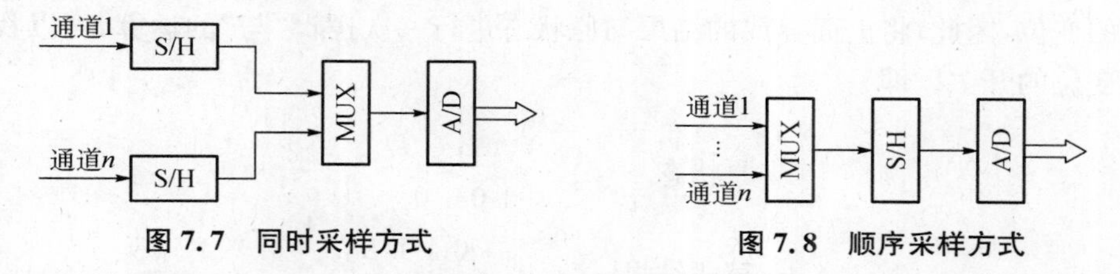

图 7.7　同时采样方式　　　　**图 7.8　顺序采样方式**

通常情况下，同时采样方式用于待采样的数据数较多时，而顺序采样用于采集信号较少的场合。

(4) 开关量的检测与识别

变电所的开关量有断路器、隔离开关的状态、继电器和按键触电的通断等。

断路器和隔离开关的状态可以通过其辅助触电给出信号，继电器和按键则由本身的触电直接给出信号。

在供电系统中，作为开关信号的电压一般都比较高(110～220)V，这种高电压不能直接进入微机接口电路，须采用隔离措施，可采用中间继电器，也可采用光电隔离器件。

光电隔离器件与微机接口的输入方式如图 7.9 所示。

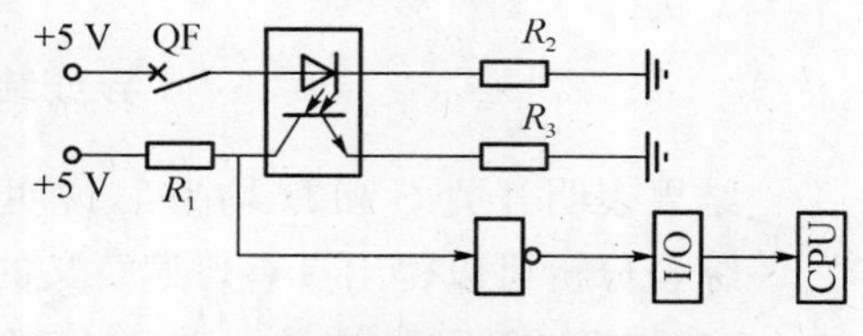

图 7.9　开关量输入通道原理图

当 QF 断开时，其动合辅助触电打开、光电隔离的二极管截止，光电隔离器输出高电位，经反向器反相输出低电位，微机采集的二进制数为“0”；相反，微机采集的二进制数为“1”。

开关量的采集方式可以采用定时查询方式，也可以采用中断方式，一般隔离开关的状态变化比较缓慢，同时重要程度也不高，因此可以采用定时查询方式输入，而对于断路器和继电器状态可用中断方式输入，以便响应及时。

开关量检测中一个重要的工作就是变位识别，包括是否变位和何种变位，以便根据开关状态的变化执行某项操作。

下面介绍一种逻辑算法以确定开关量的变位识别。

开关量的状态通常用一位二进制数来表示，若用“1”表示闭合，“0”表示断开，例如 A、B、C、D 四个开关的原始状态为 1010，现状态为 1101。可见 A 开关状态没有变化，而开关 B、C、D 状态均发生了变化，根据逻辑运算中的“异或”运算的规律“相同为，不同为 1”，将原状态和现状态进行“异或”运算，则有：

$$
\begin{array}{ll}
 & A\,B\,C\,D \\
\text{原状态} & 1\,0\,1\,0 \\
 & \oplus 1\,1\,0\,1 \\
\text{现状态} & 0\,1\,1\,1
\end{array}
$$

结果表明，开关 A 状态没有变化，而开关 B、C、D 状态发生了变化，但其变位状况是 1→0，还是 0→1，则需进一步确定，在已确定变了位的开关量中，若原状态为“1”，则必定发生了由 1→0 的变位，因此，将上面异或的结果与原状态进行一次逻辑“与”的运算，可以找到发生由 1→0 变位的开关。即

$$
\begin{array}{ll}
 & A\,B\,C\,D \\
\text{原状态} & 1\,0\,1\,0 \\
 & \cap\, 0\,1\,1\,1 \\
\text{异或结果} & 0\,0\,1\,0
\end{array}
$$

结果表明，开关 C 发生的是由 1→0 的变位。

同样的道理，在已经确定变了位的开关量中，若现在的状态为“1”，则必定是发生了由 0→1 变位。可见只要将异或的结果和现在状态进行一次“与”运算就可确定由 0→1 变位的开关，即

$$
\begin{array}{ll}
 & A\,B\,C\,D \\
\text{原状态} & 1\,1\,1\,1 \\
 & \cap\, 0\,1\,1\,1 \\
\text{异或结果} & 0\,1\,0\,1
\end{array}
$$

结果表明开关 B 和 D 均为 1，说明开关 B 和 D 均发生了由 0→1 的状态变位。

综合分析可以得出具有普遍意义的结论：

(1) 现状⊕原状，结果为 1，则有变位；结果为 0，无变位。

(2) (现状⊕原状)∩原状，结果为 1，则发生了由 1→0 的变位。

(3) (现状⊕原状)∩现状，结果为 1，则发生了由 0→1 的变位。

2) 中央处理机

中央处理机系统一般可采用单片机系统和多机系统两种基本配置。

所谓单片机系统是指变电信息化的全部功能由一台中央处理器来控制和完成，这种配置系统结构简单，造价低。缺点是容易受限制，如检测量多，则响应速度受影响，且工作可靠性较差，因此一般用于小型变电所。

通常系统都采用多机系统，多机系统分两种配置，一种为两台主机，一台工作，另一台处于热备用状态，这种系统的可靠性较高，能保证不间断连续工作。另一种配置是采用一台(或两台)主机和若干台前置机，前置机负责数据的采集和通信联络工作，收集到的信息经初步处理后向主机传送。至于打印、现实人机联系及运动通信等功能则由主机统一指挥和调度，这种系统称为分布式多机系统。这种配置的优点是功能强，容量大、灵活、可靠、便于维护和扩充，它可以根据现场实际情况灵活地增减前置机的数量，以满足不同供电系统的需要。

由于实时部分都由前置机负责，因此中央处理机可以采用高级语言编程，因而比较容易实现更复杂的功能和运算。

3）变电所的运行和控制

变电所信息化系统是一个实时监控系统，它不仅要监视变电所正常运行时主要运行参数和开关操作情况，而且要检测不正常状态和故障时的有关参数和开关信息，进行判断和分析，输出执行指令，去控制某些对象，或调节某些参数使偏离规定值的参数重新恢复到规定值的范围内。

信息化系统中的控制一般采用负荷控制，继电保护控制和采用有载调压变压器及补偿电容器组进行电压和无功功率补偿容量的自动调节，以保证低压侧母线电压在规定范围内及进线的功率因数满足电力部门的要求。

7.3 微机保护供电系统的方法

与传统的模拟式继电保护相比较，微机保护可充分利用和发挥计算机的储存记忆，逻辑判断和数值运算等信息处理功能，在应用软件的配合下，有极强的综合分析和判断能力，可靠性很高。

微机保护的特性主要是由软件决定的，所以保护的动作特性和功能可以通过改变软件程序以获取所需要的保护性能，且有较大的灵活性。由于具有较完善的通信功能，便于构成信息化系统，最终实现无人值班，提高系统运行的自动化水平。

目前，我国许多电力设备的生产厂家已有很多成套的微机保护装置投入现场运行，并在电力系统中取得了较成功的运行经验。

7.3.1 微机保护的构成

典型的微机保护系统由数据采集部分、微机系统、开关量输入、输出系统三部分组成，如图 7.10 所示。

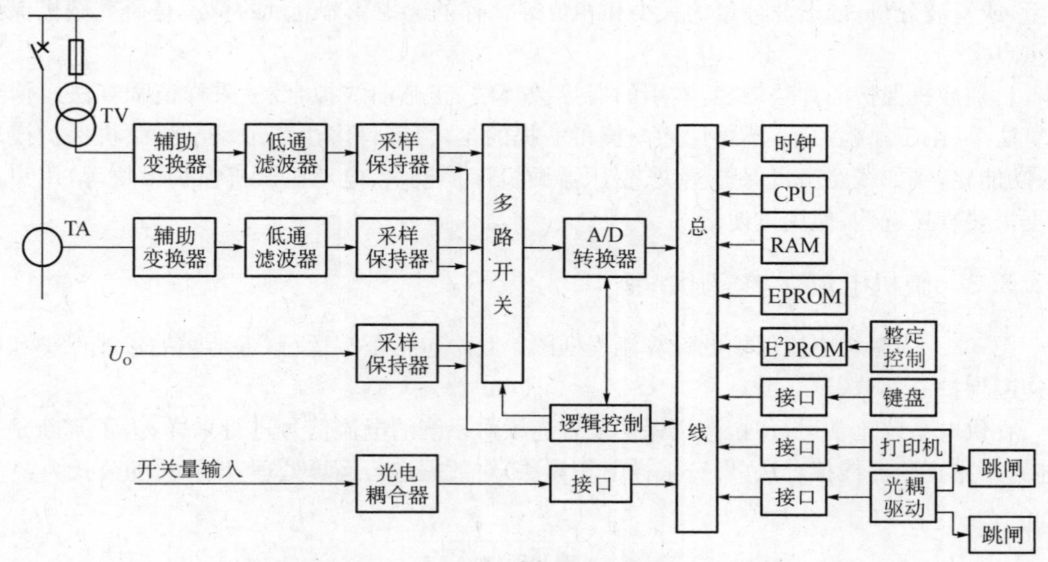

图 7.10 微机继电保护装置硬件系统示意框图

其中，数据采集部分包括交流变换、电压形成、模拟低通滤波、采样保持、多路转换以及模、数转换等，其功能是将模拟输入量准确地转换为所需的数字量。

微机系统是微机保护的核心部分，包括 CPU、RAM、EPROM、E^2PROM、可编程定时器，控制器等。功能是根据预定的软件，CPU 执行存放在 EPROM 和 E^2PROM 中的程序，运用其算术和逻辑运算的功能，对由数据采集系统输入至 RAM 区的原始数据分析处理，从而完成各种保护功能。

开关量输入/输出系统由若干个并行接口适配器，光电隔离器及有接点的中间继电器等组成，以完成各种保护的出口跳闸、信号报警、外部接点输入及人机对话等功能，该系统开关量输入通道的设置是为了实时地了解断路器及其他辅助继电器的状态信号，以保证保护动作的正确性，而开关量的输出则是为了完成断路器跳闸及信号报警等功能设计的。

微机保护系统的基本工作过程如下：

当供电系统发生故障时，故障信号将由系统中的电压互感器和电流互感器传入微机保护系统的模拟量输入通道，经 A/D 转换后，微机系统将对这些故障信号按固定的保护算法进行运算，并判断是否有故障存在。一旦确认故障在保护区域内，则微机系统将根据现有断路器及跳闸继电器的状态来决定跳闸次序，经开关量输出通道输出跳闸信号，从而切除系统故障。

7.3.2　微机保护的软件设计

微机保护的软件设计就是寻找保护的数学模型。所谓数学模型，它是微机保护工作原理的数字表达式，也是编制保护计算机程序的依据，通过不同的算法可以实现各种保护的功能，而模拟式保护的特性和功能完全由硬件决定，而微机保护的硬件是共同的，保护的特性与功能主要由软件所决定。

供电系统继电保护的种类很多，然而不管哪一类保护的算法，其核心问题都是要算出可表示被保护对象运行特点的物理量，如电压、电流的有效值和相位等，或者算出它们的时序分量，或基波分量，或谐波分量的大小和相位等。有了这些基本电量的算法是研究微机保护的重点之一。

目前微机保护的算法较多，常用的有导数算法、正弦曲线拟合法(采样值积算法)，傅立叶算法等，由于篇幅关系，不再详述。值得一提的是，目前许多生产厂家已将微机保护模块化、功能化，例如线路微机保护模块、变压器微机保护模块、电动机微机保护模块等，用户可根据需要直接选购，使用方便。

7.3.3　微机电流保护应用举例

图 7.11 为微机电流保护的计算流程框图。其中包括正常运行，带延时的过滤保护和电流速断保护三部分。

在供电系统正常运行时，微机保护装置连续对系统的电流信号进行采样，为了判断是否故障，采用正弦曲线拟合法(即三采样值积累法)对数据进行运算处理，该算法的公式为：

$$I=\frac{1}{2}\times\left[\frac{i_{k+1}^2-i_{k+2}i_k}{\sin^2(\omega\Delta T)}\right]^{\frac{1}{2}} \tag{7.6}$$

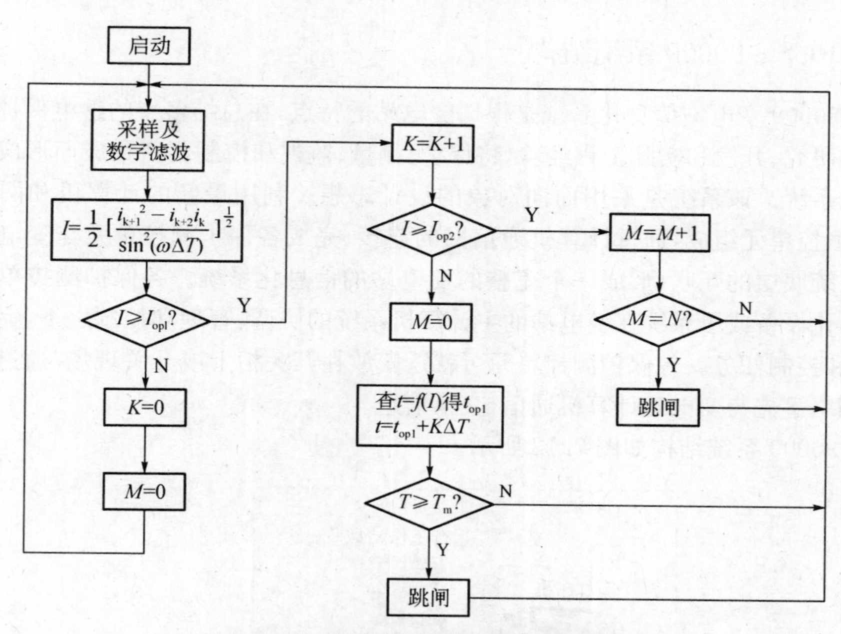

图 7.11　微机电流保护计算流程框图

从而求得电流有效值，将它与过流保护动作整定值 I_{op1} 和电流速断保护整定值 I_{op2} 进行比较。当计算出来的电流小于 I_{op1} 和 I_{op2} 时，说明系统运行正常，微机保护装置不发出跳闸指令。

当供电系统发生故障时，计算出的 I 大于定值 I_{op1} 时，保护程序进入带延时的过电流保护部分，这时计数器 K 加 I，K 的作用是计算从故障发生开始所经过的采样次数。如果 I 小于 I_{op2}，则对第 2 个计数器 M 清零。同时，运行程序通过查表的方式查询过电流继电器的时间、电流特性，该特性 $t=f(I)$ 反映了在特定电流数值条件下，过流延时跳闸的起始时间，即可得到在动作电流为 I_{op1} 时的起始时间 t_{op1}。用 t_{op1} 和故障发生所经历的时间 $K\Delta T$ 相加之后，与过流保护的延时时间 T_m 相比较，当 $t_{op1}+K\Delta T\geqslant T_m$ 时，则保护发出跳闸命令完成带延时的过流保护运算。

当 $I\geqslant I_{op2}$ 时，保护计算进入电流速断部分，此时 M 开始计数，直到它到达某一固定值 N 时，就发出跳闸命令。N 是一个延时，用于躲过系统故障时出现的尖脉冲。$f_N=16f_0$，取 $N=4$ 表示速断动作具有 1/4 工频周期的延时。

7.4　供电信息化系统的应用

变电站应用变电站自动化系统，提高了变电站运行的可靠性和稳定性，降低了成本，提高了经济效益，随着变电站自动化技术的发展，人们对变电站自动化提出了更高的要求，进一步降低成本，增强系统的协调能力，提高系统的可靠性，特别是基于硬软件平台的数字化技术和通信技术的应用，促使人们对变电站保护和控制二次系统技术的整体概念进行深入的思考和研究，进一步组合和优化变电所自动化系统功能，以适应和满足变电站自动化系统的新要求。RCS～90000 变电站信息化系统在这方面做了一些尝试。

7.4.1　RCS～90000 系统结构

RCS～90000 变电站信息化系统是根据变电站的特点，在总结多年的继电保护及变电站信息化系统研究、开发和实际工程经验，将保护、测量、监视和控制紧密集成而形成的新型变电站信息化系统。该系统是采用面向对象的设计思想。利用最新的计算机和网络通信技术，由保护测控单元组成，通过计算机通信网的连接，完成各保护测控单元与变电站自动化系统。该系统底层的互联，形成一个完整的变电站的信息化系统。各保护测控单元及变电站其他自动化设备或子系统在变电站的主计算机系统的协调、管理和控制之下，完成变电站运行、监视和控制任务。各保护测控单元可就近安放在开关柜上或开关现场，通过光纤或计算机通信网络事先与变电站计算机通信，交换信息。

RCS～90000 系统结构如图 7.12 所示。

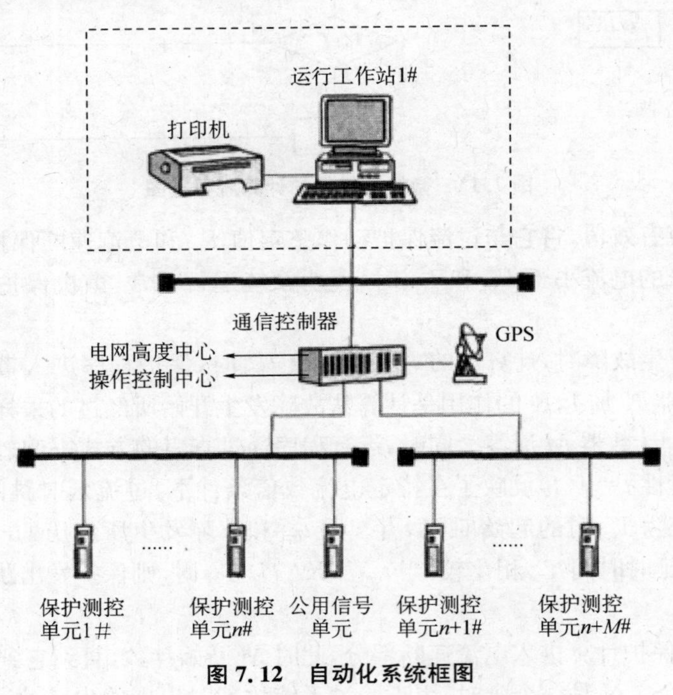

图 7.12　自动化系统框图

7.4.2　RCS～90000 功能的实现

RCS～90000 变电站信息化系统主要实现的功能有：数据采集和处理功能，馈线和主设备保护功能、备用电源自投入一级自动准同期、低周减载、电压无功控制等自动功能、分散式小电流接地选线功能、运动功能、硬件对时网络、变电站常规 SCADA 功能、如人机界面、越限和变位监视、报警处理、报表打印、保护定值查阅及远方修改、故障滤波和显示等功能。

RCS～90000 变电站信息化系统还提供了灵活的逻辑编程功能。通过该功能，用户通过人机界面简单的操作，可对自动化系统所采集的信号进行逻辑运算处理和加工，生成所希望的信号和控制，既方便了使用者，又大大减少了系统修改的工作量。

RCS～90000 变电站信息化系统已经在实际中得到了广泛的应用。运行表明：系统所提供功能基本满足了变电站运行监视、控制和管理的需要，运行稳定可靠。

7.4.3 RCS～90000的主要特点

RCS～90000变电站信息化系统具有可扩性强，可靠性高，安全性好，功能齐全，配置灵活，集成度高，抗恶劣环境，对时精度高等良好的特点。

1）二次系统建设投资少

将保护、监控、自动装置等功能集成在一个装置中完成，大大减少了为实现这些二次功能所需要的二次连接电缆，同时，实现数据共享，集成更多的功能于一体使建设投资大大减少。在RCS～90000系统中不仅继电保护、测控等功能集中在一个保护单元中，而且还将变压器主后备保护集中在一个装置中，减少了互连线，方便维护，真正实现了变压器保护的双重化。在变压器源自投入与分段或桥开关密切联系，实现数据共享，集成了分段、开关保护和测控功能。此外，系统还提供一些工具和逻辑处理功能，以适应特殊需要或特殊功能。

2）具有较高的可靠性

RCS～90000变电站信息化系统中，集成保护和后备保护于一套装置中，在保护装置内部，采取双微处理器方式提高可靠性。两套微处理器同时采样，分别处理，仅当两处理器同时供能，尽可能采用数字通信方式交换信息，提高可靠性。

3）便于维护

RCS～90000系统充分利用计算机的处理能力，为使用者提供多种手段和工具，方便检查与维护，如提供给使用者便携式自动、半自动测试仪。将测试仪与装置的调试接口相连，仅需要简单的装置，便可在数分钟内完成功能检测和检查

4）具有良好的可扩展性

扩展增添新的功能，是自动化系统在设计研究中必须考虑的。RCS～90000系统硬件上统一规划和设计，做好了模块化的工作，形成了基本硬件平台，力求适应不同的功能要求；软件上选择广为使用且又具有发展前景的Windows NT系统作为操作系统，提供应用软件以全面的系统支持，保证系统良好的可扩展性。

7.5 智能电能表

作为测量电能的专用仪表——电能表，自诞生至今已经有100多年的历史。随着电力系统、所有以电能为动力的产业的发展，一级电能管理系统的不断完善，电能表的结构和性能也经历了不断更新和优化的发展过程。伴随着现代化电能管理要求以高新技术手段确保经济杠杆调配电能的使用，以求更高的供电效率，这便对电能计量仪器仪表提出了多功能化的要求，希望它不仅能够测量电能，而且能够用于管理。因此，功能单一且操作规模的感应式电能表以及相关的机械装置，已不能适应现代电能管理的需要，为使电能计量仪器仪表适应工业现代化和电能管理现代化飞速发展的需求，智能电能表应运而生，而且迅速地被推广，在实践中得到广泛的应用。

7.5.1　智能电能表的功能

智能电能表的基本功能有多种，可划分为用电计量、监视、控制和管理等四类。

1）计量功能

智能电能表的计量功能具体地又分为累计和实时计量两部分。累计计量功能主要包括累计(并现实)双向供电的有功电能、无功电能和现在电能的消耗量、断电时间、断电次数及超功率时间等，而实时计量功能的内涵为测量并显示工频电能的所有参数，如各相电流、相电压等。

2）监视功能

主要的监视功能为最大需要量和防窃点监视，还有缺相指示、停电和复电时间记录、预付费表的所购电能将用尽的报警及电压异常报警等。

3）控制功能

主要的控制功能为时段控制和负荷控制。前者用于多费率分时计费；后者则是指通过接口接受远方控制指令或通过表计内部的编程(考虑时段和或负荷定额)控制负荷。

4）管理功能

智能电能表的管理功能包括按时段/费率进行计费、预付费提示、为抄表提供必要信息数据、可参与组网进入电能管理系统等。

7.5.2　智能电能表的结构与管理

智能电能表是在数字功率表的基础上发展起来的，它采用乘法器实现对电功率的测量，其工作原理如图 7.13 所示。被测的高电压 U、大电流 I 经过电压变换器和电流变换器转换后送至乘法器 M，乘法器 M 完成电压和电流瞬时值相乘，输出一个与一段时间内的平均功率成正比的直流电压 U_0，然后再利用电压/频率转换器，将 U_0 转换成相应的脉冲频率 f_0，即得到 f_0 正比于平均功率，将该频率分频，并通过一段时间内计数器的计数，便现实相应的电能。

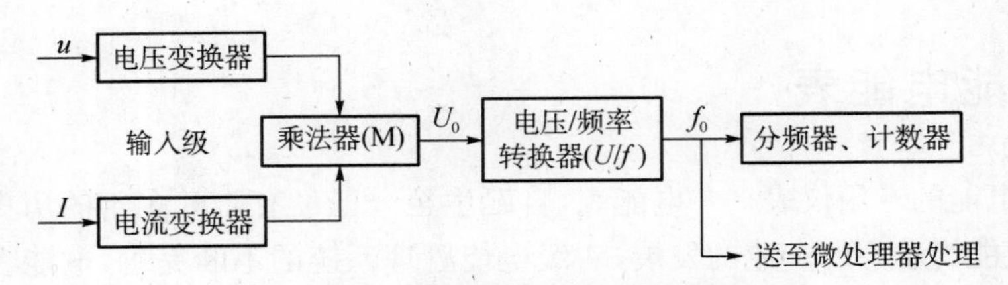

图 7.13　智能电能表的工作原理

7.5.3　智能电能表在用电需求侧管理系统中的应用

智能电能表的发展大致经历了两个阶段；第一阶段是从 20 世纪 70 年代初起至 80 年代中期的电能表技术的电子化，如何提高其使用寿命和准确度、拓宽量程以及降低故障等，先后研制出几点脉冲式电能表和较多功能的模拟智能电能表，其中包括功能单一的民用计度收费表和较多功能的工业用表；第二阶段自 80 年代中期起，特别是进入 90 年代以后，在计算机技术和微电子技术的有力支持下，使智能电能表智能化，增加功能成为智能电能表技术发展的主要特征。体现这些技术特征的典型现代智能电能表主要有用于远程、无线、红外、低压配电线路等通信方式，数据能被自动抄取的一类表，有磁卡式，电卡式预付表，多用户组合式表，以及工业用具有几十种甚至上百种功能的多功能表。

供电、用电管理系统的逐步自动化和现代化，向作为管理基础的电能计量仪器仪表不断提出新的更高的要求。依托于计算机、微电子技术的日新月异而迅速发展的现代智能电能表技术，也必将在更广泛的应用过程中，推动并加强供电、用电管理系统的自动化与现代化进程。

在实践中，智能电能表得到了较为广泛的应用，与相应的设施相配套，便分别构成了在实践中广泛应用的自动抄表技术系统、智能化预付费用管理等系统。

1）自动抄表系统

图 7.14 所示是富根智能电能表集中抄表系统结构框图，图中，智能集中三相表被安装在配电变压器下，它能够自动按时通过低压配电线抄手测量该配电变压器所带各负荷耗用电能的智能电能表的数据信息，实时地通过电话线与主站通信，接受主站的自动化管理；它的另一功能就是自动核算线损。主站电费中心由通用系统和电费管理系统软件共同组成，通过公用电话线管理若干个智能集中三相表，完成电费核算。

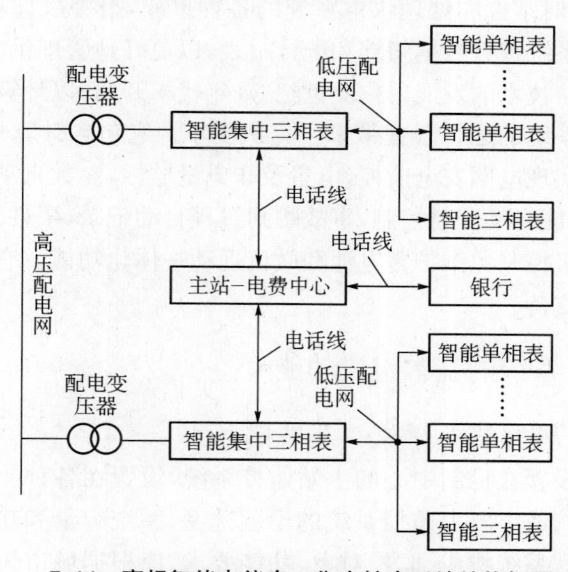

7.14　富根智能电能表一集中抄表系统结构框图

2）智能化预付费电能表

智能化预付费电能表是一种控制计量仪表，如图 7.15 所示为卡式电子电能表在电能计量管理系统中的应用框图，该系统主要由计算机、售电写卡机、售电终端、购电卡、卡式预付费电能表、打印机及不间断电影 UPS 等组成。

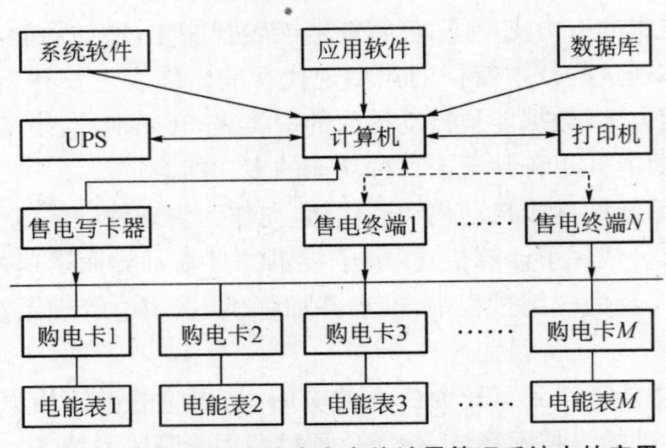

图 7.15　卡式电子电能表在电能计量管理系统中的应用

7.6　电力系统监控技术

电力监控系统(以下简称 SCADA 系统)可实现在控制中心(OCC)对供电系统进行集中管理和测度,实时控制和数据采集。除利用"四遥"(遥控,遥信,遥测,遥调)功能监控供电系统设备的运行情况,及时掌握和处理供电系统的各种事故,报警事件功能外,利用该系统的后台工作站还可以对系统进行数据归档和统计报表,以更好地管理供电系统。

随着计算机和通信技术的发展,自 20 世纪 90 年代末开始,以计算机为基础的变电所综合自动化技术为供电系统的运行管理带来了一次变革。它包含计算机保护,调度自动化和当地基础自动化。可实现电网安全监控,电量及非电量监控,参数自动调整,中央信号,当地电压无功综合控制,电能自动分时控制,事故跳闸过程自动记录,事件按时排序,事故处理提示,快速处理事故,微机控制免维护蓄电池和微机远动一体化功能。它为推行变电所无人值班提供了强大的技术支持。

7.6.1　电力监控系统的基本组成功能

1) 电力监控系统的基本组成及其功能

电力监控系统由设置在控制中心的主站监控系统,设置在各种变电所内的子站系统及联系两者的通信通道构成。电力监控系统的设备选型、系统容量和功能配置应能满足运营管理和发展的需要。其系统构成、监控对象、功能要求,应根据城市轨道交通供电系统的特点、运营要求、通信系统的通道条件确定。

电力监控系统主站的设计,应确定主站的位置,主站系统设备配置方案,各种设备的功能、形式、要求以及系统容量,远动信息记录格式和人机界面形式要求等。电力监控系统子站的设计,应确定子站设备的位置、类型、容量、功能、形式和要求。电力监控系统通道的设计要求应包括通道的结构形式、主/备通道的配置方式、远动信息传输通道的接口形式和通道的性能要求等。电力监控系统的结构宜采用 1 对 N 的集中监控方式,即 1 个主站监控 N 个子站的方式。系统的硬件,软件一般要求充分考虑可靠性、可维护性和可扩性,并具备故障诊断、在线修改功能,同时遵循模块化和冗余的原则。远动数据通道宜采用通信系统提供的数据通道。在设计中应向通信设计部门提出对远动数据通道的技术要求。

(1) 主站监控系统的基本功能

① 实现对遥控对象的遥控。遥控种类分选点式、选站式、选线式控制三种；

② 实现对供电系统设备运行状态的实时监视和故障报警；

③ 实现对供电系统中主要运行参数的遥测；

④ 实现汉化的屏幕画面显示，模拟盘显示或其他方式显示，以及运行和故障记录信息的打印；

⑤ 实现电能统计等的日报、月报制表打印；

⑥ 实现系统自检功能；

⑦ 实现主/备通道的切换功能。

(2) 子站设备(远动终端)应具备的基础功能

① 远动控制输出；

② 现场数据采集(包括数字量、模拟量、脉冲量等)；

③ 远动数据传输；

④ 可脱离主站独立运行。

此外，子站设备(远动终端)的通信规约应对用户完全开放。

(3) 变电所综合自动化装置应具备的基础功能

① 保护、控制、信号、测量；

② 电源自动转接；

③ 必要的安全联锁；

④ 程序操作；

⑤ 装置故障自检；

⑥ 开放的通信接口。

当采用主控单元对各变电所综合自动化装置进行管理时，除提供多种形式的现场网络接口外，变电所间断路器连跳等功能通过综合自动化主控单元与控制中心监控主站的信息传递、交换共同来实现。重要设备之间除考虑二次回路硬线联动、连锁、闭锁外，由综合自动化软件实现逻辑判断、计算、继电器等功能，并通过下位监控单元执行操作。

2) 监控的基本内容

监控对象应包括遥控对象、遥信对象、遥测对象三部分。

(1) 遥控

遥控是指调度中心向地铁沿线各被控变电所中的开关电器设备发送“合闸”、“分闸”指令，实行远距离控制操作。遥控对象应包括下列基本内容：

① 主变电所、开闭所、中心降压变电所、牵引变电所、降压变电所内 1 kV 及以上电压等级的断路器、负荷开关及系统用电动隔离开关；

② 牵引变电所的直流快速断路器、直流电源总隔离开关，降压变电所的低压进线断路器、低压母联断路器、三级负荷低压总开关；

③ 接触网电源隔离开关；

④ 有载调压变压器的调压开关。

(2) 遥信

遥信是指调度中心对地铁沿线各变电所中被控制对象(如开关电器等)的工作状态信号进行监视。遥信对象应包括下列基本内容:

① 遥信对象的位置信号,如开关电器设备所处的"分闸"、"合闸"位置信号;

② 高中压断路器、直流快速断路器的各种故障跳闸信号;

③ 变压器、整流器的故障信号;

④ 交直流电源系统故障信号;

⑤ 降压变电所低压进线断路器、母联断路器的故障跳闸信号;

⑥ 钢轨电位限制装置的动作信号;

⑦ 预告信号;

⑧ 断路器手车位置信号;

⑨ 无人值班变电所的大门开启信号;

⑩ 控制方式。

(3) 遥测

遥测是指调度中心对地铁沿线各变电所中的工作状态参数远距离的测量。遥测对象应包括下列基本内容:

① 主变电所进线电压、电流、功率、电能;

② 变电所中压母线电压、电流、功率、电能;

③ 牵引变电所直流母线电压;

④ 牵引整流机组电流与电能、牵引馈线电流、负极柜回流电流;

⑤ 变电所交直流操作电源母线电压。

7.6.2　电力监控系统的硬件构成

1) 电力监控系统的硬件应包括的主要设备

电力监控系统的硬件一般包括以下主要设备:

(1) 计算机设备(主机)与计算机网络;

(2) 人机接口设备;

(3) 打印记录设备和屏幕拷贝设备;

(4) 通信处理设备。

2) 主站监控系统

主站监控系统由局域网络、主备服务器、主备计算机、维护计算机、数据文档计算机、信号系统计算机、前置通信机、打印机、模拟盘等设备构成。主站监控系统网络结构如图 7.16 所示。

(1) 局域网络

控制中心主站网络访问方式可采用客户机、服务器访问方式,局域网络结构采用双以太网构成,相互备用。正常情况下两个网络同时工作,平衡网络信息流量。网络切换采取基于网络口切换的策略,每台服务器和客户机保持同时监视两个网段上与其他通信节点的连通状况。当服务器或客户机某一个网络口(如网卡)故障时,只改变本机器与其他节点的通信

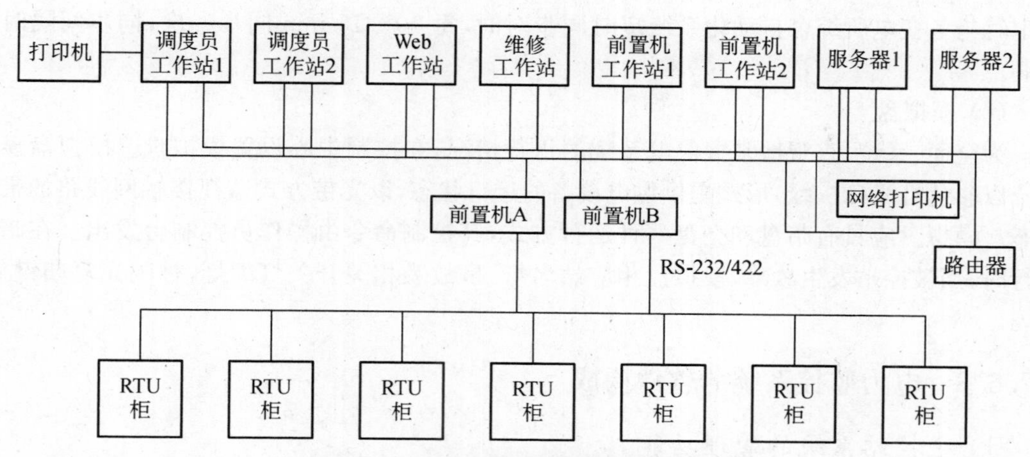

图 7.16 主站监控系统网络结构示意图

路径，不会影响到其他节点间的通信。当两个网段的其中之一故障时，网络通信管理程序会根据网络口的连通状况，自动在另一个网段上形成通信链路。

网络通信协议采用 TCP/IP 协议，网络传输媒介为光纤，通信速度率为 100 Mb/s。系统网络具有良好的扩展性，可方便地增加客户机而不影响网络性能。

(2) 服务器

控制中心主站配置两套功能等价、性能相同的计算机用于整个系统的网络管理、数据处理，并作为网络内其他计算机的共享资源。系统正常工作时，一台主用，另一台备用。控制命令仅通过主服务器发出。主、备服务器均能接收来自被控站的各种上传数据。当主服务器故障时，系统自动切换到另一台备用服务器上，故障信息在打印机上打印，并在另一台服务器系统故障画面上显示故障信息。

(3) 工作站计算机

用于正确同步反映服务器上的所有数据(包括图像、警报、遥测量等)，提供给调度员和维护员各一个工作的窗口，进行维护系统软件、定义系统允许参数、定义系统数据库及编辑、修改、增扩人机界面画面等工作。

(4) 前置通信机

系统配置两套功能等价的前置通信机，通过通信系统提供的通信通道实现与被控站设备的远方通信，两套前置通信机实现相互之间的热备用。配置监视两前置通信机工作运行状态的看门狗软件。正常时，两套前置通信机同时接收来自被控站的信息，但只有一个前置通信机与系统进行信息交换，当主用前置通信机发生故障时，系统自动切换到备用前置通信机，故障信息记录在系统报警报表中。前置通信机与各被控站采用点对点的通信方式，两个串口对应一个被控站，其中一个串口作备用。通信前置机至通信设备室的每个变电所的通信电缆采用单独回路。前置通信机采用经验成熟、性能先进、质量稳定的产品，通信接口为串行 RS-422，通信传输速率不低于 9 600 b/s。

(5) 时钟子系统

该系统数字显示时钟与本系统计算机时钟同步，此数字显示时钟镶嵌在模拟盘中央上部，并可通过 CRT 操作键对其进行时间设定，显示形式为：年：月：日：时：分：秒。本系统主站定时与各变电所综合自动化系统定时同步对时，每 10～15 min 同步一次，同步间隔时间可调。

(6) 模拟盘

为全面、系统、直观地掌握供电系统的运行情况，在控制中心设置模拟盘。模拟盘显示系统以彩色灯光(红、绿)形式提供供电设备的运行状态，以光带方式监视接触网线路的带点状态。模拟盘应具有暗盘和亮盘两种运行方式，其控制命令由操作员控制台发出。在暗盘运行时，当被控站发生故障，模拟盘相应站名灯、事故及相关开关灯闪烁，被闪光复归键后，停闪。

7.6.3 电力监控系统的软件构成

1) 主控站系统的管理功能

主控站系统的管理功能主要由五个部分组成：数据库管理子系统、网络管理子系统、图形管理子系统、报表管理子系统和安全管理子系统。

(1) 数据库管理子系统

① 为各种应用功能模块提供共享的数据平台，提供开放式的数据库接口，实现数据库的定义、创建、录入、检索和访问。

② 提供数据断面的管理机制，实现历史数据的存储、拷贝和再利用。

③ 数据库的控制功能可完成对数据库的安全性控制、完整性控制和数据共享时并发控制。

④ 具有故障恢复功能，安全保护功能以及网络通信功能等。

⑤ 可采用商用数据库管理系统保存历史数据。

(2) 图形惯例子系统

① 具有风格统一、友好方便的操作界面。

② 可完成图元编辑、引用、画面生成、调用、操作、管理等功能。允许用户自定义图元。

③ 可生成多种类型画面，有接线图、地理图、工况图、棒图、饼图、曲线图、仪表图、其他图。

④ 可在画面上完成各种操作，有图形缩放、应用切换、调度操作、任务启动等。

⑤ 画面显示具有网络动态着色功能。

⑥ 画面打印可任选：行式打印、彩色打印、激光打印。

⑦ 具有以下技术特点：全面图形显示，可漫游变焦、自动分层、随意移动、多窗口技术、快速直接鼠标控制和多屏幕技术。

(3) 报表管理子系统

① 操作员可在显示器上交互式定义报表格式或报表数据等。

② 可制定任意形式的数据表格。

③ 表格可显示实时及历史数据内容。

④ 表格在窗口中提供翻滚棒操作。

⑤ 表格内各数据具有计算功能，用户可在表格内自动加减运算；考虑通道质量等因素，系统提供报表数据编辑修改功能。

⑥ 报表操作可完全在线进行，不影响系统运行。

⑦ 报表打印分成正常打印和异常打印，启动方式为定时启动、事件启动和召唤启动。全图形为汉化的人机界面。

(4) 网络管理子系统

① 基于国际标准传输层协议(TCP/IP)，实现网上工作站之间实时信息传输及这个网络系统的信息共享。

② 所有工作站之间的信息交换、功能实现，在网络环境下均能实现完全镜像信息，任一工作站的实时更新或定义操作，其他各站实时同步变化，任一工作站的实时画面可实时在任一监视器上显示；任一工作站故障或退出，不丢失信息也不影响系统功能。

③ 可以支持双以太网结构。

④ 可以通过网桥和管理网进行信息交换，实现信息共享。

⑤ 支持5.2协议的远程分组交换网间通信，实现和远方机器的网间连接。

(5) 安全管理子系统

采用多级安全管理策略，在用户一级采用口令和权限管理机制，给每个用户分配一个用户名和口令，并且每个用户都赋予一定的操作权限，比如电调只有对图形的读取、遥控、置数等权限，而没有修改的权限，还可定义该口令的有效时间，防止用户忘记退出时被别人误用；在系统一级，采用防火墙技术，防止黑客进入。

2) 变电所综合自动化系统的主要功能

变电所综合自动化实现变电所各种设备的控制、保护、监视、联动、联锁、闭锁、电源、电压、功率、电度量的采集等功能。变电所间开关联跳等功能通过综合自动化主控单元与控制中心监控主站的信息传递、交换共同来实现。重置设备之间除考虑二次回路硬线联动、联锁、闭锁外，有综合自动化软件实现逻辑判断、计算、继电器等功能，并通过下位监控单元执行操作。利用下位监控单元实现对0.4 kV进线开关、母联开关、三级负荷总开关的控制。

(1) 现场网络接口

由于变电所的二次监控单元和保护单元采用不同厂商的设备，因而也造成了下层设备只能使用不同的通信协议，因此采用多个支持多种介质网络的通信接口(RS－232、RS－422、RS－485、CAN、LONWORKS、以太网，MODBUS、PROFIBUS、LON等)的主控单元对所有网络进行管理，通过现场监控网络对各开关柜内监控单元和保护单元的运行状态进行监视。主控单元与0.4 kV下位监控单元及公共部分I/O单元采用CAN－BUS现场总线互联，网络拓扑为总线型；主控单元与110 kV交流、35(33)kV交流、1 500 V直流设备、所被交流装置、变压器温控器上的智能设备的连接采用RS－485、LONWORKS、MODBUS、PROFIBUS、LONBUS、LON接口实现，传输介质采用光纤/双绞线。主控单元多采用CPU，不同设备或传输介质采用不同的接口模块，所有网络接口模块在主控单元内采用CANBUS通信。

除设置主控单元外，还设有I/O模块单元，直接控制监视不宜装设下位监控单元的开关设备，例如：接触网上网电动隔离开关、所用电交流电源的投切自动装置等。

(2) 主控单元的功能

主控单元接受控制中心主机或当地维护计算机的控制命令，向控制中心主机或当地维护计算机传送变电所操作、事故、预告等信息。除实现网络接口外，还实现下述功能：

① 实现直流馈线断路器与接触网电动隔离开关之间的软联锁。主控单元通过网络通信采集到直流馈线断路器与接触网电动隔离开关的位置状态。在操作选择、校核时，主控单元按操作对象编程的联锁条件进行操作闭锁软件判别，决定执行或终止操作，从而实现直流馈线断路器与接触网电路隔离开关之间的软联锁。

② 实现电源自动投切功能，采用可视化顺控流程的编程特点在主控单元固话电源自动投切的软件模块中，实现变电所 35(33)kV 高压侧电源、所用交流电源的投切自动装置的功能。其实现方式为：通过所内控制信号盘、监控网络、开关柜内下位监控单元（控制、保护设备）来实现，所有信号的传递均由所内监控网络完成。

参 考 文 献

[1] 李建民,张伟.城市轨道交通供电系统变压器运行方式分析研究[J].变压器,2007,44(8):20-24.

[2] 李建民,尹传贵.城市轨道交通牵引供电系统谐波分析[J].城市轨道交通研究,2004(6):46-49.

[3] 王磊,刘小宁,王伟利.大功率整流电路直流侧非特征谐波的分析[J].继电器, 2007,35(3):37-40,65.

[4] 王念同, 魏雪亮.轴向双分裂式12脉波牵引整流变压器均衡电流的分析计算[J].变压器, 1999, 36(7): 15-20

[5] 曹珍崇,王文立,杨学昌,等.中性点接地方式的加权多指标区间数灰靶决策算法[J].广西电力,2007,30(6):1-5

[6] 付惠琪,袁东升.电力系统中性点接地方式分析及选择[J].河南理工大学学报(自然科学版),2006,25(6):493-496,526

[7] 蒋亦乓.天津电网35 kV和10 kV配电系统接地方式选择的探讨[J].天津电力技术,2003(4):1-7

[8] 黄华.中压系统中性点接地方式的安全可靠性分析[J].电力安全技术,2003,5(5):23-24.

[9] 许颖.城市配电网中性点接地方式和绝缘水平[J].电气时代,1999(10):14-15.

[10] 张明锐. 上海市轨道交通供电系统现状分析. 城市轨道交通研究,2004(2): 49-50

[11] 葛世平. 从运营角度谈城市轨道交通的总体设计. 城市轨道交通研究, 2004(2): 13-16

[12] 朱军, 宋键. 城市轨道交通资源共享探讨. 城市轨道交通研究, 2003(2): 7

[13] 康胜武, 王应明, 蔡志峰. 基于粗糙集和模糊集理论和规则提取方法[J]. 厦门大学学报, 2002, 41(2): 173-176

[14] 余贻鑫,张崇见,张弘鹏. 空间电力负荷预测小区用地分析[J].电力系统自动化, 2001, 25(7): 23-26

[15] 付惠琪,袁东升.电力系统中性点接地方式分析及选择[J].焦作工学院学报,2006(6)

[16] 吴斌,陈章潮,包海龙. 基于人工神经元网络及模糊算法的空间负荷预测[J].电网技术, 1999, 23(11): 1-4

[17] 屈莉莉,张波.PWM整流器控制技术的发展[J].电气应用,2007,26(2):6-11

[18] 王兆安,刘进军. 电力电子装置谐波抑制及无功补偿技术的进展[J].电力电子技术,1997(1):100-104

[19] 肖湘宁,徐永海.电网谐波与无功功率有源补偿技术的进展[J].中国电力,1999(8):10-13

[20] 李晓辉,罗敏,刘丽霞,等. 动态等值新方法及其在天津电网中的应用[J]. 电力系统保护与控制, 2010,38(3): 61-66
[21] 慈文斌,刘晓明,刘玉田. ±660 kV 银东直流换相失败仿真分析[J]. 电力系统保护与控制, 2011, 39(12):134-139
[22] 赵良,李蓓,卜广全,等. 云南-广东±800 kV 直流输电系统动态等值研究[J]. 电网技术, 2006, 30(16):6-10
[23] 赵勇,欧开健,张东辉,等. 云广直流并联运行时南方电网系统模型简化的研究[J]. 南方电网技术,2010,4(2): 39-42
[24] 吴晔,殷威扬. 用于直流系统动态性能研究的等值计算[J]. 高电压技术,2004,30(11):18-20
[25] 姚海成,周坚,黄志龙,等. 一种工程实用的动态等值方法[J]. 电力系统自动化,2009,33(19):111-115
[26] 朱家骝. 城乡配电网中性点接地方式的发展及选择[J]. 电气工程应用,2001(2):4-7
[27] 洪哲. 对电网中性点接地方式的探讨[J]. 中国科技博览,2011(5):89-90
[28] 方勇. 配电网中性点接地方式的探讨[J]. 科技与企业,2012(24):281
[29] 杨树兴,杨俊仙. 配电网系统中的中性点接地方式研究[J]. 内蒙古科技与经济,2012(18):60-61
[30] 兰玉彬. 配电网中性点接地方式的探讨[J]. 电工技术,2008(1):12-13
[31] 朱家骝. 城乡配电网中性点接地方式的发展及选择[J]. 电力设备,2000,1(3):13-17
[32] 李英姿. 配电网中性点运行方式[J]. 北京建筑工程学院学报,2001,17(2):5-8
[33] 贾九荣,陈霖. 配电网中性点接地方式分析及选择[J]. 机电元件,2011,31(2):33-35
[34] 姚娟,吴君晓. 配电网中性点运行方式对电力系统安全性的影响[J]. 河南机电高等专科学校学报,2007,15(6):4-6
[35] 周琴. 电力系统中性点运行方式之浅探[J]. 机械工程与自动化,2010(1):210-214
[36] 唐轶,陈奎,吕良. 矿井低压配电网中性点接地方式的研究[J]. 煤炭科学技术,2002,30(7):40-43
[37] 谢开,刘永奇,朱治中. 面向未来的智能电网[J]. 中国电力,2008,41 (6): 19-22
[38] 胡学浩. 智能电网——未来电网的发展态势[J]. 电网技术,2009,33 (14): 12-14
[39] 常康,薛峰,杨卫东. 中国智能电网基本特征及其技术进展评述[J]. 电力系统自动化,2009,33 (17): 10-15